Wissensorganisation und -repräsentation mit digitalen Technologien

Bibliotheks- und Informationspraxis

Herausgegeben von Klaus Gantert
und Ulrike Junger

Band 55

Wissensorganisation und -repräsentation mit digitalen Technologien

---

Herausgegeben von
Stefan Andreas Keller, René Schneider und Benno Volk

DE GRUYTER
SAUR

Bibliotheks- und Informationspraxis ab Band 42:
Herausgegeben von Klaus Gantert und Ulrike Junger

Das moderne Bibliotheks- und Informationswesen setzt sich mit vielfältigen Anforderungen auseinander und entwickelt sich ständig weiter. Die Reihe Bibliotheks- und Informationspraxis greift neue Themen und Fragestellungen auf und will mit Informationen und Erfahrungen aus der Praxis dazu beitragen, Betriebsabläufe und Dienstleistungen von Bibliotheken und vergleichbaren Einrichtungen optimal zu gestalten.
Die Reihe richtet sich an alle, die in Bibliotheken oder auf anderen Gebieten der Informationsvermittlung tätig sind.

ISBN 978-3-11-031270-6
e-ISBN 978-3-11-031281-2
ISSN 2195-3587

Library of Congress Cataloging-in-Publication Data
A CIP catalog record for this book has been applied for at the Library of Congress.

Bibliografische Information der Deutschen Nationalbibliothek
Die Deutsche Nationalbibliothek verzeichnet diese Publikation in der Deutschen Nationalbibliografie; detaillierte bibliografische Daten sind im Internet über http://dnb.dnb.de abrufbar.

Satz: Michael Peschke, Berlin
Druck und Bindung: CPI buch bücher.de GmbH, Birkach
♾ Gedruckt auf säurefreiem Papier
Printed in Germany

www.degruyter.com

Inhalt

Services zur Wissensorganisaton und -repräsentation

Wissensorganisation und -repräsentation in Unternehmen

Stefan Andreas Keller, René Schneider, Benno Volk

Die Digitalisierung des philosophischen Zettelkastens

Die in den 1970er Jahren einsetzende Revolution des Mikrochips sowie der in den 1990er Jahren beginnende Einzug des Internets und insbesondere des World Wide Web in unsere Lebensrealität hat dazu geführt, dass genuin geisteswissenschaftliche Domänen zunehmend von der Informationstechnologie und der Informatik als wissenschaftliche Disziplin besetzt werden. Das Thema der Wissensorganisation und Wissensrepräsentation ist ein solches Beispiel. Die Formen der Organisation von Informationen sowie der Repräsentation von Wissen sind – im heutigen Zeitalter des Semantic Web – brandaktuelle Themen, die aufgrund der zunehmenden digitalen Datenflut immer zentraler werden, Fragen aufwerfen und nach Lösungen drängen.

Diese scheinbare „Usurpation" des Wissens durch das Digitale und den sich damit beschäftigenden Wissenschaftsbereichen verkompliziert nochmals das an sich schon sehr komplexe Feld, da immer mehr Akteure unterschiedlichster Couleur hineindrängen. Es handelt sich um ein weit verzweigtes Gebiet mit einer langen Vorgeschichte weitab jeder Digitalität. Der Versuch, Wissen zu kartographieren, zu systematisieren und die Systematik darzustellen, gehört zu den grundlegendsten anthropologischen Konstanten der Menschheitsgeschichte. „Das Problem, die ‚Welt', also die Gesamtheit der Wirklichkeit in ihrer aktuellen Breite und geschichtlichen Tiefe geistig in den Griff zu bekommen, d.h. ein Gesamtwissen darüber zu erwerben und besitzen zu können, ist ein Anliegen des Menschen seit eh und je gewesen und wird es auch immer bleiben", formuliert es beispielsweise ein Mitglied der „International Society for Knowledge Organization" (Dahlberg, 1974, S. 1).

Kombiniert mit der ebenfalls anthropologischen Tatsache, dass Wissen immer von Menschen erschaffen und deshalb subjektiv und perspektivisch bleiben muss, hat dies zur Konsequenz, dass es verschiedene, miteinander konkurrierende Wissensordnungen sowie Repräsentationssysteme und -technologien geben muss. Zudem wirken diese Systeme, einmal entwickelt, wiederum auf das enthaltene Wissen ein und verändern dieses (Kiel & Rost, 2002). Im wohl berühmtesten Beispiel einer modernen (d.h. erstmals „rein vernunftbasierten") Wissensordnung, der „Encyclopédie des sciences, des arts et des métiers" von Denis Diderot und Jean d'Alembert aus dem 18. Jahrhundert,[1] führten dies die

1 Diderot, D. & d'Alembert, J. (Hg.): Encyclopédie ou Dictionnaire Raisonné des Sciences, des Arts et des Métiers, par une société des gens des lettres [...]. Paris: Briasson, David, Le Berton,

Herausgeber vor Augen, indem sie Verweise (frz.: renvois) zwischen den verschiedenen Artikeln teilweise mit bewusst politischer Absicht setzten (z.B. der Verweis von Menschenfresserei auf Eucharistie und Kommunion). Die Leser werden so zu einem „aktiven Bestandteil der Wissensorganisation, weil sie selbst entscheiden konnten, ob sie den Verknüpfungsangeboten der renvois folgen wollten oder nicht" (Wirth, 2005, S. 295).

Kurz gesagt, die Gefahr ist gross, sich im Gebiet der Wissensorganisation und -repräsentation zu verlieren. Diese Gefahr bestand auch bei der Konzeption dieses Buches, da wir hier versuchen, einen möglichst vielseitigen Überblick über digitale „Best Practice"-Beispiele zu geben. In dieser Publikation werden somit einerseits Projekte vorgestellt, die einen geisteswissenschaftlichen Approach haben, aber andererseits auch solche, die sehr stark von der Informationstechnologie und ihrem Denken geprägt sind. Die vorgestellten Arbeiten und Projekte sind deshalb sehr unterschiedlich, weil Erstere von der Wissensordnung her denken und sich der Perspektivität und des Konstruktionscharakters von Wissen sehr bewusst sind, währenden Letztere von der Stringenz der Repräsentation her konzipiert bzw. am Resultat und an einer kohärenten Wissensordnung interessiert sind. Die Wissensordnung zu hinterfragen, steht für sie nicht im Vordergrund. Beide Sichtweisen haben ihre Vor- und Nachteile. Unserer Ansicht nach ist es optimal und entspricht den Anforderungen eines interdisziplinären Themenfeldes am besten, wenn beide Perspektiven miteinander verschmelzen. Wir hoffen, dass diese Publikation dazu beitragen kann, vorhandene Ansätze zur Verknüpfung der unterschiedlichen Denkrichtungen zu vertiefen.

In Bezug auf die Wissensordnungen und ihre Repräsentationssysteme verfolgen wir deshalb einen pragmatischen Ansatz: Wir wollen lediglich beschreiben, wie das Themenfeld aussieht, welche Antworten auf typische Frage- und Problemstellungen möglich sind und welches die wichtigsten Gebiete sind. Es geht uns primär darum, das Verbindende aufzuzeigen und nicht, das Trennende hervorzuheben. Die Beiträge in diesem Band sollen hierzu einen kaleidoskopartigen Überblick über vorhandene Ansätze geben. Es handelt sich insgesamt um ein Narrativ von Schlaglichtern und Beispielen, ohne dass das Thema damit erschöpfend behandelt werden kann. Die Publikation gliedert sich dabei in vier Teile: Systeme für Wissensorganisation und Literaturverwaltung aus dem akademischem Bereich, die Visualisierung von Wissensräumen, Services zur Wissensorganisation und -repräsentation sowie Ansätze zur Wissensorganisation und -repräsentation in Unternehmen.

Trotz des pragmatischen Ansatzes dieses Buches verfolgen wir als Herausgeber ganz eigene Erkenntnisinteressen und stellen spezifische Fragen an unseren

---

Durand 1765 [Bde. I–VII], Neuchâtel: Samuel Faulche & Compagnie 1780 [Bde. VIII–XVII].

Gegenstand, so wie die Autoren der einzelnen Beiträge auch. Im Vordergrund steht dabei die Frage, was die bereits erwähnte Usurpation philosophisch-linguistischer Gebiete durch die Informatik für Risiken und Chancen birgt. Welche Möglichkeiten ergeben sich z.B. aus dem Umstand, dass in der Digitalität nicht nur die Dinge repräsentiert werden können, sondern auch deren Ordnung bzw. Organisation gestaltet werden kann? Das Spektrum möglicher Antworten ist breit: Sie reichen von kulturpessimistischen Ansichten, dass die digitale Welt kein Spiegelbild, sondern höchstens ein komplexitätsreduziertes Zerrbild der realen Welt sein kann, bis hin zu Visionen der Entwicklung einer „Artificial Intelligence" (AI). Wir können diese Fragen natürlich auch nicht abschliessend beantworten, haben uns aber entschieden, den Beiträgen in diesem Band eine längere Einführung voranzustellen, in der Art eines Ein- und Überblicks in dieses so spannende wie disperse und komplexe Themengebiet. Wir verbinden damit die Hoffnung, dass so den Lesern und Leserinnen deutlich wird, welche gemeinsamen Fragestellungen und historische Bezüge die teilweise so unterschiedlichen Beiträge haben.

Wir möchten daher im Folgenden vordigitale Wissensordnungssysteme näher unter die Lupe nehmen und an einem historischen Beispiel – der Philosophie des Hypertexts – aufzeigen, wie sich vordigitale Denkordnungen aus den Geistes- und Kulturwissenschaften und moderne Ansätze mithilfe digitaler Technologien gegenseitig befruchten können. Wir meinen zudem, an diesem Beispiel illustrieren zu können, dass die Entwicklung der digitalen Technologie in einer Wechselwirkung zum gesellschaftlichen Kontext stand und steht. Überdies wollen wir aufzeigen, dass man keinen digitalen Heilsversprechungen voreilig Glauben schenken sollte, die ausschliesslich in technologischen Möglichkeiten eine Lösung von jahrhundertealten Fragen und Problemen sehen.

Danach möchten wir die Begriffe Wissensorganisation, Wissensrepräsentation und Semantik klären und beschreiben, wie sie zueinander stehen und in welchen Ausprägungen sie vorkommen. Zudem führen wir in die wichtigsten Grundlagen der Wissensorganisation und -repräsentation ein: Ontologien, Thesauri sowie Taxonomien, die die Grundlagen für den für das Thema des Buches im Zentrum stehenden Komplex des „Semantic Web" bilden. Abgeschlossen wird der Text durch eine kurze Thematisierung von Möglichkeiten und Grenzen digitaler Visualisierung von Wissen sowie einem kurzen Ein- und Ausblick zum Stellenwert und zum Potential semantischer Fragestellungen für die Zukunft der digitalen Wissensorganisation und -repräsentation.

Wissensorganisation als „anthropologisches Problem“

Fragen der Wissensorganisation und der Repräsentation von Wissen sind keine spezifischen Fragen der digitalen Ära, sondern prägen die Menschheitsgeschichte schon seit Tausenden von Jahren (Kiel & Rost, 2002, S. 16ff.). Das bekannteste Beispiel in der Moderne für den Versuch, eine übergreifende Wissensordnung zu erstellen und dieses Wissen sinnvoll und übersichtlich darzustellen – also zu repräsentieren –, ist die erwähnte *Encyclopédie* von Diderot und d'Alembert.

Seit der Revolution des Mikrochips und dem Einsatz moderner Informationsverarbeitungssysteme werden Fragen der Ordnung des Wissens wieder verstärkt diskutiert. Das liegt zum einen an der exponentiell angestiegenen Verfügbarkeit von Informationen, also Wissensbestandteilen, gerade durch die Digitalisierung und Globalisierung seit den 1960er Jahren. Die exponentiell ansteigende Datenmenge vermittelt den Eindruck einer scheinbar kaum zu bewältigenden Komplexität beim Versuch einer Ordnung und Repräsentation (Dahlberg, 1974). Zum anderen manifestiert sich hier ein postmoderner Zweifel am Sinn und der Existenz einer übergeordneten Wissensordnung. Dies ist Ausdruck des Verlustes von gesellschaftlichen Ordnungsstrukturen, die weit über die Frage nach einer Wissensordnung hinausgehen (Habermas, 1985).[2]

Die leitende Fragestellung dieses Buches, ob sich in der Welt des Digitalen ein Mehrwert bezüglich Wissensorganisation und -repräsentation gegenüber dem vordigitalen Zeitalter ergibt, ist vor diesem Hintergrund immer mit Vorsicht zu stellen. Denn auch wenn überlieferte Ordnungsstrukturen ins Wanken gekommen sind, so haben auf der anderen Seite die Erfindung des Internets und die darauf aufbauenden Innovationen wie das World Wide Web eine zuweilen den Blick auf die Realität verstellende Euphorie ausgelöst. Es wurde eine neue Ära proklamiert, zudem ging damit ein Diskurs des Revolutionären einher, wobei diese „digitale Revolution“ sogar als bedeutender als die Erfindung des Buchdrucks angesehen wurde (Schumacher, 2004, S. 255f.). Einschränkend ist zu bemerken, dass im historischen Querschnitt das Auftauchen neuer Medien oder medialer technologischer Innovation in der Moderne immer mit jeweils sehr vergleichbaren Hoffnungen vor allem nach Fortschritt und Demokratie verbunden werden. Worin dieser Mehrwert dann tatsächlich liegt, darüber streiten sich die Geister, so auch bezüglich der digitalen Technologie. Vielleicht kann dieses Buch

2 Zur Dekonstruktion der Idee einer universalen und allgemeingültigen Wissensordnung vgl. Foucault, M. (1999). Die Ordnung der Dinge. Eine Archäologie der Humanwissenschaften. Frankfurt/M.: Suhrkamp (Originalausgabe „les mots et les choses“, Paris 1966).

einen Beitrag dazu leisten, indem an einem Beispiel aus den Geisteswissenschaften – einer Disziplin, die sich sonst nicht durch besondere Affinität zu modernen Technologien auszeichnet – versucht wird aufzuzeigen, wie ein solch spezifisch digital produzierter Mehrwert aussehen könnte: Es handelt sich um die Affinität zwischen postmodernem Ideengut aus dem Bereich dieser Wissenschaften und ihrer Konvergenz mit dem digitalen Hypertext.

Auf dem Höhepunkt des Internet-Booms in der zweiten Hälfte der 1990er Jahre (Wishart & Bochsler, 2002) erschienen verschiedene Schriften, die diese Konvergenz behaupteten (vor allem: Landow, 1994 und 1997). Mit der Erfindung des World Wide Web Anfang der 1990er Jahre sei das Potenzial genuin geisteswissenschaftlicher Positionen aus der kritischen Literaturtheorie, dem Dekonstruktivismus und dem Poststrukturalismus technologisch freigesetzt worden (vgl. u.a. Münkler & Roesler, 2000; Reckwitz, 2006). Die Vertreter dieser Wissenschaften verfügten laut den Autoren im neu entstandenen Web über ein Laboratorium, in welchem sie die Umsetzung solcher Denkstrukturen testen könnten.[3] Im Zentrum der Diskussion stand der digitale Hypertext, wie er mit der Erfindung des World Wide Web und der Browsertechnologie möglich geworden ist. Man sah und sieht darin die konkrete Umsetzung eines lange gehegten Wunsches, durch das Medium selbst „die Knute der Linearisierung" überwinden zu können: Mit Hypertexten könne man endlich so schreiben und so lesen, wie man denke, nämlich assoziativ (Krameritsch, 2006).

Dabei war nicht die Idee des Hypertexts als Verweissystem als solches gemeint, denn diese Idee gab es schon länger: Schon die *Encyclopédie* hat mit ihren „voir aussi"-Verweisen auf weitere Lemmata am Ende jedes Artikels ein nicht-lineares, netzwerkförmiges Lesen jenseits der alphabethischen Ordnungsstruktur des Nachschlagewerks ermöglicht (Darnton, 1989). Speziell am digitalen Hypertext war, dass erstmals eine Technologie erfunden wurde, die tatsächlich das assoziative Springen von einem Inhalt zum anderen und damit das Selbstkonstruieren von Wissensinhalten ermöglichte, ja sogar genuin so aufgebaut war – eben: nicht-linear (vgl. Keller & Sarasin sowie Krajewski in diesem Band; zur kollaborativen Gestaltung von Wissensräumen auf der Basis von Web 2.0 vgl. Gunn). Im Raum des Web wie auch im Theorieraum der Postmoderne (Lyotard, 1999) erscheint das Wissen als zentrumsloses Geflecht, ist der Informationsauf-

---

3 Zahlreich waren die Publikationen, welche die Versprechungen des Hypertexts für die Geistes-, Sozial- und Kulturwissenschaften ausloten wollten. Jakob Krameritsch spricht in diesem Zusammenhang sogar von einem regelrechten „Rausch" (Krameritsch, 2006). George P. Landow bezeichnete das Aufkommen des WWW als „paradigm shift, which marks a revolution in human thought" (Landow, 1997) oder als Erreichen des „land promised (or threatened) by post-modern theory" (Bolter, 1991, S. 204).

bau anti-hierarchisch, sind Lektüren mehr denn je vieldeutig und Aneignungsverfahren nutzerorientiert, gelten die Prinzipien der freien Assoziation, die Betonung der Vernetztheit, Unabgeschlossenheit und Referentialität allen Wissens. Und dabei ist der Autor als „Ursprung“ eines Textes auch aus medientechnischer Perspektive obsolet geworden.[4] Glaubt man Bolter (1997), so ist das, was wir heute als Hypertext bezeichnen, die elektronische Verwirklichung zweier Konzepte, die Mitte des 18. Jahrhunderts aufkommen: erstens dem von d'Alembert und Diderot verfolgten philosophischen Konzept einer enzyklopädischen Zusammenführung von Wissen, zweitens dem in Sternes Tristam Shandy verkörperten poetischen Konzept der disgressiven Abschweifung. Der gemeinsame Nenner beider Konzepte ist das Prinzip der assoziativen Verknüpfung (Wirth, 2005, S. 288; Wirth verweist auf Bolter 1997, S. 45f.). Das Web ist also nicht nur den genannten Theorien ähnlich, es handelt sich sogar um ein Produkt, das als Ergebnis dieser Denkstrukturen angesehen werden kann. Anhand dieses Beispiels kann man zeigen, dass es sich nicht um eine Usurpation postmoderner Denkstrukturen durch digitale Technologie handelt, sondern um ein subtiles Aufgreifen und technologisches Umsetzen bestehender Denktraditionen durch die Akteure im digitalen Feld. Beide Felder, das postmoderne Ideengut wie auch die Informationstechnologie, brauchen und beeinflussen einander gegenseitig. Sie sind also aufeinander angewiesen.

Begriffliche Klärungen

Für unsere Publikation sind drei Begriffe zentral und bedürfen deshalb einer näheren Untersuchung: Wissensorganisation, Wissensrepräsentation und Semantik (dies v.a. wegen den in diesem Bereich wichtigen Begriff des Semantic Web). Die drei Begriffe sind äusserst schillernd und können je nach Definition extrem umfassend sein. Ein erster einfacher Zugang wäre: Unter Wissensorganisation könnte man ein Sachgebiet verstehen, das sich mit der Ordnung von a) Wissenseinheiten (Begriffen) und b) Objekten aller Art (Mineralien, Pflanzen, Tiere, Dokumente, Bilder, Museumsobjekte etc.) befasst, die auf entsprechende Begriffe oder Begriffsklassen bezogen werden, um das Wissen über die Welt geordnet festhalten und zur Nutzung weitergeben zu können (Dahlberg, o. J.). „Unter Wissensorganisation wird speziell die Systematisierung und Einordnung

4 Das impliziert noch keine Aussage über Kausalitäten und soll auch den Umstand nicht verschleiern, dass Datenbank-Technologien schon seit den 1960er Jahren die technischen wie auch die epistemologischen Bedingungen des Web präfigurierten (vgl. Gugerli, 2009).

von Information über Wissen verstanden. Hierunter fallen Bibliotheksschemata, Katalogisierungsregeln, semantische Vernetzungen, bibliometrische Auswertungen, Metadaten von Webinhalten, Annotierungen von Bildmaterial, Ontologien für Informationsmedien. Die verschiedenen Dimensionen des Umgangs mit Wissen sind nicht unabhängig voneinander, sondern bauen teilweise aufeinander auf, bzw. bedingen sich gegenseitig“ (ISKO, 2013).

Wissensrepräsentation befasst sich dem gegenüber nicht mit der Ordnung der Dinge selbst, sondern sucht nach Möglichkeiten, diese Ordnung darzustellen. Das kann, muss aber nicht dazu führen, dass die Repräsentation von Wissen als eine direkte Unterkategorie bzw. „Grundoperation“ von Wissensorganisation zu verstehen ist (Kiel & Rost, 2002, S. 28).

Unter Semantik versteht man gemeinhin die Suche nach bzw. das Studium von Bedeutung (Lyons, 1977, S. 1). Meistens bezieht sich diese Suche jedoch auf das Medium der Sprache. Semantische Forschungen werden schon seit Jahrhunderten von einer Vielzahl unterschiedlichster Wissenschaftsbereiche vorgenommen, so z.B. von der Sprachphilosophie, der Linguistik, der Kommunikationswissenschaften oder der Theologie. Im Bereich digitaler Technologie ist jedoch das Semantic Web dominierend. Dieser Begriff ist nicht von Geisteswissenschaftlern definiert worden, sondern stammt aus dem informationstechnologischen Bereich. Es handelt sich um ein Konstrukt, eine Standardisierungsinitiative für eine verbindliche Repräsentation von Wissen mittels digitaler Technologie. Auch beim Semantic Web handelt es sich also um einen der Frage der Wissensorganisation nachgeordneten Aspekt.

Da die Zugänge zu den drei Begriffen so verschieden sein können, möchten wir im folgenden erstens in einem pragmatischen Zugang die aktuellen Verwendungsfelder sowie zweitens in einem theoretischen Zugang die wichtigsten Grundlagen schildern, wobei die Konzentration hierbei auf der Wissensorganisation liegt und das Semantic Web unter die Wissensrepräsentation subsumiert wird.

Wissensorganisation und -repräsentation: Pragmatischer Zugang

Versucht man einen groben Überblick über die sich mit diesem Thema beschäftigenden Wissenschaftsbereiche zu gewinnen so kristallisieren sich vier Forschungs- und Tätigkeitsfelder heraus: Erstens Wissensorganisation und -repräsentation als erkenntnistheoretisches Problem, zweitens als historisch-anthropologische Konstante, drittens ein Feld, welches man „Applied Knowledge

Organization“ nennen könnte sowie viertens das traditionelle Gebiet der Bibliotheks- und Informationswissenschaften.

1. **Erkenntnistheoretisches Problem:** Hierbei handelt es sich um die unzähligen (vordigitalen) Versuche in der Menschheitsgeschichte, vorhandenes Wissen zu sammeln und zu ordnen, um das Chaos der Welt besser zu verstehen und damit umgehen zu können. Wissenschaftler und Denker aller möglichen Richtungen und Strömungen haben sich damit beschäftigt (Metaphysik, Ontologie, Begriffsgeschichte, Linguistik (Semantik), klassifikationstheoretische Publikationen im Bibliotheks-und Dokumentationsbereich etc.). Dazu gehören z.B. auch Schriften, die sich mit dem Thema einer universalen Wissensordnung auseinandersetzen (Dahlberg, 1974). Diese Schriften versuchen, eine bestimmte Art von Wissensordnung darzustellen oder alle verschiedenen Ansätze von Wissensordnungen zusammenzustellen.
2. **Historisch-anthropologische Konstante:** In diesem Feld werden die unter 1) genannten Versuche beschrieben und analysiert, um zeitgenössische soziale und/oder gesellschaftliche Phänomene verstehen zu können. Diese Versuche füllen ganze Bibliotheken, erstellt werden sie in der Regel von Geistes- oder Sozialwissenschaftlern. Einer der prominentesten Akteure dieses Feldes ist der französische Philosoph Michel Foucault (1999), insbesondere mit seinem Werk „Les mots et les choses“ (Die Ordnung der Dinge).
3. **Applied Knowledge Organization:** Hier dominieren „ingenieurstechnische Auffassungen“, die sich mit der Erstellung einzelner informationstheoretischer Systeme, Sprachen und Konfigurationen und Services auseinandersetzen und damit versuchen, Informationen allgemein zugänglich(er) aufzubereiten (Stichworte: Metadaten, Semantic Web etc.). Diese Stufe nutzt 1), ohne sich grundsätzlich Gedanken über Sinn oder Unsinn eines Wissensorganisationssystems/einer Wissensordnung zu machen. Dieser Bereich ist teilweise in der Wissenschaft angesiedelt, doch gibt es grosse Überlappungen mit der Privatwirtschaft und internationalen Organisationen, und erste Realisierungen, z.B. im Bereich von E-Learning (vgl. Keil in diesem Band).
4. **Bibliotheks- und Informationswissenschaften:** Hier glauben wir eine vierte Kategorie erkennen zu können, die wie 1) und 2) aus der vordigitalen Ära stammt. Der Fokus liegt hier auf der Möglichkeit einer systematischen Erfassung und Klassifizierung von Wissen zum Zweck der Wiederauffindbarkeit und der Vernetzung aus der Perspektive von Bibliotheken und Archiven und aus damit zusammenhängenden Wissenschaftsbereichen, wie die Informations- oder Dokumentationswissenschaft (eindrücklichstes Beispiel aus diesem Bereich ist das Monumentalwerk von Šamurin, Evgenij Ivanovič: Geschichte der bibliothekarisch-bibliographischen Klassifikation, München 1977).

Wissensorganisation und -repräsentation: theoretisch-systematisierender Zugang

Zur Frage inwiefern sich die Organisation und die Repräsentation von Wissen voneinander unterscheiden bzw. warum eine derartige Unterscheidung überhaupt notwendig ist, lässt sich sagen, dass jeder Wissensrepräsentation eine wie auch immer geartete Wissensorganisation vorausgeht: „Wissensorganisation heißt, Wissen verfügbar zu machen, unabhängig davon, wo und in welcher Form es vorliegt“ (Hauke & Umstätter, 2006, Vorwort).

Wissensorganisation stellt eine im vordigitalen Zeitalter entwickelte und praktisch erprobte Modellierung von Wissenszusammenhängen dar. Auch die primären zur Wissensorganisation herangezogenen Instrumente waren nichtdigitaler Natur waren und sind es in rudimentärem Ausmass noch, z.B. die legendären Zettelkataloge der Bibliotheken. Für eine Unterscheidung dieser Begriffe kann des Weiteren davon ausgegangen werden, dass eine eindeutige und klare prozedurale Organisation von Wissen in letzter Konsequenz ein möglichst schnelles und effizientes Wiederauffinden zur Nachnutzung ermöglicht, wohingegen eine logisch-einwandfreie deklarative Repräsentation von Wissen eine effektive Weiterverarbeitung insbesondere für Maschinen ermöglicht: „Während bei der Wissensorganisation der Schwerpunkt auf der Erschließung und Ordnung bestehender Wissensbestände mit Hilfe von Metadaten liegt, versucht man im Rahmen der Wissensrepräsentation die Informationen direkt abzubilden. Das Wissen wird dort in einem System durch entsprechende Stellvertreter repräsentiert. Die Grenzen sind jedoch fließend, da die meisten Systeme zur Wissensorganisation bereits gewisse Strukturen repräsentieren und jede Wissensrepräsentation gewisse Strukturierung voraussetzt. Auch Glossare und Enzyklopädien enthalten sowohl geordnete Begriffe (Organisation) als auch Definitionen (Repräsentation)“ (Wikipedia, o. J.).

Dabei ist für die digitale Ära eine Verlagerung des Schwerpunktes von einem stärker an Organisation orientierten zu einem mehr an Repräsentation interessierten Zusammenhang typisch. Dies wird auch von David Weinberger (2008) in „Everything is miscellaneous“ beschrieben und durch insgesamt drei Ordnungen der Ordnung differenziert: Darin wird als erste Ordnung der Ordnung die Art und Weise beschrieben, mit der wir selbst Dinge „nach eigener Façon“ ordnen. Als zweite Ordnung der Ordnung wird jede Meta-Form beschrieben, die Information über die Ordnung der Dinge beinhaltet, welche die Objekte selbst in ihrer Ordnung beschreibt und die dazu dient, diese wieder auffinden zu können. Die Beschreibung dieser Objekte erfuhr in den letzten Jahrzehnten eine Digitalisierung, die letztlich nur dazu diente, die dritte Form der Ordnung vorzubereiten: die rein digitale Welt, in der „digital natives“ nahezu ausschliesslich mit „digital born" Artefakten Umgang haben, d.h. eine Welt, in der die Objekte selbst und ihre Beschreibung in digitaler bzw. digitalisierter Form vorliegen und dadurch auch die in der zweiten Form der Ordnung vorgenommene Trennung zwischen Objekt und Anordnung letztlich aufgehoben wurde. Damit lassen sich Objekte und Beschreibungen auf ein gemeinsames Granulat reduzieren: Bits und Bytes. Durch den Computer fand sich somit ein Werkzeug, dass nicht nur die Dinge selbst in digitaler Form repräsentieren, sondern gleichzeitig auch deren Ordnung bzw. Organisation auf- bzw. vornehmen kann.

Semantic Web: der Höhepunkt digitaler Wissensorganisation und -repräsentation

Mit der Verschmelzung von Objekt und Beschreibung im Digitalen einhergehend stellt sich auch die Frage, ob die computerbasierte Repräsentation des Wissens eine spiegelbildliche Repräsentation der menschlichen Wissenszusammenhänge darstellen kann. Damit können nicht nur Menschen diese Zusammenhänge erkennen und gewinnbringend verwenden, sondern diese kognitiven Prozesse können in den Maschinen nachgebildet werden. Übertragen auf die beschriebene dritte Ordnung der Ordnung bedeutet dies, dass nicht nur die Objekte und ihre Organisation, sondern auch die für ihre Verarbeitung notwendigen Mechanismen maschinell, d.h. digital darstellbar sind.

Die dazu unternommenen Anstrengungen sind beträchtlich und nach einigen Jahrzehnten eines für im Entstehen begriffene wissenschaftliche Paradigmen charakteristischen Wildwuchses scheinen sie eine konkretere und allgemeinere Gestalt im Konzept des „Semantic Web" anzunehmen. Dabei handelt es sich letztlich um eine Standardisierungsinitiative für eine verbindliche Repräsentation von Wissen (Pellegrini & Blumauer, 2006; Hitzler et al., 2008). Interessanterweise greift das Semantic Web dabei auf drei prinzipielle Grundformen bzw. Grundmodelle der Wissensorganisation und Wissensrepräsentation zurück, auf die sich die Wissenschaften seit Jahrhunderten verständigt hat und die sich für eine praktische Operationalisierung derart bewährt haben, dass sie auch im digitalen Zeitalter nicht wegzudenken sind und gewisse Parallelen zur Modellierung der digitalen Welt aufweisen: jene der Taxonomien, der Thesauri und schliesslich der Ontologien. Jede dieser Organisations- bzw. Repräsentationsformen kann als Untermenge oder echte Teilmenge der nachfolgenden gelten. Sie gewinnen der genannten Reihenfolge entlang an Ausdrucksmächtigkeit sowie an Komplexität. Andererseits steigen mit zunehmender Komplexität auch die Anforderungen an die Operabilität, die sich aus den zunehmend grösser werdenden Anforderungen an die Semantik sowie den damit zusammenhängenden Abstraktionsgrad ergibt.

Im Folgenden sollen die einzelnen Modelle der Wissensorganisation bzw. -repräsentation kurz vorgestellt und einzelne Kapitel des Sammelbands diesen drei Grundprinzipien zugeordnet werden. Vorausgehend kann gesagt werden, dass Taxonomien ein eher für die Wissensorganisation geeignetes Grundmodell darstellen, wohingegen Ontologien den Schwerpunkt eher auf die deklarative Wissensrepräsentation setzen. Thesauri stellen eine mittlere Form dar, die sowohl Elemente einer prozeduralen Verarbeitung als auch einer deklarative Beschreibung enthalten.

Thesauri, Taxonomien, Ontologien

Taxonomien

Bei Taxonomien (gr.: τάξις táxis ‚Ordnung' und νόμος nómos ‚Gesetz') handelt es sich dabei um eine sehr einfache und hierarchische Ordnungsform, die aus der Biologie, genauer aus der Zoologie stammt und von Carl von Linné begründet und 1735 in der ersten Ausgabe von Systema Naturae[5] dargestellt wurde. Charakteristisch für diese Darstellungsform, die Linné über ein ausgeklügeltes Zettelsystem bewältigte, ist ihre strenge Klassenhierarchie sowie die Unmöglichkeit, ein Element zwei Klassen gleichzeitig zuzuordnen, womit bereits die semantischen Grenzen des Systems erreicht sind. Diesen steht jedoch die hohe Effizienz gegenüber – nicht umsonst ist Linnés System auch heute noch innerhalb der Biologie gültig und hat in einer Vielzahl von Wissenschaften Verwendung gefunden. Aufgrund ihrer Einfachheit finden Taxonomien immer dann Verwendung, wenn zügig, d.h. im Idealfall in Echtzeit und unter Beachtung allgemeiner Regeln einzelne Elemente bestimmten Mengen zugeordnet werden können. So etwa im Records Management (vgl. Zihlmann sowie Toebak, in diesem Band), also der Übertragung von Geschäftsprozessen auf hierarchisch strukturierte Dossiers. Taxonomien stellen aber auch die Grundlage für komplexere Anwendungen dar, etwa als semantischer Zielraum für die Abwicklung medizinischer Fallpauschalen (vgl. Straub, in diesem Band), wobei die Grenzen der eindeutigen Zuordnung konkret über eine multidimensionale Architektur und deren Darstellung in einem Modell höherer Ordnung überwunden werden.

Ein verwandtes, jedoch sehr viel jüngeres und ungleich radikaleres Modell, das weder auf eine besondere Wissensorganisation vertraut noch eine elaborierte Wissensrepräsentation für die primär darzustellenden Daten verlangt, sind die Folksonomies. Damit wird die kollaborative, dezentralisierte und spontane Form

5 Linné , Carl von: Systema Naturae. Johan Wilhelm de Groot, Leiden 1735.

der Etikettierung von Daten über sogenannte Tags von einer Vielzahl von Nutzern (also die „Folks") umschrieben (zur Bedeutung des „social tagging" vgl. den Beitrag von Gunn). Wie alle Modelle zur Wissensorganisation haben jedoch auch Folksonomies ihre Grenzen, die insbesondere in ihrer strukturellen Eindimensionalität liegen, denn im Gegensatz zu Taxonomien bilden sie keine Klassen. Diese bilden letztlich das Grundprinzip von Taxonomien, auch wenn sie sich auf eine hierarchische Strukturierung in Oberbegriffe (Hypernymen) sowie Unterbegriffe (Hyponymen) begrenzen.

Thesauri

Der semantischen Begrenztheit begegnen Thesauri (altgr.: θησαυρός thesaurós, ‚Schatz, Schatzhaus'), indem sie die Vielfalt begrifflicher Verwandtschaftsbeziehungen ins Zentrum der Untersuchung setzen. Auch wenn der erste Thesaurus für das Griechische von Henri Estienne 1572 publiziert wurde,[6] gilt hierbei die Arbeit von Peter Mark Roget „Thesaurus of English Words and Phrases" als massgebend (Roget, 1856).

Die Tatsache, dass Roget hierbei mit lediglich sechs Klassen auskam, zeigt eindeutig, dass das Konzept der Klassenbildung zugunsten einer Vernetzung der ansonsten klassenbildenden Elemente (also der Begriffe) aufgegeben wurde. Die diskriminierende Rolle der Unter- und Oberbegriffe wird dadurch eingeschränkt. Dies ermöglicht die Verwendung von in der natürlichen Sprache reichhaltig vorhandenen Begriffen der Ähnlichkeit und Verwandtschaft (Synonyme, z.T. auch Antonyme). Zudem können die für eine sprachliche Differenzierung so wichtigen Meronyme (Teil-Ganzes Relation), vor allen Dingen aber das Problem der Äquivokation (Homonyme und Polyseme) miteinbezogen werden. Durch diese begriffliche Vernetzung kann in Systemen zur Wissensorganisation neben den vertikalen begrifflichen Trennungen zum ersten Mal den eher horizontal ausgerichteten und weitaus komplexeren Formen der assoziativen Verknüpfung Raum gegeben werden. Darüber hinaus wird damit aber auch die Mehrdeutigkeit (Ambiguität) in Angriff genommen, welche eines der grössten Probleme der natürlichen Sprache darstellt.

Auch wenn im vorliegenden Band die klassische Form des Thesaurus, d.h. die verbindliche Zuordnung von in Verbindung stehenden Begriffe im Sinne eines kontrollierten Vokabulars keine direkte Verwendung finden, spielt die Vernetzung von Begriffen innerhalb semantischer Wortfelder oder aber die assoziative Verknüpfung von Begriffen und Dokumenten eine dennoch herausragende

6 Estienne, H.: Thesaurus græcæ linguæ. 4 Bände. A. Firmin-Didot, Paris 1572.

Rolle, zumal damit häufig eine thesaurierende (im Sinne einer für weitere Zwecke anhäufenden) Verknüpfung gemeint ist (vgl. Keller & Sarasin, in diesem Band) oder als assoziative Erweiterung von Zettelkästen in (vgl. Krajewski), die auch die neuro- bzw. psycholinguistischen Aspekte unterstreichen, welche in Thesauri nachzumodellieren versucht werden.

Das Zusammenspiel von thesauriartigen Synonymie-Relationen und einer daraus resultierenden taxonomischen bottom-up Einordnung findet sich in verschiedenen Ansätzen zur Visualisierung in Form von sog. „knowledge maps" und anderen Mapping-Varianten wieder (vgl. Michel & Läge sowie Läge & Streule).

Ontologien

Eine noch höhere Ordnung der Organisation und letztlich zumindest im Versuch abschliessende Komplexitätsstufe der Wissensrepräsentation wird durch die Verwendung von Ontologien (gr.: ὄν, on, „seiend", als Partizip Präsens zu εἶναι, einai, „sein", und λόγος, logos, „Lehre, Wort") erreicht. Der Begriff wurde 1606 von Jacob Lorhard in Ogdoas Scholastica[7] geprägt. Ontologien müssen – im Kontext der vorgelegten Arbeiten und entsprechend ihrer aktuellen wissenschaftlichen Verwendung – als logisch einwandfrei definierte, maschinell interpretierbare Beschreibungen des Sprach- und Weltwissens verstanden werden. Sie haben damit eine weniger philosophische, sondern eine hauptsächlich enzyklopädische und informatikbezogene Grundlage in ihrer Modellierung. Der Hauptunterschied zwischen Ontologien und ihren Untermengen Thesauri und Taxonomien besteht darin, dass die semantischen Relationen unbeschränkt sind, sofern sie eine Entsprechung in der Wirklichkeit haben. Sie benötigen zu diesem Zweck jedoch auch ein Regelwerk für die logisch korrekte Interpretation und ein Mapping auf Zusammenhänge der realen Welt, welche Thesauri und Taxonomien nicht benötigen, da dies in der Benennung ihrer wenigen semantischen Relationen direkt eingebaut ist (Stuckenschmidt, 2006).

Die Tatsache, dass sich nunmehr hauptsächlich Informatiker (Allemang & Hendler, 2011) und – wie in diesem Band zu sehen ist – informatisch versierte Mediziner, Historiker, Soziologen und Vertreter anderer Wissenschaften „mit den Fragen nach dem Sein" und deren sprachlichen Ausprägungen beschäftigen, erscheint auf den ersten Blick bizarr, da ihnen aus der Perspektive der Philosophen und der Linguisten das grundlegende theoretische Rüstzeug dafür fehlt.

---

7 Lorhard, J.: Ogdoas Scholastica, continens Diagraphen Typicam artium: Grammatices (Latinae, Graecae), Logices, Rhetorices, Astronomices, Ethices, Physices, Metaphysices, seu Ontologiae, Sangalli. Apud Georgium Straub, 1606.

Andererseits zeigt dies auch, wie stark die Anziehungskraft dieses Untersuchungsgegenstands ist und wie weit er den sich ursprünglich damit beschäftigenden Disziplinen Philosophie und Linguistik entglitten ist. Dabei sollte nicht vergessen werden zu erwähnen, dass gerade dieser Umstand eine weitaus pragmatischere Beschäftigung anstelle einer sich in wolkigen Konzepten ergehenden theoretischen Auseinandersetzung ermöglicht. Von daher sind auch weniger die im klassischen Kanon genannten Philosophen – ausgehend von Parmenides über Thomas von Aquin bis zu Heidegger reichend – für die zeitgenössische Auseinandersetzung mit Ontologien massgebend, sondern ungleich sprödere Vertreter des Faches, insbesondere der spätscholastische Denker Raimundus Lullus, der in seiner gegen 1305 abgeschlossenen Ars Magna[8] das Grundlagenwerk für die Schaffung einer logischen Maschine, d.h. einer Operationalisierung der Wissenszusammenhänge vorlegte. Dieses Konzept wurde in der Folge von Gottfried Leibniz in seiner „ars combinatoria" weiterentwickelt und ist heutzutage für die Bezeichnung von Inferenzmechanismen von Computern gebräuchlich.

Wissensmanagement durch Visualisierung

Für die Frage der Repräsentation von Wissen ist besonders die Frage der Visualisierungsmöglichkeiten zentral. Die hier unter dem Begriff „Wissensmanagement" zusammengefassten theoriegeleiteten und anwendungsorientierten Ansätze zur Visualisierung von Wissensinhalten und Informationen befassen sich in der Regel mit folgenden Fragstellungen: Welches Modell zur Ordnung liegt den Wissensbeständen zugrunde oder soll hergestellt werden? Welche Form der Kodierung von Daten und welche Form der Modellierung eignet sich zur Erfassung und Verwaltung der Informationen? Welcher Ansatz garantiert eine möglichst einfache Integration in die bestehende Organisationsstruktur und die vorhandene technische Infrastruktur und ermöglicht einen reibungslosen Betrieb zur Erfassung, Aktualisierung und Pflege der Datenbestände?

Mit diesen und weiteren Fragen beschäftigt sich das interdisziplinäre Themengebiet des Wissensmanagements, das wesentliche Grundlagen aus der Informationswissenschaft, Informatik, Kognitionspsychologie, Bildungswissenschaften und weiteren verwandten Disziplinen bezieht. Visualisierungen im Zusammenhang mit Wissensmanagement sind letztlich der Versuch, Komplexität durch bildhafte Darstellung zu vereinfachen und die Handhabung auch für Personen zu gewährleisten, die sich nicht oder wenig mit den zugrundeliegenden Datenmodellen beschäftigen wollen (vgl. Busse; Staehli, Diggelmann &

8 Raimundus Lullus: Ars magna, 1305.

Kopp sowie Straub, in diesem Band). Wie bei allen Abstraktionen der Wirklichkeit bergen auch digitale Visualisierungen in Form von Graphen oder Maps die Gefahr, dass wichtige (Teil-)Informationen und Daten verloren gehen oder ein Überblick über den Wissensraum vorgegaukelt wird, der so nicht vorhanden ist. Hier zeigt sich das Prinzip, auf das wir öfters hingewiesen haben: auch wenn es sich um ein Anwendungsfeld der modernen Technologien handelt, bleiben die grundlegenden Fragen und Probleme seit Jahrhunderten dieselben.

Beispiele für konkrete Anwendungen zeigen die Vielfalt von Möglichkeiten digitaler Wissensrepräsentation auf. Aufgrund der beschriebenen Komplexität der Ordnungs- und Repräsentationssysteme sowie der Multidimensionalität von Wissensräumen ist es allerdings nicht trivial, geeignete Technologien zur Darstellung von Relationen und Assoziationen zwischen Wissensinhalten und zur Abbildung von semantischen Netzen zu entwickeln (van Hoek/Mayr im vorliegenden Band geben einen kritischen Überblick in die Grundproblematik von Visualisierung). Als ein in der Praxis brauchbares Konstrukt haben sich verschiedene Formen zur Visualisierung herausgestellt, welche heutzutage zumeist mithilfe von digitalen Technologien umgesetzt werden: So bieten Wissenslandkarten, Concept oder Knowledge Maps für Wissensarbeiter/innen in Wissenschaft und Bildung, aber auch in Organisationen und Unternehmen unterschiedliche Möglichkeiten, graphische Abbildungen von Ontologien, Wissensbeständen und Wissensstrukturen zum Verwalten und Auffinden von Inhalten zu erstellen (Eppler, 2001; Dengel, 2012). Mit den Möglichkeiten digitaler Technologien wird dabei versucht, der Mehrdimensionalität von Wissensstrukturen durch dynamische Maps gerecht zu werden, in denen die Nutzer/innen „navigieren" können (Eppler & Schmeil, 2009; Lehner, 2009).

Den Softwareprodukten und Auszeichnungssprachen liegen Datenmodelle zugrunde, die auf den bereits dargestellten Klassifikationssystemen beruhen. Wissenslandkarten lassen sich also nicht nur nach den Inhaltstypen, sondern auch nach den Klassifikationssystemen unterscheiden, auf deren Logik ein Wissensraum entwickelt und dargestellt werden kann. So stellen z.B. das „Resource Description Framework" (RDF) und die „Web Ontology Language" (OWL) zwei sich immer stärker durchsetzende Standards zur semantischen Beschreibung von Metadaten und ihrer Interpretation dar.[9] Aus beiden Ansätzen lassen sich mit entsprechenden Convertern Visualisierungen in Form von Graphen aus den Datenmodellen erstellen. Auszeichnungssprachen, wie z.B. der ISO-Standard „XML Topic Maps" (XTM)[10] dienen dazu, Verknüpfungen zwischen einzelnen Wissensinhalten in Form von Relationen oder Assoziationen zu benennen und

---

9 W3C-Standard RDF/OWL: http://www.w3.org/RDF/ bzw. http://www.w3.org/2004/OWL/
10 ISO-Standard XML Topic Maps (XTM): http://topicmaps.org/xtm/

in Form von Maps darzustellen. Um eine adressatengerechte Nutzung zu gewährleisten, wurden für die Verwendung spezielle Editoren und ganze Systeme zur Informationsverwaltung entwickelt.

Schluss & Ausblick: Eine Frage der Semantik

Ontologien beschäftigen sich letztlich nicht mit der Frage nach dem Sein, sondern mit der Frage der Semantik, d.h. der logisch einwandfreien Modellierung sprachlicher Bedeutung. Diese Frage hat jedoch auch für die beiden anderen Modelle der Wissensorganisation, Taxonomien und Thesauri, eine nicht unerhebliche Relevanz. Die Modelle unterscheiden sich letztlich wie gezeigt allein hinsichtlich der Komplexität der Semantik. Sämtliche Unternehmungen, Wissen zu organisieren bzw. zu repräsentieren stehen oder fallen demnach mit dem Problem der Semantik.

Dabei erweist es sich als besonders problematisch, dass das, was Semantik ausmacht, sehr stark differenziert: von Sprache zu Sprache, von Ort zu Ort, von Mensch zu Mensch, innerhalb eines Menschen von Zeit zu Zeit. Semantik ist aufgrund dieses höchst dynamischen Charakters letztlich nur situativ einwandfrei darstellbar, womit auch Ambiguität einen zugleich graduellen als auch situativen Charakter enthält. Semantik ist, um es mit einem Begriff der Ontologie-Modellierung zu sagen: nicht-monoton.

Hinzu kommt, dass in natürlicher Sprache formulierte Wissenszusammenhänge aufgrund des linearen Charakters von Sprache letztlich nur als zweidimensionales Konstrukt vorliegen, die aber das Produkt einer Reduktion des n-dimensional im Gehirn repräsentierten Wissens ist. So können sämtliche Versuche einer Wissensorganisation bzw. Wissensrepräsentation – angefangen bei den nichtlinearen Anordnungen von Hyperlinks – einerseits als Versuch angesehen werden, Teile dieser N-Dimensionalität zurückzugewinnen und andererseits auch als Versuch einer Komplexitätsreduktion aller sprachlichen und weltlichen Zusammenhänge aufgefasst werden. Dies mit dem Ziel, einen verbindlichen Konsens für eine operative Weiternutzung von Information herzustellen.

Die einfachen Modelle der Taxonomien zur klaren Trennung von Konzepten haben hierbei zudem den eher nominalistisch anmutenden Vorteil ihrer Einfachheit. Die begriffliche Verknüpfung in den Thesauri versucht demgegenüber, diese strikten Grenzen aufzuheben. Ontologien hingegen streben eine umfassende kognitive Modellierung mit dem höchstmöglichen Grad an semantischer Komplexität an.

Es mag ernüchternd erscheinen, dass eine abschliessende Antwort auf die Frage nach „Was ist Semantik?“ mit ziemlicher Sicherheit nie gefunden werden kann. Doch nichtsdestotrotz haben genau beschriebene semantische Zusammenhänge ein enormes Potential für die Wissensverarbeitung. Die Ausschöpfung und Nutzung dieses Potentials, das ist an den unterschiedlichen Anwendungsbeispielen des vorliegenden Sammelbands zu erkennen, wird die Wissenschaft in der kommenden Zeit mehr beschäftigen, als dies in der gesamten Wissenschaftsgeschichte bislang der Fall war.

Literatur

Allemang, D. & Hendler, J. (2011). Semantic Web for the Working Ontologist. Burlington, MA: Morgan Kaufmann, 2nd edition.

Barwise, J. & Perry, J. (1981). Situations and Attitudes. Cambridge, MA: MIT Press.

Bolter, J. D. (1991). Writing Space. The Computer, Hypertext, and the History of Writing. Hillsdale, NJ: Lawrence Erlbaum.

Bolter, J. D. (1997). Das Internet in der Geschichte der Technologien des Schreibens. In: Münker, S. & Rösler, A. (Hrsg.). Mythos Internet, S. 37–55. Frankfurt/M., Suhrkamp.

Dahlberg, I. (1974). Grundlagen universaler Wissensordnung. Probleme und Möglichkeiten eines universalen Klassifikationssystems des Wissens. München: K.G. Saur.

Dahlberg, I. (2010). Grundlagen universaler Wissensordnung. Probleme und Möglichkeiten eines universalen Klassifikationssystems des Wissens. Berlin: De Gruyter.

Dahlberg, I. (o. J.) Definitionen aus dem Begriffsfeld „Wissensorganisation". In: Webauftritt der Deutsche ISKO e.V., International Society for Knowledge Organization (ISKO), Internationale Gesellschaft für Wissensorganisation, Deutsche Sektion e.V. Online verfügbar: http://www.isko-de.org/index.php?id=dahlbergdefinitionen [10.10.2013]

Darnton, R. (1989). Das grosse Katzenmassaker. Streifzüge durch die französische Kultur vor der Revolution. München: Carl Hanser.

Dengel, A. (2012). Semantische Technologien. Grundlagen – Konzepte – Anwendungen. Heidelberg: Spektrum.

Eppler, M. J. (2001). Making Knowledge Visible Through Intranet Knowledge Maps: Concepts,Elements, Cases. In: Proceedings of the 34th Hawaii International Conference on System Sciences, 2001. Online verfügbar: http://www.computer.org/csdl/proceedings/hicss/2001/0981/04/09814030.pdf [10.10.2013]

Eppler, M. J. & Schmeil, A. (2009). Learning and Knowledge Sharing in Virtual 3D Environments: A Classification of Interaction Patterns. In: Bertagni, F.; La Rosa, M.; Salvetti, F. (Hrsg.). Learn How to Learn, S. 235–252. Milan: Franco Angeli.

Estienne, H. (1572). Thesaurus graecae linguae.

Foucault, M. (1999). Die Ordnung der Dinge. Eine Archäologie der Humanwissenschaften. Frankfurt/M.: Suhrkamp (Originalausgabe „les mots et les choses", Paris 1966).

Gruber, T. R. (1993). A translation approach to portable ontology specifications. In: *Knowledge Acquisition*. Special issue: Current issues in knowledge modeling. Volume 5 Issue 2, June 1993, pp. 199–220.

Gugerli, D. (2009). Suchmaschinen. Die Welt als Datenbank. Frankfurt/M.: Suhrkamp.

Habermas, J. (1985). Die neue Unübersichtlichkeit. Frankfurt/M.: Suhrkamp.

Hauke, P. & Umstätter, W. (2006). Vom Wandel der Wissensorganisation im Informationszeitalter. Bad Honnef: Bock & Herchen.
Helbig, H. (2006). Knowledge representation and the semantics of natural language. Heidelberg: Springer. Online verfügbar: http://link.springer.com/book/10.1007%2F3-540-29966-1 [10.10.2013]
Hitzler, P.; Krötzsch, M.; Rudolph, S.; Sure, Y. (2008). Semantic Web. Grundlagen. Heidelberg: Springer.
ISKO (2013). 13. Tagung der Deutschen ISKO (International Society for Knowledge Organization) in Zusammenarbeit mit ISI (Internationales Symposium der Informationswissenschaft), Potsdam, 19.–20.3.2013. Online verfügbar: http://www.isko-de.org/index.php?id=wissensorganisation13 [10.10.2013]
Krameritsch, J. (2006). Herausforderung Hypertext. Heilserwartungen und Potenziale eines Mediums. Online verfügbar: http://www.zeitenblicke.de/2006/3/Krameritsch/index_html [10.10.2013]
Kiel, E. & Rost, F. (2002). Einführung in die Wissensorganisation. Grundlegende Probleme und Begriffe. Würzburg: Ergon.
Landow, G. P. (1994). Hyper/Text/Theory. Baltimore: Johns Hopkins University Press.
Landow, G. P. (1997). Hypertext 2.0, Baltimore: Baltimore: Johns Hopkins University Press.
Lehner, F. (2009). Wissensmanagement. Grundlagen, Methoden und technische Unterstützung. München: Carl Hanser.
Linné, C. v. (1735). Systema Naturae. Johan Wilhelm de Groot, Leiden.
Lorhard, J. (1606). Ogdoas Scholastica, continens Diagraphen Typicam artium: Grammatices (Latinae, Graecae), Logices, Rhetorices, Astronomices, Ethices, Physices, Metaphysices, seu Ontologiae, Sangalli: Apud Georgium Straub.
Lullus, R. (1305): Ars magna. Ars generalis ultima.
Lyons, J. (1977). Semantics, Volume 1. Cambridge: Cambridge University Press.
Lyotard, J.-F. (1999). Das postmoderne Wissen. Ein Bericht. Wien: Passagen.
Münkler, S. & Roesler, A. (2000). Poststrukturalismus. Stuttgart: Metzler.
Pellegrini, T. & Blumauer, A. (2006). Semantic Web und semantische Technologien: Zentrale Begriffe und Unterscheidungen. In: Pellegrini, T. & Blumauer, A. (Hrsg.). Semantic Web. Wege zur vernetzten Wissensgesellschaft. Heidelberg: Springer.
Reckwitz, A. (2006). Die Transformation der Kulturtheorien. Zur Entwicklung eines Theorieprogramms. Weilerswist: Velbrück Wissenschaft.
Roget, P. M. (1856). Thesaurus of English Words and Phrases so as to facilitate the expression of ideas. London: Longman, Brown, Green, and Longmans.
Schumacher, E. (2004). Revolution, Rekursion, Remediation. Hypertext und World Wide Web. In: Kümmel, A.; Scholz, L.; Schumacher, E. (Hrsg.). Einführung in die Geschichte der Medien, , S. 255 – 276. Stuttgart: UTB.
Stuckenschmidt, H. (2006). Ontologien. Konzepte, Technologien und Anwendungen. Heidelberg: Springer.
Weinberger, D. (2008). Everything is miscellaneous. The Power of the new digital disorder. New York: Henry Holt.
Wikipedia (o. J.). Wissensorganisation. Online verfügbar: http://de.wikipedia.org/w/index.php?title=Wissensorganisation&oldid=97196121 [10.10.2013]
Wirth, U. (2005). Zur Medialität enzyklopädischer Verknüpfung. Die Rolle des Hyperlinks im Rahmen hypertextueller Wissensorganisation. In: Wiethölter, W. (Hrsg.). Enzyklopädische Weltentwürfe, S. 287–303. Heidelberg: Winter. Online verfügar:

http://www.uni-giessen.de/cms/fbz/fb05/germanistik/abliteratur/ndlk/forschung/publikationsliste-prof-dr-uwe-wirth/resolveuid/addfa83eaf1422aee1cc83d69a7d53b5 [10.10.2013]

Wishart, A. & Bochsler, R. (2002). Leaving Reality Behind. The battle for the soul of the internet, London: Fourth Estate.

Wissensorganisation und Literaturverwaltung

Stefan Andreas Keller, Philipp Sarasin

Digitale Wissensräume. Möglichkeiten der hypertextbasierten Wissensorganisation am Beispiel von Litlink

in memoriam Peter Haber (1964–2013)[1]

Einleitung: Von der Datenbank zum Wissensraum

Das Sammeln und Auswerten von Daten- und Informationsmaterial jeglicher Art gehört zu den alltäglichen Erfordernissen akademischer Wissensarbeit. Literatur und relevante Webressourcen recherchieren, exzerpieren, analysieren, Quellen sammeln, Fragebögen entwerfen und auswerten, Notizen erstellen und zuordnen – je nach wissenschaftlicher Fachrichtung sind die Tätigkeiten verschieden oder anders gewichtet, doch gleichen sie sich in einem: im Versuch, Daten und Analysen in übersichtlicher Form zu gestalten und ihre Wiederauffindbarkeit zu garantieren, um daraus ein Produkt zu erstellen, meist in Form eines Textes. Hierzu Instrumente anzubieten, die helfen sollen, die Komplexität wissenschaftlicher Forschung und Textproduktion zu meistern, liegt daher auf der Hand bzw. wurde lange vor der digitalen Ära aus der Not(wendigkeit) heraus geboren.[2]

Daher versuchen auch die digitalen Instrumente zur Informationsverwaltung nichts grundlegend Neues. Sie sollen den Forschenden helfen, ihre gesammelten, meist bibliographischen Informationen übersichtlich zu ordnen und zur schnellen (Wieder-)Verwendung bereit zu halten. Die ersten Programme dieser Art entstanden im Zuge der massenhaften Verbreitung der Datenbanktechnologie in den 1980er Jahren: der bekannteste Vertreter ist das Programm EndNote. Diese Systeme – neben EndNote auch RefWorks, Bookends, CiteULike oder Biblioscape etc., um nur eine wenige der schon älteren Systeme zu nennen – sind technisch unterdessen sehr ausgereift, von der Konzeption jedoch weitgehend statisch. Es handelt sich in der Regel um linear aufgebaute Datenbanken, die ein klar begrenztes Ziel verfolgen: Literatur suchen, ordnen, verschlagworten und

1 http://weblog.hist.net/archives/6667

2 Vgl. dazu z.B. Anke Te Heesen, Emma C. Spary (Hg.): Sammeln als Wissen. Das Sammeln und seine wissenschaftliche Bedeutung, Göttingen: Wallstein 2. Aufl. 2002; Bruno Latour: Ces réseaux que la raison ignore – laboratoires, bibliothèques, collections, in: Jacob, Christian, Marc Baratin (Hg.), Le pouvoir des bibliothèques. La mémoire des livres dans la culture occidentale, Paris: Albin Michel 1996, S. 23–46; Krajewski: Zettelwirtschaft (2002).

verwalten. Zusätzlich ist es ihr Anspruch, eine Funktionalität anzubieten, die es erlaubt, automatisch Kurzbelege in Textverarbeitungsdokumenten zu generieren, diesen automatisch Formatierungen zuweisen zu können und daraus schlussendlich auch Bibliographien zu erstellen. Bei der Beurteilung dieser Programme dominiert meist eine technische oder ökonomische Sichtweise, wie etwa die Frage der Betriebssystemkompatibilität, des Lizenzpreises oder ob es sich um ein Open Source-Produkt handelt.[3]

Fragen konzeptioneller Art hingegen, die über solche Funktions- und Praktikabilitätsgesichtspunkte hinaus von Belang wären, Fragen nach einem epistemologischen Mehrwert solcher digitalen Instrumente der Informationsverarbeitung im wissenschaftlichen Forschungsprozess werden bislang kaum diskutiert bzw. werden von den Entwicklern nicht nach aussen thematisiert (mit Ausnahme der Software Synapsen, vgl. den entsprechenden Artikel in diesem Band). Dabei hat es die technologische Entwicklung seit der Jahrtausendwende – Stichwort Web 2.0 – längst deutlich werden lassen, dass wir uns in einer informationstechnischen Welt jenseits linearer Datenbanken und hierarchisch gegliederter Wissensstrukturen befinden. Daher versuchen einige neue, ab der Jahrtausendwende entstandene Produkte, durch das Web hervorgerufene Möglichkeiten der Arbeit mit digitaler Technologie aufzugreifen und in die Konzeption einzubeziehen, so etwa die Idee des Hypertexts, des kollaborativen Arbeitens, des ganzheitlichen Projektmanagements oder die Integration von Social Media (z.B. mit der Methode des Social Bookmarking). Zu diesen neueren Programmen und Projekten gehören in unterschiedlicher Weise Litlink, Synapsen, Citavi, Zotero oder etwa zuletzt Mendeley. Diese Produkte zielen z.T. darauf ab, nicht nur Forschungs- und Schreibprozesse zu unterstützen, sondern Denkprozesse zu begleiten bzw. auch zu initiieren und Forschungsprojekte vollumfänglich zu unterstützen.

Einen spezifisch theoretischen Ansatz, der auch die Frage nach dem Mehrwert des Digitalen jenseits der Beschleunigung von Arbeitsprozessen impliziert, scheinen allerdings nur zwei Systeme aus dem geisteswissenschaftlichen Bereiche zu verfolgen: Litlink und Synapsen. Beide Systeme versuchen auf der Basis des Potentials einer digitalen Hypertextstruktur einen vernetzten *Raum des Wissens*[4] zu erschaffen, in dem assoziativ gearbeitet werden kann: In diesem virtuellen Raum werden verschiedene, auch heterogene Elemente und Informationen in unterschiedlichen, nicht-linearen Verknüpfungen dem User jeweils kontext-sensitiv bzw. situativ zur Verfügung gestellt. Dieser Raum ist nicht-limitiert,

---

3 Vgl. z.B. http://en.wikipedia.org/wiki/Comparison_of_reference_management_software (Stand: 1. Februar 2013).

4 Vgl. zu diesem Begriff auch Hans-Jörg Rheinberger, Michael Hagner, Bettina Wahrig-Schmidt (Hg.): Räume des Wissens. Repräsentation, Codierung, Spur, Berlin: Akademie Verlag 1997.

er kann sich mit fortschreitender Arbeit nicht nur ausdehnen, sondern in seinen Konturen verändern, und er ist der Ort, wo die Assoziationen und damit die Gedankenproduktion des Users durch die Hyperlink-Struktur und vernetzte Darstellung von Daten situativ und intuitiv unterstützt wird – bzw.: das Programm regt diese Denkbewegung an, weil es selbst assoziativ funktioniert. Damit werden zentrale Postulate postmoderner Denkhaltungen technologisch umgesetzt.

Dieser Aufsatz gibt zuerst einen Einblick in die Idee des digitalen Hypertexts (1). Nach einer näheren Betrachtung von Aufbau und Funktionsweise des Wissensmanagement-Programms Litlink 4.5 (2) werden die praktischen Umsetzungen der theoretischen Vorgaben anhand einiger spezieller Funktionalitäten dieser Software untersucht (3), bevor abschliessend auf einige Fragen und Probleme der Weiterentwicklung solcher zugleich dienstleistungs- und forschungsorientierter Projekte im Bereich der Digital Humanities eingegangen wird (4).

Hypertext

Das Postulat der Deckungsgleichheit von postmodernen Denkstrukturen mit der Funktionsweise des World Wide Web (siehe die Einleitung dieses Bandes) entstand im Zuge des Internet-Hypes, welcher in der zweiten Hälfte der 1990er Jahre seinen Höhepunkt erreichte.[5] Im Zentrum dieser Bemühungen stand die Idee des digitalen Hypertexts.

Hypertext bezeichnet grundsätzlich die Möglichkeit von Verknüpfungen und Vernetzungen von Information, was mit digitaler Technologie zuerst einmal gar nichts zu tun hat. Schon die *Encyclopédie* von Diderot und d'Alembert hat in der zweiten Hälfte des 18. Jahrhunderts mit ihren „*voir aussi*"-Verweisen auf weitere Lemmata am Ende jedes Artikels ein nicht-lineares, netzwerkförmiges Lesen jenseits der alphabethischen Ordnungsstruktur des Nachschlagewerks ermöglicht.[6] Hypertext meint also zuerst einmal nur die Verweisstruktur zwischen verschiedenen eigenständigen Wissenseinheiten. Hypertext hat das Potential, Linearität und Sequenz aufzulösen und so ein neues Verständnis von Textualität zu erschaf-

5 Adam Wishart, Regula Bochsler: Leaving Reality Behind. The battle for the soul of the internet, London 2002.

6 Denis Diderot, Jean Le Rond d'Alembert (Hg.): Encyclopédie ou Dictionnaire Raisonné des Sciences, des Arts et des Métiers, par une société des gens des lettres [...]. Paris: Briasson, David, Le Berton, Durand 1765 [=Bde. I–VII], Neufchastel: Samuel Faulche & Compagnie 1780 [Bde. VIII–XVII]; vgl. Robert Darnton,: Philosophen stutzen den Baum der Erkenntnis: Die erkenntnistheoretische Strategie der Encyclopédie, in: ders., Das grosse Katzenmassaker, Streifzüge durch die französische Kultur vor der Revolution, München: Hanser 1989, S. 219–244.

fen. Texte werden in kleine Einzelteile aufgelöst und können in beliebig vielen verschiedenen Variationen zusammengesetzt werden. Es gibt keinen Haupttext mehr, kein Zentrum, und damit auch keinen Autor als singulären Ursprung des Sinns mehr.[7] Dieses Potential war aufgrund der Limitiertheit der Trägermedien von Information (Stichwort Buchdruck) nie in letzter Konsequenz ausgeschöpft worden – im digitalen Hypertext war jedoch das Medium selbst in Form einer Verweisstruktur gestaltet, wodurch dieses Potenzial freigesetzt wird. Gleichzeitig eröffnet – oder stärkt – der Hypertext die offene Form des Narrativen und Assoziativen, wie es dem Geschichtenerzählen und damit auch der Geschichtsschreibung in elementarer Weise eigen ist. „Der mediale Wandel hat", so daher auch Peter Haber in seiner grundlegenden Studie Digital Past, „den Blickwinkel hin zum récit verstärkt", weil „Hypertexte grundsätzlich unsequenzierte Texte sind".[8]

Das Wissensmanagementsystem Litlink versucht, die Versprechungen des postmodernen Netzwerkdenkens im konkreten Fall der Datenbank-basierten Informationssysteme einzulösen.

Litlink

Litlink (www.litlink.ch) ist ein kostenloses, unter den Betriebssystemen Apple Macintosh (Mac OS) sowie Microsoft Windows laufendes und an der Universität Zürich entwickeltes Wissens- und Forschungsmanagementsystem für Literatur, Archivalien, Texte, Bilder, Webseiten und Medien, aber auch für Orte, Ereignisse und Objekte. Litlink dient als Instrument für individuelles Daten- und Wissensmanagement v.a. für Sozial- und Geisteswissenschaftler/innen, von der Proseminararbeit bis zum grossen Forschungsprojekt. Das Programm ermöglicht die Strukturierung von Daten in Projekten, die so in Kapitel und Unterkapitel gegliedert werden können, dass sie schon eine Rohfassung von Texten darstellen, welche dann in ein beliebiges Textverarbeitungsprogramm exportiert und dort weiter bearbeitet und formatiert werden kann. Zudem besitzt das Programm vielfältige Exportfunktionen (z.B. für bibliographische Angaben oder In-Text-Citations), die entsprechend den Vorgaben eines Publikationsorgans, eines Verlages oder einer wissenschaftlichen Institution formatiert werden können. Litlink

7 Krameritsch, Hypertext (2006), §5. Vgl. Michel Foucault: Was ist ein Autor?, in: ders., Schriften in vier Bänden. Dits et Ecrits, Band I: 1954–1969, hg. von Daniel Defert und François Ewald unter Mitarbeit von Jacques Lagrange, Frankfurt am Main: Suhrkamp 2001, S. 1003–1042.
8 Haber, Digital Past (2011), S. 116–118.

kann Zotero[9]-Bibliotheken einlesen und verfügt zudem über ein integriertes Webbrowser-Interface, welches erlaubt, z.B. bibliographische Daten aus dem Netz in Litlink zu integrieren. Schliesslich können alle Litlink-Daten in ihrer gesamten vom User bestimmten Form und Strukturierung über das Webinterface „litlinkweb" (litlinkweb.uzh.ch) synchronisiert, mit anderen Usern ausgetauscht, bearbeitet oder neu erstellt werden.

(Versions-)Geschichte und Nutzung

Entwickelt wurde und wird Litlink seit 2002 an der Universität Zürich von den Historikern Prof. Dr. Philipp Sarasin (Konzept+Design), Nicolaus Busch (Programmierung) und Koordination (Peter Haber, 1964–2013). Von Beginn an war es das Ziel, mit Litlink die unzähligen bibliographischen Daten, die sich während des wissenschaftlichen Arbeitens irgendwo auf dem Schreibtisch und auf den diversen Festplatten ansammeln, in einer Form zur Verfügung zu stellen, die einen schnellen Überblick über diese Daten ermöglicht. Dieser Blick sollte gewissermaßen analytisch sein, sodass man z.B. sofort sieht, welche Titel man vom gleichen Autor auch noch in seiner Datenbank hat, und er sollte, damit eng verbunden, assoziativ funktionieren, indem der Benutzer alle mit einem Titel verbundenen Informationen – Karteikarten und Exzerpte, „ähnliche" Titel, Rezensionen, etc. – ebenfalls auf möglichst einem Blick sehen kann.

Technisch basiert Litlink auf der Datenbank-Software FileMaker. Bei FileMaker handelt es sich um ein seit 1984 entwickeltes proprietäres relationales Datenbankmanagementsystem zur Verwaltung von Daten in Datenbanken und zur Entwicklung von Datenbankanwendungen.[10] Gemäss eigener Angabe gehört das Unternehmen FileMaker zu den „führende(n) Anbieter(n) für benutzerfreundliche Datenbanksoftware".[11]

Litlink ist gegenwärtig (April 2013) in der Version 4.5 als lokale Applikation verfügbar.[12] Die Applikation funktioniert als Verbund einzelner FileMaker-

9 Zotero (www.zotero.org) ist eines der momentan am weitesten verbreitete Wissensorganisations- und Literaturverwaltungsinstrument.

10 Informationen zur neuesten Version 12 siehe http://www.filemaker.com/products/filemaker-pro/pro-12-specifications.html (Stand: 28.02.2013).

11 Es wurden über 18 Millionen Lizenzen ausgeliefert und ihre Produkte sind in über 60 Ländern und in 17 Sprachen erhältlich. Vgl. http://www.filemaker.de/company/index.html (Stand: 28.02.2013).

12 Vgl. http://www.litlink.ch/downloads/aktuelle-version (Stand: 1. April 2013).

Dateien, in welche die eingetragenen Daten geschrieben werden.[13] Litlink hat eine aktive Nutzergemeinde von ca. 1500 Personen und ist in deutscher, englischer und französischer Version erhältlich.

Erweitert wurden die Funktionalitäten insbesondere im Bereich des Datenimports (z.B. Integration des Systembrowsers ab Version 3.x), der Datentypen im Bereich der Datenaufnahme (z.B. Erweiterung um die Möglichkeit, Ereignisse oder Objekte als Datensätze zu definieren) sowie in der Daten-Verwaltung (Integration einer Projektverwaltung). Litlink gewann den FileMaker-Magazin-Award 2011 als beste FileMaker-Applikation.[14]

Das Datenmodell von Litlink

Litlink funktioniert als Verbund von relationalen Datenbanken (Module genannt), wobei es zwischen den sog. Elementen und Funktionen zu unterscheiden gilt (vgl. dazu die Abbildung des Datenmodells von Litlink weiter unten). Jedes Modul verfügt über ein spezifisches Interface mit Datenfeldern, die auf das jeweilige Zielartefakt abgestimmt sind (vgl. Abbildung unten).

Die *Elemente* bilden den Kernbestand der Aufnahmemöglichkeiten von Datentypen verschiedenster Art. Zu den insgesamt sechs Elementen gehören die Module Titel, Archivalien (Dokumente), Bilder, AV-Medien, Webseiten und Objekte. Alle diese Elemente lassen sich über die Verschlagwortung auch untereinander verknüpfen, wobei die Verknüpfungen visualisiert werden. Als Hauptdatenbank fungiert *Titel*, weil die Verwaltung von Publikationen (dazu gehören Monographien, Buchteile, Zeitschriftenaufsätze etc.) im Zentrum steht. Das Modul *Archivalien* dient zur Aufnahme von Dokumenten und ist insbesondere für Historiker geeignet. In den Modulen *Bilder* und *AV-Medien* können Informationen zu extern gespeicherten Bildern bzw. zu Film- und Tondokumenten aufgenommen werden. Im Modul *Websites* können beliebige Webseiten inklusive Quelltext gespeichert werden. Das Modul *Objekt* bietet die Möglichkeit, spezielle Artefakte abzulegen wie z. B. Gegenstände, Denkmäler oder anderen mögliche Untersuchungsgegenstände etc.

Die *Funktionen* sind den Elementen nachgeordnet, d.h. es handelt sich gewissermassen um Zusatzinformationen, die um die Elemente herum gruppiert werden. Funktions-Datensätze können mit Elementen verknüpft sein, müssen

13 Weitere Informationen vgl. http://www.litlink.ch/support/technische-dokumentation (Stand: 24. April 2013).

14 https://www.filemaker-magazin.de/neuigkeit/3457-FMM-Awards-2011-sind-vergeben- (Stand: 15. Februar 2013).

dies aber nicht. Zu den Funktionen gehören die Module Periodika, Kartei, Orte, Ereignisse, Bibliotheken sowie Glossar. Im Modul *Autoren* können biographische Angaben registriert werden, entweder zu Autoren bestehender Elemente oder als eigenständige Datensätze zu Personen; im Modul *Periodika* werden in der Regel Informationen zu Zeitschriften oder Zeitungen wie Herausgeber, Standorte, bearbeitete Jahrgänge etc. abgelegt, in den Modulen *Orte*, *Ereignisse* und *Bibliotheken* entsprechende Informationen zu Orten (geographisch), Ereignissen (zeitlich) und Bibliotheken/Archive (etwa Standorte und Bestände). Das Modul *Glossar* dient zur Verwaltung der in den bestehenden Datensätzen erstellten Schlagworte. In der *Kartei* können Textexzerpte bzw. Zitate z.B. aus Titeln und Archivalien plus Kommentare abgelegt werden; es können aber auch unverknüpfte, alleinstehende Karten mit beliebigen Inhalt angelegt werden.

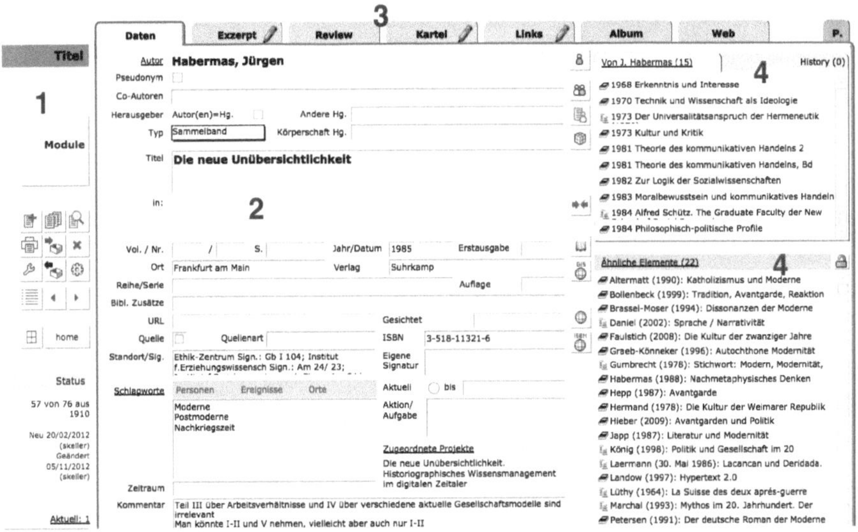

Abb. 1: Einzelansicht eines Datensatzes im Titel-Modul (1 = modulübergreifende Navigation, 2 = Daten-Interface des einzelnen Datensatzes, 3 = auf Datentyp angepasste Zusatzlevel des einzelnen Datensatzes, 4 = Anzeige ähnlicher Elemente/weitere Elemente desselben Autors).

Allen Elementen und Funktionen übergreifend zur Seite gestellt ist schließlich das Modul *Projekt*. Hier können eine beliebige Anzahl von Titeln, Archivalien, etc. einem „Projekt" – von der Proseminararbeit bis zum großen Forschungsprojekt – zugeordnet werden, um sie als Untergruppe aus dem ganzen Datenbestand auszuzeichnen und z.B. spezielle Verzeichnisse zu erstellen.

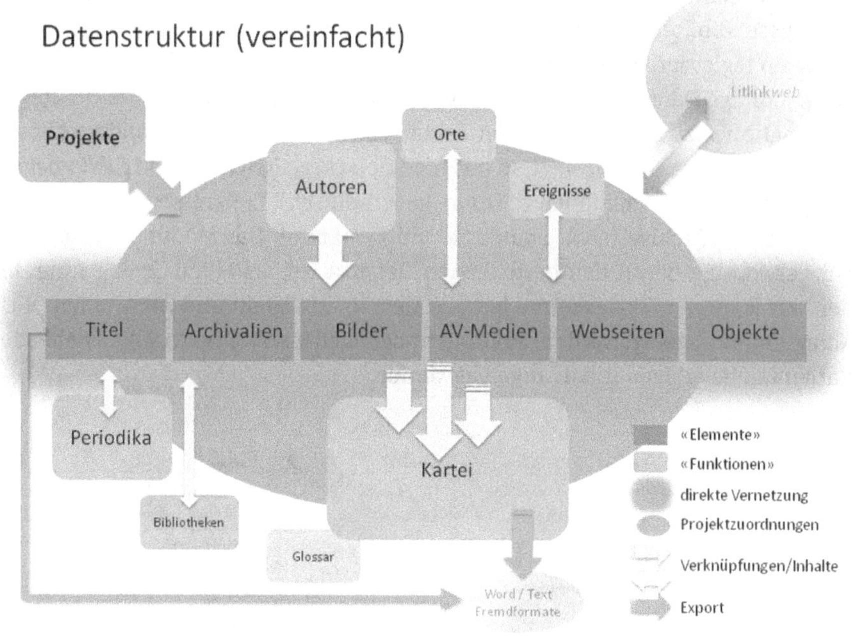

Abb. 2: Datenmodell von Litlink (Bild: Philipp Sarasin).

Litlink, Hypertext und die neuen Kulturwissenschaften

Drei Faktoren waren für die Konzeption von Litlink ausschlaggebend: Erstens die Entstehung im geschichtswissenschaftlichen Kontext. Zweitens der wachsende Einfluss digitaler Technologie im Feld der Geschichtswissenschaften. Drittens die Prägung des Litlink-Teams durch „postmoderne" kulturwissenschaftliche Theoreme[15], die auch in den Geschichtswissenschaften der 1990er Jahre heftig debattiert wurden.[16]

15 Vgl. Peter Haber, Christophe Koller, Gerold Ritter (Hg.): Geschichte und Internet. „Raumlose Orte – Geschichtslose Zeit", Zürich 2002 (Geschichte und Informatik 12); ders., Digital Past (2011); Philipp Sarasin: Geschichtswissenschaft und Diskursanalyse, Frankfurt a. Main 2003; ders. Michel Foucault zur Einführung, Hamburg: Junius 2012 (5., vollständig überarb. Aufl.); ders.: Sozialgeschichte vs. Foucault im Google Books Ngram Viewer. Ein alter Streitfall in einem neuen Tool, in: Pascal Maeder, Barbara Lüthi, Thomas Mergel, Wozu noch Sozialgeschichte? Eine Disziplin im Umbruch, Göttingen : Vandenhoeck & Ruprecht 2012, S. 151–174.

16 Vgl. Hardtwig, Wolfgang, Wehler, Hans-Ulrich (Hg.): Kulturgeschichte Heute, Göttingen 1996. Wehler, Hans-Ulrich: Die Herausforderung der Kulturgeschichte, München 1998; Mergel, Tho-

Die Auswirkungen des Zusammenspiels dieser Faktoren können besonders gut am Konzept der Karteikarte und der Projektverwaltung illustriert werden, wie gleich gezeigt werden wird. Zuerst jedoch soll der Aspekt der Vernetzung der vorhandenen Wissensbestandteile durch Hyperlinks und via Verschlagwortung visualisierter „Ähnlichkeiten" näher beschrieben werden, weil das ganze System davon entscheidend geprägt wird. Das Grundprinzip von Litlink lautet: Die verschiedenen heterogenen Elemente sind immer vernetzt, werden unhierarchisch und dezentral organisiert bzw. abgelegt – und ihre Verbindungen werden nach Möglichkeit auf den ersten Blick sichtbar gemacht. Alle Informationen in der Datenbank sind von überall her sicht- oder zumindest adressierbar, um dem Nutzer jeweils einen möglichst tiefen Einblick in die Struktur seines eigenen Datenbestandes sowie in die vorhandenen Vernetzungen und Relationen zu geben.

Konkret heisst das: Bei der Datenaufnahme werden die Datenbestände in Litlink einerseits automatisch miteinander verlinkt, z.B. ein Buch im Titel-Modul mit dem Personen-Modul über den Autor des Buches. Angezeigt werden dann z.B. auch allfällige weitere Titel desselben Autors in Litlink. Zudem werden überall sog. „Ähnlichkeiten" angezeigt. Die Ähnlichkeit ist qualitativer Art, d.h. sie wird aufgrund übereinstimmender Schlagworte bestimmt und kann in der Trennschärfe festgelegt werden; zudem ist es möglich, diese „Ähnlichkeits-Liste" – die immer relativ zum jeweils angezeigten Datensatz ist (i.e. kontext-sensitiv) zu "fixieren", um eine Analyse dieses „Ähnlichkeits-Feldes" zu ermöglichen (Vgl. Abbildung unten). Via aktiver Hyperlinks kann also zu anderen Elementen oder Funktionen „gesurft" werden; von dort ist es möglich, direkt wieder zum Ausgangspunkt zu gelangen. Mit dieser Konzeption kann nicht nur Energie gespart werden im Arbeitsprozess; Litlink wird vielmehr gleichsam zum Kommunikationspartner, in dem es in jeder Ansicht Optionen anbietet, welche Wissensbestandteile zusätzlich zum gerade betrachteten noch relevant sind/sein könnten. Diese „Serendipität" des Programms dient dazu, Dinge zu entdecken, die man nicht gesucht hat. Solche Überraschungseffekte regen die Kreativität im Forschungsprozess an.

---

mas, Welskopp, Thomas (Hg.): Geschichte zwischen Kultur und Gesellschaft. Beiträge zur Theoriedebatte, München 1997; Conrad, Christoph, Kessel, Martina (Hg.): Kultur und Geschichte: Neue Einblicke in eine alte Beziehung, Stuttgart 1998.

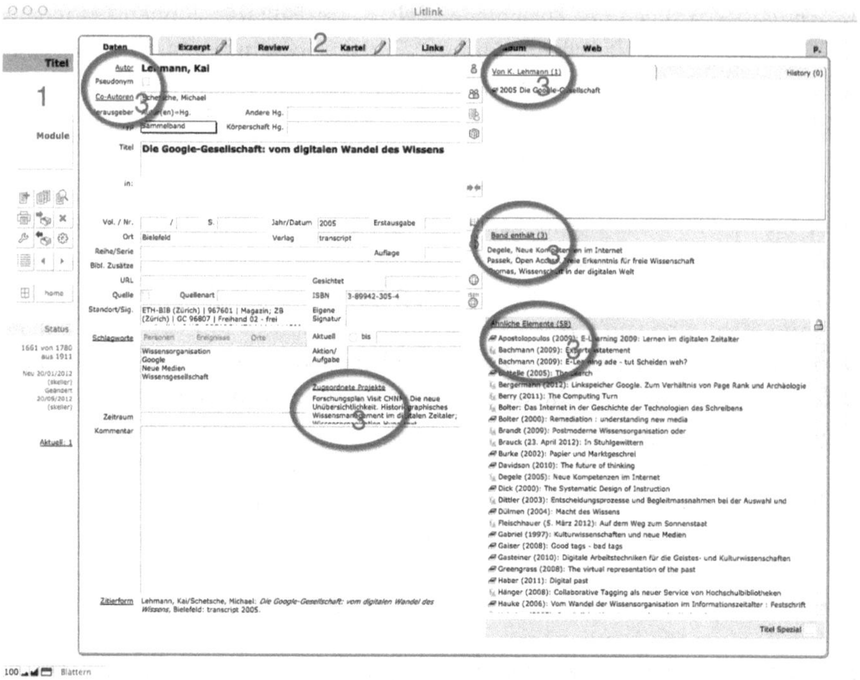

Abb. 3: Ansicht eines einzelnen Datensatzes im Litlink-Titelmodul (1 = Navigation zwischen Modulen und Befehle/Funktionen, 2 = Inhaltlevels des einzelnen Datensatzes, 3 = Hyperlinks zu anderen Modulen/ähnlichen Elementen).

Die Karteikarte – Herzstück der Analyse-Funktionalitäten

Beim Litlink-Modul „Kartei" handelt es sich um ein sehr flexibel verwendbares Instrument zur Analyse von Datensätzen oder zur Einspeisung von Ideen, Kommentaren oder Notizen in das System. Als Karteikarten-Modul knüpft es – wie der Name andeutet – an die klassische und schon seit der frühen Neuzeit systematisch angewandte Kulturtechnik des „Verzettelns" an und versucht zusätzlich die Vorteile der digitalen Technologie für diese Technik nutzbar zu machen.

Die Zettelkastentechnik wurde über die Jahrhunderte von Geistesarbeitern kontinuierlich ausgebaut, von denen der letzte im analogen Raum wohl der deutsche Soziologe Niklas Luhmann war; sie kann als eine der elaboriertesten Techniken der Wissensorganisation überhaupt betrachtet werden.[17] Laut Markus Kra-

17 Luhmann, Kommunikation (1992). Zur Geschichte des Zettelkasten und der gelehrten Wissensorganisation vgl. Krajewski, Zettelwirtschaft (2002). Rayward, Warden Boyd, Frank Hart-

jewski besteht diese Technik darin, „die Gedanken und Informationsbausteine zu kanalisieren, sie behutsam aufzuteilen und sorgsam zu portionieren, um sie im geeigneten Moment wieder einleiten zu können in ein Produkt, das seinerseits die Flut des Gedruckten verstärkt“. Der Zettelkasten ist die „Zentralstelle, wo alle Lesefrüchte und Überlegungen versammelt werden können“.[18]

Die Erstellung eines Zettelkasten braucht viel Zeit und Geduld und ist ein sehr individueller, von den Gedanken und Interessen eines einzelnen Menschen stark geprägter Vorgang. Mit der Zeit entsteht ein spezifischer Wissensraum, der eigenständige Assoziationen und Argumentationsketten bereitstellt. Es handelt sich um ein Geflecht zusammenhängender Wissensversatzstücke, in der Sprache des Internets ein „Netz“. Laut Markus Krajewski gerät der Zettelkasten durch Verbindungen, Verknüpfungen und Anschlussstellen zu einer „Art Zweitgedächtnis.“[19]

In seiner digitalen Umsetzung in Litlink ist der Zettelkasten sehr diskret, aber direkt verknüpft mit den Materialien, aus denen die Inhalte der Zettel bzw. Karteikarten gewonnen wurden. Die Technik des digitalen Hyperlinks ermöglicht nun einen viel schnelleren Zugriff auf Informationen als in den analogen Varianten. In der Arbeit in Litlink werden nach und nach eine grosse Anzahl von Einzelteilen der eigenen Wissenserarbeitung angelegt, die gleichsam als „Wissens-Wolke“ um die im Kern analysierten Texte und Materialien herumschweben.

Betrachtet man den Aufbau des Datensatz-Interfaces in Litlink (vgl. Abbildung unten), dienen Karteikarten hier v.a. der Aufnahme von Zitaten aus Literatur, sie können jedoch auch als Gefäss für beliebige andere Inhalte in Textform genutzt werden. Dementsprechend können Karteikarten verknüpft mit einem Datensatz oder alleinstehend erzeugt werden. Es ist möglich, sie untereinander auf verschiedenste Weise in Beziehung zu setzen, entweder automatisch über die Anzeige ähnlicher Karteikarten (via Verschlagwortung wie bei den Elementen) oder von Hand über die Vergabe von Ordnungsnummern. Unten auf jeder Karte befinden sich mehrere dynamische Listen, die anzeigen, welche Karten schon für den gleichen Autor, dasselbe Objekt oder das gleiche Periodikum vorhanden sind sowie welche ähnliche Karte oder Elemente es in der Datenbank gibt. Jede Zeile bedeutet automatisch einen Hyperlink zum entsprechenden Datensatz.

---

mann u. a.: Vom Buch zur Datenbank: Paul Otlets Utopie der Wissensvisualisierung, Berlin 2012. Vgl. auch Zedelmaier, Buch (2002), S. 50.

18 Krajewski, Synapsen (2013), S. 2.

19 Luhmann, Kommunikation (1992), S. 56.

Abb. 4: Einzelansicht einer Karteikarte (1 = Verknüpfung mit Element, 2 = Textfeld für Inhalte, 3 = Hyperlinks zu Karten des gleichen Autors, ähnliche Karten, ähnliche Elemente etc.).

Mit der Kombination von Karteikarten-Funktionalität und der Aufnahme verschiedenster Datentypen überschreitet Litlink einerseits die Schwelle eines reinen Literaturverwaltungsprogramms wie etwa EndNote, andererseits aber eben auch die Schwelle eines reinen Zettelkastens oder Notizverwaltungsprogramms wie Evernote oder Onenote. Litlink kann vielmehr als individuell gestalteter *Wissensraum* genutzt werden, in dem alle relevanten Daten und Informationen sowie Analyse-Bestandteile und die darauf basierenden Wissensprodukte gespeichert und abrufbar sind und somit ein genaues Abbild der eigenen Wissensproduktion, gleichsam ein individuelles Wissensportfolio, ergeben. Litlink ist, mit anderen Worten, eine ganzheitliche Arbeitsumgebung für die wissenschaftliche Textproduktion und verfolgt damit eine Konzeption, wie sie sich bei keiner anderen Software in dieser Form findet.

Die Projektverwaltung in Litlink – Nutzung des ungeteilten Wissensraums

Mit dem *Projekte*-Modul stellt Litlink ein spezifisches Instrument zur Verfügung, das es erlaubt, beliebige Bestandteile des oben beschriebenen ungeteilten Wissensraums in ein definiertes „Wissensprodukt“ zu giessen, d.h. es als Projekt zu definieren (vgl. Abb. unten). Ein Projekt besteht aus einer Zusammenstellung von

Elementen und Funktionen, gegliedert in eine individuell zusammengestellte, beliebig veränder- und erweiterbare Inhaltstruktur nach Kapiteln und Unterkapiteln. In der untenstehend abgebildeten Ansicht eines einzelnen Projektes im Projekt-Modul sieht man eine Liste aller mit diesem Projekt verknüpften Objekte, Autoren und Karteikarten (2); zudem wird angezeigt, ob es sich z.B. um eine Karteikarte (K), eine Archivalie (D), einen Titel (T), einen Autor (A) oder ein Periodikum (Z) handelt. Diese Projektinhalte können jederzeit wieder entfernt und neue hinzugefügt werden. Es ist möglich, einen Wissensbestandteil wie z.B. eine Karteikarte beliebig vielen Projekten auch mehrfach zuzuordnen. Diese Strukturierung des Projekts organisiert nicht nur das Wissen und die Arbeit, sondern kann, ausgehend von den Texten in den Karteikarten, auch zur Erstellung von Rohtexten von Kapiteln bzw. Unterkapiteln des zu schreibenden Aufsatzes oder Buches werden: Im „Zitat"- und im „Kommentar"-Feld der Karteikarten können verschiedene Fliesstextbestandteile eingegeben werden (Vgl. Abb. unten); diese in den Karteikarten gespeicherten Zitate und Kommentare können dann im Projekt-Modul in beliebiger, jederzeit veränderbarer Reihenfolge zu einem Text-Puzzle und auf verschiedenen Ebenen (Projekt, Kapitel, Unterkapitel) zusammengefügt werden. Später können diese in einem Projekt bzw. einem Kapitel gesammelten Textbausteine gleichsam als Halbfertigprodukt, d.h. als Rohfassung in ein Textverarbeitungsprogramm exportiert werden (3).

Das Spezielle an dieser Texterstellungsmethode ist, dass ggf. gelöschte Textbestandteile eines Projekts nicht verschwinden, sondern als Karteikarten weiterhin z.B. anderen, auch mehreren Projekten bzw. Texten zur Verfügung stehen.

Die Projektverwaltung von Litlink kann als ein experimentelles Textbausteinprogramm betrachtet werden, dem alle integrierten Wissensbestandteile per Mausklick und in assoziativer Sichtbarkeit zur Verfügung stehen. Damit erfüllt das System bezogen auf den Schreibprozess eines der zentralen Charakterelemente der Hypertextstruktur, wie George Landow es für den Prozess des Lesens beschreibt: „Electronic hypertext, [...] makes individual references easy to follow and the entire field of interconnections obvious and easy to navigate".[20] Die Übertragung dieser Struktur auf den Schreibprozess stellt die spezifische Leistung von Litlink dar.

20 Landow, Hypertext 2.0 (1997), S. 4.

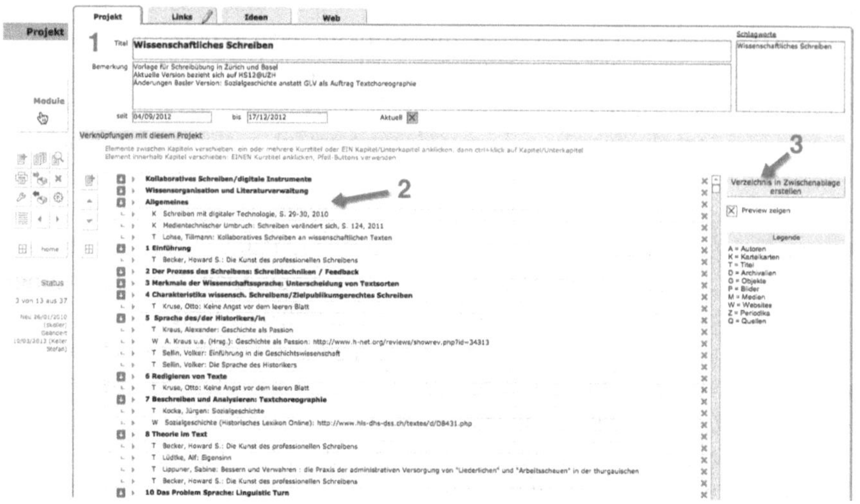

Abb. 5: Detail-Ansicht eines Projektes innerhalb des Projektmoduls.

Wohin geht die Reise?

Die Konzeption von Litlink kann als Experiment angesehen werden, einen elektronischen Kommunikationspartner zu erstellen, der quasi „mitdenkt", der die Komplexität des Gegenstandes und die Überfülle von Informationen auf ein Maß reduzieren kann, das zwar von den eigenen Such- und Sammelpräferenzen bestimmt wird, das ab einer bestimmten Menge von gesammelten Daten aber wie gesagt „Serendipität" erzeugt: überraschende Assoziationen und Kombinationen von Material, die einen epistemologischen Nutzen für die eigene Forschungsarbeit haben.

Litlink greift damit eines der zentralen Postulate der in den letzten Jahren im Entstehen begriffenen „digitalen Geschichtswissenschaft" auf: „Digitale Geschichtswissenschaft bedeutet nicht zuletzt auch den Abschied von der statischen Website und den Wechsel zu semantischen, dynamischen, ggf. dreidimensionalen, flüssigen Sites, welche die Fluidität, die geschichtlichen Personen, Ereignisse, Kontexte usw. eignet, aufnehmen und visualisieren, wie das Gedruckte es nicht kann."[21] Litlink versucht, konzeptionell die beschriebenen Erfahrungen im Bereich der Zettelkästen umzusetzen und gleichsam die Thesen von George P. Landow einem Praxistest zu unterziehen. Damit überschreitet das

21 Vgl. Schmale, Digitale Geschichtswissenschaft (2010), S. 123f.

System die Grenzen einer Dienstleistungssoftware und begibt sich in ein Feld der Forschung, wo die Daten so strukturiert werden, dass sie einen epistemologischen Mehrwert erzeugen. Nur dann kann unseres Erachtens in sinnvoller Weise von „Digital Humanities“ gesprochen werden.[22]

Welche Chancen ergeben sich nun für die weitere Entwicklung in der Zukunft?[23] Wichtig ist dabei zu erkennen, was in naher Zukunft technologisch möglich ist bzw. sein wird und diese technologischen Entwicklung in eine sinnvolle Beziehung mit der Wissenschaft zu stellen; das heisst schliesslich auch, diese Verbindung über Tools herzustellen, die diesen Entwicklungen gewachsen sind. Für Litlink stellen sich in dieser Hinsicht einige Fragen und zeichnen sich Entwicklungsmöglichkeiten ab, die wir hier zum Schluss noch stichwortartig andeuten möchten:

1. Zum Import von namentlich bibliographischen Daten aus Bibliothekskatalogen, aber auch aus Webangeboten unterschiedlichster Art bietet sich mit Zotero ein technischer Standard an, der besser ist als das, was ein kleiner Entwickler wie Litlink je wird leisten können. Wichtig wird daher sein, den Datenaustausch mit den Zotero-Bibliotheken zu optimieren, um einen bruchlosen Workflow zwischen Zotero und Litlink zu garantieren.
2. Angesichts der gegenwärtig rasend schnellen Entwicklung von *Big Data* bzw. Data Driven History durch diverse Digitalisierungsprojekte von textuellen Massenquellen, allen voran das Google Books Ngram Viewer-Projekt[24] stellt sich die Frage, wie lokale, mit eigenen Datenbeständen „gefütterte“ Systeme wie Litlink in eine produktive Verbindung mit solchen *Big Data*-Projekten gebracht werden können. So wäre etwa zu fragen, ob eine Visualisierung von Ngrams in Relation zu den eigenen Daten möglich ist, ob die Analyse der eigenen Daten mit solchen *Big Data-tools* abgeglichen werden kann, etc.
3. Die *Usability* dieser Systeme erfordert es, dass sie nicht nur auf allen Plattformen laufen, sondern auch auf allen *Devices*, also auch auf mobilen Geräten, und damit insbesondere auch auf die *Touchscreen*-Möglichkeiten hin optimiert werden. Noch erinnern viele der „Karteikarten-Systeme“ wie Litlink, Citavi oder Synapsen – in ihrem optischen Auftritt zwar durchaus charmant, aber vielleicht nicht mehr lange in allzu überzeugender Weise – an die gute alte Schreibmaschine. Doch abgesehen davon wird es wohl bald selbstverständlich sein, dass diese Systeme im Browser laufen, on- oder offline in glei-

---

22 Vgl. z. B. Svensson, Patrik: The Landscape of Digital Humanities, in: DHQ: Digital Humanities Quarterly 4 (2010), Nr. 1.

23 Vgl. Haber, Digital Past, S. 123ff.; Schmale, Digitale Geschichtswissenschaft (2010), S. 57.

24 Jean-Baptiste Michel*, Yuan Kui Shen u.a.: Quantitative Analysis of Culture Using Millions of Digitized Books. Science (Published online ahead of print: 12/16/2010).

cher effizienter Weise, um so der Tatsache Rechnung zu tragen, dass die User *de facto* permanent online sind.

4. Wir haben den Eindruck, dass die *Usability* in Zukunft noch wichtiger wird als heute: Nötig sind Entwicklungen, welche die allseits versprochene „flüssige" Verbindung und Assoziation von allem und jedem in einer Art und Weise umsetzt, welche dem Nutzer jederzeit Orientierung und Übersicht garantiert.

Literatur

Haber, Peter: Digital Past. Geschichtswissenschaft im digitalen Zeitalter, München 2011.

Krameritsch, Jakob: Herausforderung Hypertext, in: Zeitenblicke 5 (3), 2006.

Krajewski, Markus: Zettelwirtschaft. Die Geburt der Kartei aus dem Geiste der Bibliothek, Berlin 2002.

Ders.: Synapsen. Zur Geschichte, Theorie und Praxis von (elektronischen) Zettelkästen, 2013 (in diesem Band).

Landow, George P.: Hypertext 2.0, Baltimore 1997.

Luhmann, Niklas: Kommunikation mit Zettelkästen. Ein Erfahrungsbericht, in: ders., Universität als Milieu, Bielefeld 1992, S. 53–61.

Schmale, Wolfgang: Digitale Geschichtswissenschaft, Wien 2010.

Zedelmaier, Helmut: Buch, Exzerpt, Zettelschrank, Zettelkasten, in: Pompe, Hedwig; Scholz, Leander (Hg.): Archivprozesse: die Kommunikation der Aufbewahrung, Köln 2002, S. 38–53.

Markus Krajewski

Synapsen. Zur Geschichte, Theorie und Praxis von (elektronischen) Zettelkästen

„Im Prinzip ist es eine Unendlichkeit,"
(Niklas Luhmann über seinen Zettelkasten, 1997)

Zettelkasten-Geschichte(n)

Auch Software besitzt eine Geschichte, manchmal sogar eine, die ungleich weiter zurückreicht als bloß in die Anfänge der elektronischen Rechenmaschinen, insofern die Praktiken, die eine Software funktional umsetzt, ihrerseits über lange Traditionen verfügen. Seit der Frühen Neuzeit zählt zur Grundausstattung von Gelehrten neben dem unvermeidlichen Schreibzeug und Papier ebenso ein weiteres Werkzeug, das zwar selten erwähnt, noch seltener thematisiert, aber ohne das kaum ein umfangreicheres wissenschaftliches Werk geschrieben wird. Von Georg Philipp Harsdörffer, Georg Wilhelm Friedrich Hegel, Jacob und Wilhelm Grimm, Walter Benjamin, Siegfried Kracauer, Aby Warburg, Roland Barthes, Hans Blumenberg, Niklas Luhmann, Reinhart Koselleck, Friedrich Kittler und vielen anderen mehr ist bekannt, dass sie Zettelkästen benutzten als Hilfsmittel ihrer wissenschaftlichen Textproduktion. Zahlreiche weitere Autoren wie beispielsweise Jean Paul, Heinrich Heine, Jules Verne, Arno Schmidt, Walter Kempowski, Ernst Jünger, W.G. Sebald, F.C. Delius, Michael Ende, Vladimir Nabokov wären als Beispiele zu nennen, wenn es darum geht, Zettelkasten und Karteikarten als literarisches Instrument, als poetologisches Werkzeug für die Produktion von Belletristik zum Einsatz zu bringen. In beiden Fällen, für wissenschaftliche Autor/innen gleichermaßen wie für literarische, steht dabei die Verwaltung des Wissens, die Organisation von Einfällen und Erkenntnissen, die systematische Ordnung von Szenen, Motiven, Gedanken, Literaturhinweisen, Stellenlektüren, Exzerpten im Zentrum dessen, was ein Zettelkasten leisten kann. Er ist die Zentralstelle, wo alle Lesefrüchte und Überlegungen versammelt werden können.

Denn was mal mit leichter Hand, mal mit einiger Beschwerlichkeit erlesen worden ist, behalten die Wenigsten komplett im Kopf, um es zu gegebener Zeit in neue Texte zu überführen. Das Problem, wie mit dem Zuviel der Kenntnisse und dem damit unmittelbar verknüpften Vergessen zu verfahren ist, entpuppt sich dabei keineswegs als neue Frage, schließlich reicht die Klage über die akute Informationsüberflutung mindestens zurück bis in die Frühe Neuzeit, als sich die (gelehrten) Leser infolge des Buchdrucks mit einer kaum zu bewältigenden Welle an Wissen konfrontiert sahen, die gleichsam weit über die argwöhnisch eingedeichten Bezirke der Bibelexegese hinausschlug. Dementsprechend alt ist auch die Kulturtechnik des Verzettelns, also die Gedanken und Informationsbausteine zu kanalisieren, sie behutsam aufzuteilen und sorgsam zu portionieren, um sie im geeigneten Moment wieder einleiten zu können in ein Produkt, das seinerseits die Flut des Gedruckten verstärkt.

Was macht also die/der geplagte Leser/in, wenn während der Lektüre Exzerpte angefertigt werden sollen? Er baut sich einen Zettelkasten für private Aufzeichnungen oder für den Dienstgebrauch, sei es für eine literarische oder wissenschaftliche Schreibarbeit. In solchen wahlweise hölzernen oder (inzwischen längst) elektronifizierten Ordnungssystemen sammeln sich mit der Zeit abertausende von Einträgen an, die von den Autoren jedoch mehr oder minder verschwiegen für ihre Textproduktion herangezogen werden. Für manche Steuermänner durch die Informationsfluten stellen diese papierenen Anordnungen gar die unabdingbare Voraussetzung ihrer schriftstellerischen Produktivität dar. Jede Epoche kennt daher ihre zettelkastentechnischen Gewährsmänner: Was wären Arno Schmidt oder der eifrige Jean Paul-Leser Niklas Luhmann im 20. Jahrhundert, der Nietzsche-Freund Franz Overbeck oder Hegel im 19., Johann Jacob Moser oder Gottfried Wilhelm Leibniz im 18., Georg Philipp Harsdörffer oder Joachim Jungius im 17., oder Konrad Gessner im 16. Jahrhundert ohne ihre ebenso kontinuierlich wie sorgfältig zusammengetragenen Sammlungen von Denk-Zetteln? Die losen Blätter dienen dabei als frei flottierende Stützpunkte der Gedanken, um allerlei Merkwürdiges, Exzerpte, Zitate und eigene Überlegungen in der Dauer der Schrift festzuhalten. Ein Kasten oder Schrank mit einzelnen Fächern oder Schubladen sorgt für die Sicherung der Ordnung und beugt der Gefahr einer doppelten Zerstreuung vor: Weder thematisches Durcheinander noch das unerwünschte Verwirrspiel des Windes bedrohen noch die einmal errichtete Ordnung.

Worin liegen nun die Vorzüge eines konventionellen wie gleichermaßen eines elektronischen Zettelkastens? Eine solche Apparatur stellt keineswegs bloß eine schlichte Merkhilfe dar, die Aufgeschriebenes zur gegebenen Zeit wieder zu lesen und zu erinnern erlaubt. Ein Zettelkasten ist gleichfalls eine Sortierhilfe durch seine beweglichen Einheiten im seit 1921 standardisierten Papierformat, verzeichnet er doch einzelne Gedanken ebenso wie systematisch zergliederte Literaturangaben, deren bibliographische Daten sorgfältig spezifiziert in jeweiligen Feldern zu speichern sind. Entscheidend ist dabei nicht der individuelle Eintrag, sondern die Anordnung einer Vielzahl von Zetteln nach einem differenzierten Regelwerk, das die modularen Textbausteine gemäß einer feingliedrigen Systematik kombiniert und verschaltet. Darüber hinaus dient ein Zettelkasten seinerseits als Suchmaschine mit Hilfe von systematischen oder alphabetischen Ordnungsschemata und Registern. Und schließlich kann man ihn als *Rechen*maschine verwenden nicht zuletzt im strengen Sinn der Etymologie von *rechnen* als „ordnen“, „lenken“ und „zubereiten“ etwa von möglichen Argumentationen durch Verknüpfungen und Querverweise, die der Kasten seinem stöbernden Betreiber anbietet.

Ist das schon alles? Keineswegs, wartet ein Zettelkasten doch mit weiteren Überraschungsmomenten auf: Während etwa ein Bibliothekskatalog darauf abzielt, alles wahllos zu verzeichnen, trifft man am Zettelkasten jeweils die Entscheidung, eine Information aufzunehmen oder nicht. Nur ausgewählte Texte werden aus dem Fundus der Bibliothek auf Exzerpt-Zettel überführt, um ihre Systemstelle im gelehrten Kasten zu erhalten. Diese Selektionsmacht definiert die hochgradige Eigentümlichkeit einer solchen Gelehrtenmaschine. Antwortet sie doch vorrangig auf gezielte Fragen des Betreibers in dessen spezifischer Formulierung. Für Außenstehende bleibt die Sammlung der Notizen aus diesem Grund weitestgehend unverständlich. Wer nun meint, dass mit dieser aufwendigen Tätigkeit eigentlich vor allem der Zeitverschwendung vorgearbeitet wird, übersieht die hohe Wirtschaftlichkeit des Systems. Die Ökonomie der einmal eingegebenen Zeichen erlaubt es nämlich, immer wieder von ihnen zu zehren. Zwar beansprucht die Pflege des Zettelkastens ihre Eigenzeit. Doch lässt sich diese in letzter Konsequenz wiederum einsparen. „Der Zettelkasten kostet mich mehr Zeit als das Bücherschreiben“,[1] bemerkte der vielleicht letzte analoge Zettelkasten-Theoretiker Niklas Luhmann einmal in seinem überaus instruktiven Aufsatz „Kommunikation mit Zettelkästen“. Was bei einer so hohen textuellen Produktivität wie der Luhmannschen dann doch verwundert, es sei denn, der Zettelkasten ist bereits immer schon die Vorform aller geschriebener Bücher und Aufsätze. Luhmanns Schriften wären demnach nichts als rekombinierte Auszüge seines Zettelkastens, durch Füllformulierungen miteinander verbunden.

Seit dem gedruckten Wort hat die Kulturtechnik des Verzettelns wiederholt große Konjunkturen erfahren. Gemäß dem olympischen Steigerungsprinzip des „Schneller, Höher, Weiter!“ lassen sich immer wieder neue Spitzenplätze verbuchen. So zählen etwa die von Franz Maria Feldhaus 1904 begonnene Sammlung zur Weltgeschichte der Technik mit rund 160.00 Zetteln oder die Projekte von Paul Otlet und Karl Wilhelm Bührer samt ihrer dem durchaus wahnwitzigen Prinzip der „Restlosigkeit“ verpflichteten Idee, ein externalisiertes Gehirn des gesamten Weltwissens auf Karteikartenbasis zu errichten, zur Spitzengruppe innerhalb dieser Kategorie. Mein persönlicher Zettelkasten, den ich im Laufe der Zeit angelegt habe, ist unterdessen 18 Meter breit.

Der Zettelkasten stellt also eine Speichertechnologie gegen das Vergessen dar. Die allmählich versammelten Daten enthalten die komplexitätsreduzierte Universalbibliothek im Kleinen. Ihre Anordnung bildet Adressen ab, um Gedan-

1 Luhmann 1987, S. 143.

ken adressieren zu können. Die Basis der alltäglichen Verzettelung besteht daher zunächst im Abschreiben, Kopieren bzw. Exzerpieren fremder Gedanken. Sofern ein solches Exzerpt immer nur einen Ausschnitt des Ausgangstexts bietet, verweist es auf einen Kontext, der eben nicht mit aufgenommen, gleichwohl aber zumindest als Adresse, in Form der bibliographischen Angaben des Ausgangstexts, übernommen wird. Mit anderen Worten: das Exzerpt ist ein Pointer, der auch und immer schon auf etwas anderes verweist – nur nicht, so ließe sich mutmaßen, auf das eigen(tliche)e. Doch ein Exzerpt allein, schon gar nicht in seiner verweisenden Funktion als Stellvertreter, macht noch keine Sammlung, die über eine spezifische Produktivkraft verfügt. Was nützt die sorgfältigste Abschrift, wenn es nicht gelingt, sie in produktive Beziehungen mit anderen Einträgen zu bringen? Was nützen seitenlange Exzerpte, wenn sie sich nicht einschreiben in ein Netz von vorformenden Querverbindungen? Dem Abgeschriebenen droht das Schicksal einer jeden Karteileiche, nämlich in Isolation zu verharren, wenn es nicht Kontakt aufnimmt zum übrigen Inhalt. Was also notwendigerweise zu den einzelnen Zetteln hinzukommen muss sind Verbindungen. Denn erst mit den bewusst vom Benutzer gesetzten oder aber unbewusst von der Apparatur selbst verfügten Querverweisen zwischen einzelnen Einträgen verschaltet sich das disparate, zu unterschiedlichen Zeitpunkten eingespeiste Material zu einer mit sinnfälligen Bezügen ausgestatteten Textur, die sich dabei zugleich zu etwas Eigenem verwandelt.

Synapsen. Ein digitaler Zettelkasten

Genau an diesem Prinzip der massiven Querverweisung setzt meine Software *Synapsen. Ein hypertextueller Zettelkasten* an, um darauf mit einer teils automatisierten, teils am konventionellen Zettelkasten gewonnenen Verdichtungspraktik der Textbausteine und Lesefrüchte zu antworten. „Antworten" ist hier durchaus wörtlich zu verstehen, sieht das Konzept von *Synapsen* doch vor, den klassischen Zettelkasten auf eine elektronische Ebene zu heben und in Anlehnung an Niklas Luhmann als „Kommunikationspartner" zu verstehen, mit dem in einem fortwährenden Dialog aus Lesen, Schreiben und Klicken neue Erkenntnisse zu gewinnen sind. Denn die grundlegende Schwierigkeit der Textproduktion besteht – einst wie jetzt – darin, die Fülle des gesammelten Wissens in Strukturen zu transformieren, die es nicht der Flüchtigkeit und dem Vergessen anheimstellen. Wie lassen sich die zusammengetragenen Daten also derart in elektronischer Form ablegen, so dass sie später schnell und ohne Mühe abrufbar bleiben? Wie kann es überdies gelingen, das zu speichernde Wissen in ein geeignetes Arrangement zu bringen, das auf Anfrage nicht nur gezielte Antworten, sondern darüber hinaus eigenständige Assoziationen und Argumentationsketten bereitstellt? Auf diese Fragen eine programmgesteuerte Antwort zu versuchen, ist das Ziel von *Synapsen*. Auffinden, Speichern und Verarbeiten von Literaturdaten dienen immer noch als die Basisoperationen jener Wissenschaften, die mit Texten arbeiten. Daher gilt es, neben dem programmatischen Bemühen wider des Vergessens von Stellen und Texten, neue Verbindungen zwischen Einträgen zu ermöglichen, vor allem aber automatisch zu generieren, um so neue Anschlüsse zu schaffen zwischen der im Laufe der Zeit verzettelten Literatur. Wie solche von der Software anhand der vergebenen Schlagworte selbständig gesetzten Verbindungen als Leseweg oder Argumentationskette verstehen lassen, sei kurz an einem Beispiel demonstriert.

Als Ausgangspunkt dient der Text *Peter Krezschmers Oeconomische Vorschläge, wie das Holz zu vermehren, Obst-Bäume zu pflanzen, die Strassen in gerade Linien zu bringen, mehr Aecker dadurch fruchtbar zu machen, die Maulbeer-Bau-Plantagen, damit zu verknüpffen und die Sperlinge nebst den Maulwürffen zu vertilgen*, Leipzig, 1744, wo sich unter den von Synapsen automatisch gesetzten Verbindungen neben Verweisen zu Holz oder Obstbäumen in der Vorrede von Georg Heinrich Zincke auch eine Passage über die „Phantasie" befindet, anhand dessen sich eine Verbindung eröffnet zu einem anderen Buch, Gustav René Hockes Studie über den Manierismus (*Die Welt als Labyrinth*), die ihrerseits ebenso unter dem Begriff der „Spionage" verschlagwortet ist. Dies leitet geradewegs zu einem gewissen H. Ruß über, der 1931 einen Aufsatz über „Die Kundenkartei und ihre Auswertung" verfasst hat, in dem er auf Seite 82 eine Kartei als Spionagesystem über den Kunden beschreibt, um anschließend einige Passagen über *Werbung* anzufügen. Unter diesem Schlagwort wiederum befindet sich an erster Stelle ein Eintrag der *Allgemeinen Elektricitäts-Gesellschaft* von 1901 über „Elektrische Reklame-Beleuchtung", die derweil unter dem Begriff „Straßenlampe" oder „Beleuchtung" auf einen Eintrag von Vilém Flusser verweist, der in seinem Buch *Dinge und Undinge* nicht nur über Straßenlaternen, sondern auch über Schach, Flaschen, Teppiche, Räder, Atlanten oder aber über einen Stock philosophiert. So führt die Software ihre Benutzer also im Dialog gewissermaßen von Hölzchen auf Stöckchen.

Das Synapsen-Programm setzt seit seiner Veröffentlichung im Oktober 1999 auf Software-Standards sowohl in der internen Datenorganisation, die mit einer SQL-Datenbank bewerkstelligt wird, als auch in der Ein- und Ausgabe, wo Standardformate wie PDF, LaTeX, BibTeX, RTF oder UTF8 wirksam sind. Darüber hinaus ist Synapsen in der Programmiersprache *Java* geschrieben, was gewährleistet, dass es auf allen gängigen Betriebssystemen unterschiedslos läuft und die Daten der Benutzer auch nach einem Systemwechsel nahtlos weiterverwendet werden können. – An dieser Stelle kann es weniger darum gehen, die einzelnen, über die Jahre immer weiterentwickelten und neu hinzugefügten Funktionen und Bedienungsmöglichkeiten aufzulisten, zumal es sich bei Merkmalen wie Ausdruck im Karteikarten-Modus, Ausgabe der Bibliographien im PDF-, RTF-, BibT$_E$X-Format, Kommunikationskanäle zu den gängigen Textverarbeitungen (also z.B. Fußnoten, die Synapsen per Mausklick nach Word oder OpenOffice exportiert), dem Laden von bibliographischen Daten via einer z39.50-Schnittstelle sowie dem Ansteuern großer Verbund-Datenbanken wie etwa dem OPAC vom GBV, der Library of Congress, der Bibliothèque Nationale und anderen, der Unterstützung von kollaborativen Arbeitsprozessen (Synapsen ist auch in einer Netzwerk-Version für mehrere Benutzer erhältlich) allesamt um Selbstverständlichkeiten einer elektronischen Literaturverwaltung handelt. Hier geht es vielmehr um die konzeptionellen Vorzüge, die ein Programm wie Synapsen als persönlicher Dialogpartner für die gelehrte Schriftproduktion gegenüber anderer Literaturverwaltungssoftware bietet. Der erste Unterschied besteht freilich in der leichteren Recherchemöglichkeit innerhalb des Fundus', die ein digitaler gegenüber einem konventionellen Zettelkasten anbietet: Jede Buchstabenkombination lässt sich sowohl spezifiziert nach verschiedenen Kategorien (Autorname, Lektürebericht, Schlagworte, ...) als auch über den gesamten textuellen Datenbestand innerhalb von Sekunden durchsuchen. Der zweite, noch augenfälligere Unterschied besteht in der Fensterlogik des Programms, das – im Gegensatz zu den üblichen Erscheinungsweisen – bewusst auf ein großes Hauptfenster verzichtet, um stattdessen mit einer kleinen Steuerungseinheit die Verwaltung der einzelnen Zettel zu koordinieren, die auch in ihrer elektronischen Variante den althergebrachten Karteikarten nachempfunden sind (vgl. Abb. 1).

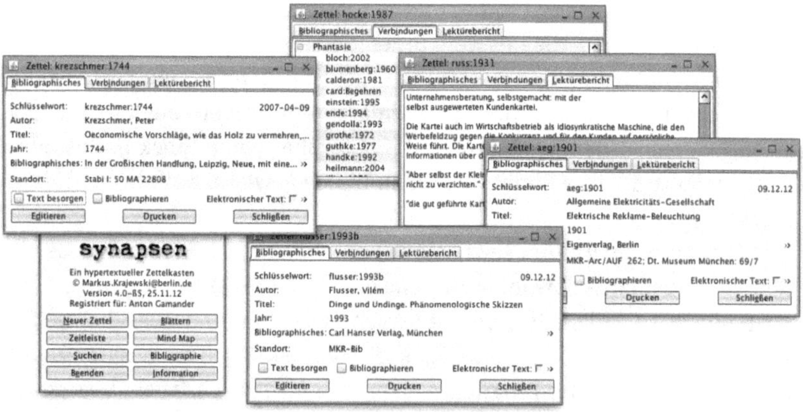

Abb. 1: Zettel in Beziehung: Von Hölzchen auf Stöckchen.

Was manchem Benutzer auf den ersten Blick als ungewöhnlich erscheinen mag, besitzt derweil einen guten Grund: Der Bildschirm heißt nicht von ungefähr auch Schreibtisch, auf dem Synapsen sodann die einzelnen Zettel anzuordnen und in der Fläche zu verteilen erlaubt. Ganz wie es die Schreibtisch-Metapher suggeriert lassen sich hier die Zettel ausbreiten und miteinander in Beziehung setzen, denn in der Anordnung der einzelnen Karteikarten zueinander, in ihrer diagrammatischen Beziehung bietet sich bereits eine erste, wichtige Möglichkeit zur Ordnung. Die Verschiebung und Anordnung unterschiedlicher Zettel erlaubt ein „Inbeziehung-Setzen" des Entlegenen in einer homogenisierter Form (die Zettel gleichen sich trotz ihrer verschiedenen Inhalte), so dass die Relationierung im Raum bereits als Aussage und argumentative Hilfe zu nutzen ist. Mit dem Arrangement der Zettel auf dem Schreibtisch lassen sich nämlich erste Argumentationsbögen für den späteren Text sondieren, ausprobieren und fixieren. Die wichtigste Funktion des elektronischen Zettelkastens besteht allerdings – gerade im Vergleich zum hölzernen Vorgänger der elektronischen Variante – in der tatsächlichen Dialogfähigkeit der Software mit dem Benutzer, die sich insbesondere in den Praktiken der Wissensproduktion bewährt, was einer etwas umfassenderen Beschreibung bedarf.

Praktiken der Wissensproduktion

Warum lässt sich beim Zusammenspiel von Mensch und Maschine überhaupt von einem Kommunikationsprozess sprechen, der gelegentlich sogar überraschende Momente auf Seiten der Apparatur bereithält? Sofern der Zettelkasten erst einmal über eine kritische Masse an Einträgen sowie eine gewisse Anzahl an Querverweisen verfügt, bietet er die Grundlage für eine besondere Kommunikationsform, das heißt für ein eigenes poetologisches Verfahren der Wissensproduktion, das seinem Benutzer zu ganz ungeahnten Einsichten verhelfen kann. Wenn bereits analoge Zettelkasten-Praktiker wie Niklas Luhmann davon ausgehen, in der Apparatur aus Holz und Papier einen ebenso gleichwertigen wie anregenden Kommunikationspartner zu sehen, so greift diese These zunächst wiederum auf eine Konstellation zurück, wie sie Heinrich von Kleist in seiner bestechenden Analyse einer „Hebammenkunst der Gedanken" bereits 1805 beschrieben hat. „Wenn du etwas wissen willst und es durch Meditation nicht finden kannst, so rate ich dir, mein lieber, sinnreicher Freund, mit dem nächsten Bekannten, der dir aufstößt, darüber zu sprechen."[2] Die positive Anspannung, die ein solches

2 Kleist 1805/2001, S. 319.

Gespräch durch die Erwartungshaltung des Gegenübers sofort hervorruft, nötigt dazu, im Gespräch den neuen Gedanken zu produzieren. Die Idee entwickelt sich während des Redens. Dabei reicht bereits die schiere Vorhandenheit eines solchen Gegenübers aus, der gar nichts weiter unternehmen, also nicht etwa durch geistreiche Widerrede dem Sprechenden eine zusätzliche Anregung bieten müsse. „Es liegt ein sonderbarer Quell der Begeisterung für denjenigen, der spricht, in einem menschlichen Antlitz, das ihm gegenübersteht; und ein Blick, der uns einen halbausgedrückten Gedanken schon als begriffen ankündigt, schenkt uns oft den Ausdruck für die ganze andere Hälfte desselben."[3]

Der wesentliche Gedanke von Kleist besteht also darin, dass Kommunikationspartner, um selbst Klarheit über das Auszudrückende zu erlangen, einen stummen Katalysator der Erkenntnis benötigen. Was leistet demzufolge das Gegenüber, schon allein durch sein bloßes Vorhandensein? Mit einem Wort, das Kleist seinerseits von Kant entlehnt: Eine „Hebammenkunst der Gedanken".[4] Ohne ein solches Gegenüber droht eine Art „Geistesbankrott", mit einem solchen Kommunikationspartner dagegen lockt der Reichtum der Gedanken. Nicht umsonst sind die Ansammlungen des aus allen Lesefrüchten und Exzerpten zusammengetragenen Gedankenmaterials nicht selten auch in Analogie zu den sog. Zettelbanken des 17. Jahrhunderts gesetzt worden.[5]

Nach Kleist dient das „menschliche Antlitz" also bereits als hinreichende Quelle der Inspiration, indem oftmals schon „ein Blick, der uns einen halbausgedrückten Gedanken schon als begriffen ankündigt", genügt. Denn ein solcher Blick „schenkt uns oft den Ausdruck für die ganze andere Hälfte desselben" dazu. Nun könnte man meinen, dem Blick auf hölzerne Schubladen eignen für gewöhnlich eher geringe Inspirationsmomente. Doch man ersetze in diesem entscheidenden Zitat bloß „menschliches Antlitz" durch „Interface", also die Schnittstelle zwischen Mensch und Software. Und man ersetze zudem das schlichte Wort „Blick" durch das ebenso geringfügige „Klick" – und natürlich den analogen Zettelkasten aus Holz und Papier durch die Synapsen-Software. Denn es ist gerade das behände Anklicken der Schalter und Knöpfe am Bildschirm, das im Wechselspiel mit diesem Interface das stumme Gegenüber – mehr noch als von Kleist gefordert – auch noch Sprechen macht. Der Zettelkasten bietet, in seiner digitalen Variante also ungleich stärker noch als in analoger Form, ein Interface an, das mehr ist als nur ein schöner stimulierender Anblick, indem die Apparatur auf ein bloßes Anklicken hin jene Stichworte liefert, die den Protagonisten zur wei-

3 Ebd., S. 320.

4 Kant 1797/1983, Zweiter Teil, II. Ethische Methodenlehre, 1. Abschnitt, § 50: „Er ist die Hebamme seiner Gedanken", zum Lehrer-Schüler-Verhältnis.

5 Vgl. Krajewski 2002, S. 188 ff.

teren Gedankenproduktion anregen. Das vormals stumme Gegenüber gerät zum regelrechten Gesprächspartner. Dass die daraufhin ausgetauschten Stichworte keineswegs willkürlich erscheinen, gewährleistet das weit verzweigte Netz der Anschlussstellen. Denn diese bilden auch in der Apparatur allmählich über die Dauer des Betriebs durch die von der Software selbständig geknüpften Verbindungen im Speicher eine „Art Zweitgedächtnis“[6] aus. Und dieses Zweitgedächtnis gewinnt eine gewisse Selbständigkeit, wenn es sich mehr noch als von Kleist gefordert in den Gedankenstrom des räsonierenden Gegenübers einschaltet.

Doch das Interface des digitalen Zettelkastens besitzt noch einen anderen Vorzug im Vergleich zu einem nur stummen ›menschlichen Antlitz‹, das dank seines schönen Anblicks zur Gedankenproduktion anregt. Der Vorzug des Zettelkastens in seiner virtualisierten Form besteht nicht allein in der Fähigkeit, auf gezielte Anfragen ebenso passgenaue Antworten zu liefern, sondern vor allem in der untrüglichen Erinnerungsfähigkeit der Apparatur, ganz zu schweigen von dem Mehrwert, den die automatische Verschaltung der fortwährend eingespeisten Daten zu etwas Zusammenzudenkenden bietet. Jedes Element, das irgendwann eingespeist worden ist, bleibt erhalten und damit wiederauffindbar, sei es als isolierte Information, sei es als Baustein eingebettet innerhalb einer größeren Argumentationslinie. Derjenige, der sich auf eine andauernde Arbeit (oder Kommunikation) mit einem solchen Zweitgedächtnis einlässt, kann nicht nur darauf vertrauen, dass die Apparatur all das getreu wiedergibt, was ihr irgendwann mitgeteilt worden ist. Vielmehr noch kann er darauf setzen, dass sich mit den sukzessiv eingespeisten Informationen mit der Zeit eine Auslagerung gleichermaßen wie eine Anreicherung seines künftigen Wissens vollzieht.

„Der Text weiß mehr als der Autor“, lautet eine der philologischen Grundannahmen. Man könnte dieses Diktum unschwer übertragen auf das Verhältnis von Zettelkasten und seinem Benutzer. Die von der Apparatur bereitgehaltenen Textfragmente bieten in ihrem Potential der Verschaltung ungleich mehr Anschlussstellen als dem Abfrager in einem Moment bewusst ist. Das Interface bietet mithin eine ganze Fülle von möglichen Verbindungen an, es liefert damit das Aktionspotential neuer Argumentationen. Die Zettelkasten-Software weiß mehr als der Autor, indem Synapsen die Zustände des Wissens beinhalten und durch die Kontakte mit seinem „Zwischengesicht“ künftige Gedanken zu katalysieren hilft. Denn, um noch einmal Kleist anzuführen, „nicht wir wissen, es ist allererst ein gewisser Zustand unserer, welcher weiß.“[7] Und genau diese möglichen Zustände hält die Synapsen-Software unbeirrt fest. Sie leistet durch ihre auf Anschlussfähigkeit vorgefertigten Elemente immer schon eine Konfiguration potentieller Wis-

6 Luhmann 1981, S. 225.

7 Kleist 1805/2001, S. 323.

senszustände, die vom Benutzer zu gegebener Zeit durch bestimmte Kombinationen erst realisiert, das heißt abgerufen werden.

Zwei Effekte tragen mithin dazu bei, der Verweisstruktur der Einträge folgend neuen Zusammenhängen und das heißt anderen als den zuvor intendierten Lesewegen nachzuspüren: die *Überraschung*, dank eines Verweises auf einen bislang nicht erwogenen Aspekt zu stoßen und die *Zufälligkeit*, mit der dieser Hinweis gerade dort und nicht anderswo auftritt. Entscheidender jedoch wiegt die Fähigkeit des Partners, den Fragenden überraschen zu können.

Anhand von Schlagworten und Sigeln (Schlüsselworten) kann von jedem Punkt des Zettelkastens genauestens auf einen anderen verwiesen werden. Im Gegensatz zum Buch mit seiner starren Bindung und unhintergehbaren Formatvorgaben stellt jeder Zettel eine abgeschlossene, erweiterbare Informationseinheit dar, ein ausbaufähiges, elementares Datum, das sich leicht referenzieren lässt. Denn jeder Zettel trägt eine eindeutige Adresse dank seiner Position in der Stellordnung oder in Form eines Siegels, auf welches dann von anderen Zetteln Bezug genommen werden kann. „Jede Notiz ist nur ein Element, das seine Qualität erst aus dem Netz der Verweisungen und Rückverweisungen im System erhält.“[8] Anhand dieser Querverbindungen gelingt es dem Benutzer nun, der Verweisstruktur der Einträge folgend neuen Zusammenhängen und das heißt anderen als den zuvor intendierten Lesewegen nachzuspüren. „Der Zettelkasten gibt aus gegebenen Anlässen kombinatorische Möglichkeiten her, die so nie geplant, nie vorgedacht, nie konzipiert worden waren.“[9] Mithin stellt sich Überraschung ein, dank eines unerwarteten Verweises auf einen bislang nicht erwogenen Aspekt zu stoßen.

Wie gelingt es demgemäß, den Zettelkasten mit dieser Fähigkeit zur Überraschung, getragen von unabdingbarer Informationsfülle, auszustatten? Allein mit einer geeigneten Softwarestruktur und natürlich mit der Zeit, aus der heraus sich ohne weitere Hilfe komplexe Strukturen ausbilden. Diese ergeben sich, sofern gewährleistet bleibt, dass der Benutzer hinlänglich konstant Informationen in Form von kleinen Textbausteinen, Fakten, Gedankenfragmenten, längeren Exzerpten bis hin zu komplett vorgezeichneten Argumentationsgängen einspeist und diese darüber hinaus stets an die vorhandene Verweisstruktur anbindet. Das Potential, überraschen zu können, verdankt der so informierte Zettelkasten dann einem Lese-Effekt. Indem die gesammelten Notizen an die einst gedachten Gedanken durch die Dauer der Schrift zu erinnern vermögen, und die Schrift neben dem aufgezeichneten Gedankengang auch seine Verweisungen (und Verbindlichkeiten) gegenüber dem komplexen Restinhalt anzeigt und auflistet, liest

8 Luhmann 1981, S. 225.
9 Ebd., S. 226.

der Benutzer nicht nur seine Erinnerung, sondern mehr noch seinen durch die Zeit verschobenen Vergleichshorizont mit. Überraschend bleibt damit nicht nur die Differenz des zeitunterschiedenen Verstehens. Überraschend bleiben auch und besonders die aufgeführten Verweise, deren Wege zum Zeitpunkt des eingegebenen Gedankens noch weniger verzweigt waren als im Moment des erneuten Zugriffs. Das System der Notizen entwickelt sich unbemerkt weiter. Synapsen liefert damit nicht mehr nur die Vorarbeit für einen zu schreibenden Text, sondern immer schon eine Art Vorform des noch zu entwerfenden Texts selbst. Der Querverweis schafft gleichsam aus sich heraus den argumentatorischen Mehrwert eines Zettelkastens, indem er unablässig die Assoziationen seines Lesers in der gesetzten Verbindung fixiert.

Erst mit dieser Fertigkeit der automatisierten Querverweisung rückt der digitale Zettelkasten von der Position eines bloßen Ablageinstruments auf zum Status eines dem Benutzer (beinahe) gleichrangigen Gehilfen, sogar in die Position eines regelrechten Kommunikationspartners während der Textproduktion. Denn die Apparatur gibt nicht bloß zuverlässig all das wieder, was der Benutzer schrittweise in sie investiert hat. Sie ist immer schon mehr als die Summe ihrer Teile. Sofern er bei der Eingabe der Exzerpte das Material mit dem bisherigen Fundus zu verknüpfen wusste, das heißt allerlei Verbindungen zu ähnlichen Texten und Themen markierte, liefert der Zettelkasten als Querverweise bahnender und somit kreativer Stichwortgeber zahlreiche Anschlüsse in ihrer weiten Verzweigung als schlechterdings neue, weil vergessene oder ungeahnte Argumentationswege. Der unscheinbare, aber regelmäßig gesetzte Querverweis produziert damit ertragreiche Überschüsse, indem die rekombinatorische Verknüpfungslogik die Mächtigkeit der Exzerpte durch ineinander verschaltete Verweisketten bereichert.

Ist eine Verbindungslogik, die lediglich vorsieht, Schlagworte miteinander zu verknüpfen, nicht viel zu wenig raffiniert? Entstehen so nicht unstimmige Anschlüsse? Auch diesem Einwand weiß der Zettelkasten mit einer nicht nur entkräftenden, sondern sogar ins Produktive gewendeten Antwort zu begegnen: So verfügt etwa Denis Diderot, in der *Encyclopédie* absichtlich ›falsche‹ Referenzen zu setzen, um dadurch zum Denken anzuregen, etwa mit dem berühmten Querverweis von der ›Menschenfresserei‹ auf ›Eucharistie‹. In Zeiten des Internet eigentlich eine Banalität und daher kaum erwähnenswert: Querverweise und -verbindungen sind das wesentliche Moment eines Netzwerks – selbst wenn sie Anschlüsse produzieren, die Sackgassen gleichen –, sofern sie nur eine Verknüpfung bereitstellen, die vielleicht in einem anderen Zusammenhang, zu einem anderen Zeitpunkt mit einer verschobenen Suchbewegung interessante Konstellationen anbietet. Um das Problem auf einen merktechnischen Satz zu bringen: die vom Zettelkasten geknüpfte Verbindung funktioniert als eine produktive

Methode der Störung, denn der Querverweis befördert buchstäblich das Querdenken.

Nun könnte man einwenden, dass diese teils von der Software gesetzten, teils manuell eingefügten Querverweise vieles leisten mögen, aber dennoch nicht einer gewissen Zufälligkeit entbehren. Dieser Einwand trifft allerdings seinerseits nur teilweise zu, insofern natürlich jedem Querverweis das Argument seiner Kontingenz vorgehalten werden kann, sprich: man könnte auch auf etwas ganz anderes verweisen. Aber genau in dieser Möglichkeit zur Kontingenz liegt die eigentliche Stärke der Software, weil sie damit eine algorithmische Struktur bereitstellt, die der grundlegenden Problematik des Historikers begegnet, nämlich, dass sich seine Geschichte ebenso ganz anders erzählen ließe. Durch die Zähmung der heterogensten Informationen, durch die Verwaltung der relevanten ebenso wie der randständigen Informationen erlaubt es Synapsen, die verstreuten Fakten zu bündeln, an einem zentralen Ort wiederauffindbar zu machen, zu klassifizieren und in andere, verschiedene neue Ordnungen zu überführen. Und genau diese Leistung korreliert mit den grundlegenden Anforderungen an die Historiographie, wenn das Problem darin besteht, wie man die Kontingenz der Geschichtsschreibung softwaretechnisch abbilden, modellieren, und produktiv machen kann, und zwar sowohl textuell als auch mit Blick auf Bilder und weitergehende Visualisierungen in Form von diagrammatischen Anordnungen wie Zeitleisten, Wissensbäumen etc., von anderen Quellen wie Gemälden, Tonaufnahmen, Filmen etc. gar nicht zu reden. Bevor der Benutzer im Dialog mit der Software sich für einen narrativen Pfad seiner zu schreibenden Geschichte entscheidet, muss er die Alternativen im Blick haben, muss er sehen können, welche anderen möglichen Pfade ihm sein Material anbietet. Diese Form der Übersicht, diese Synopse über die einzelnen Fragmente, Bilder und Textbausteine bietet Synapsen in seiner vielfenstrigen Darstellungsweise, und zwar durch das lose Arrangement der einzelnen Karteikarten auf dem elektronischen Schreibtisch. Das virtuelle Verschieben, Umsortieren und (zeitweise) Fixieren bietet damit die Möglichkeit, die zu schreibende Geschichte mit einigen wenigen Klicks in eine andere Verlaufsform zu bringen, sie also probehalber anders zu modellieren. Ergänzt wird diese Visualisierungsform durch weitere Darstellungsmodi der von Synapsen verwalteten Daten: durch Zeitleisten (in zwei- oder dreidimensionaler Darstellung), durch MindMap-artige Darstellungen oder diagrammatische Visualisierungen, die statistische Informationen – die ›Big Data‹ eines gut gefüllten Zettelkastens also – in epistemische Bilder bringen (vgl. Abb. 2).

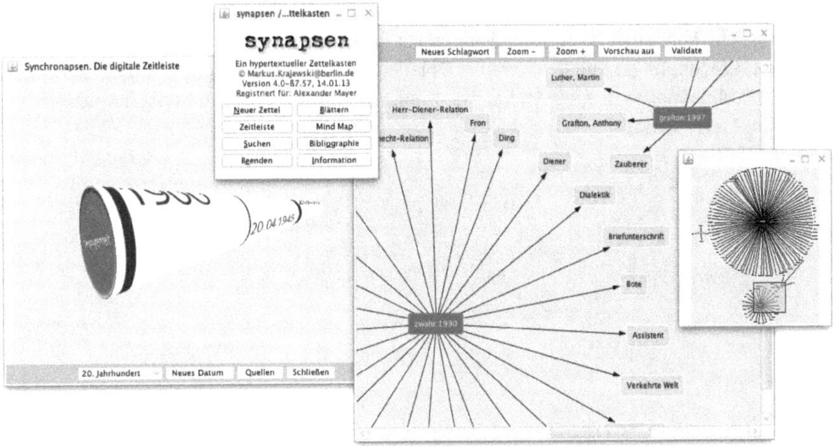

Abb. 2: Verschiedene Visualisierungen in Synapsen, Zeitpfeile und Strukturbäume.

Für gewöhnlich sind (physiologische) Synapsen in ein und demselben Kopf vernetzt und wenn sie einmal hinausreichen, dann zumeist in textueller Form, gebannt auf Papier als Publikationen. So ist auch der Aufgabenbereich von Synapsen als Software zu verstehen: Es ist ein Angebot als Instrument für die gelehrte Textproduktion, vorrangig als ein persönlicher Wissensspeicher, der alle Informationen, die einem Forscher wichtig erscheinen auch über längere Zeiträume verwaltet, organisiert und produktiv verschaltet.

Literatur

Kant, Immanuel (1797/1983). *Die Metaphysik der Sitten*. Bd. 7. Werke in zehn Bänden / Immanuel Kant, hg. von Wilhelm Weischedel. Darmstadt: Wissenschaftliche Buchgesellschaft.

Kleist, Heinrich von (1805/2001). „Über die allmähliche Verfertigung der Gedanken beim Reden". In: Sämtliche Werke und Briefe. Zweiter Band, hg. von Helmut Sembdner. München: dtv, S. 319–324.

Krajewski, Markus (1997). „Käptn Mnemo. Zur hypertextuellen Wissensspeicherung mit elektronischen Zettelkästen". In: PC und Netz effektiv nutzen. Hrsg. von Martin Rost. edition advanced. Kaarst: bhv, S. 90–102.

Ders. (2002). „Zitatzuträger. Aus der Geschichte der Zettel / Daten / Bank". In: Anführen – Vorführen – Aufführen. Texte zum Zitieren. Hrsg. von Volker Pantenburg und Nils Plath. Bielefeld: Aisthesis Verlag, S. 177–195.

Luhmann, Niklas (1981). „Kommunikation mit Zettelkästen. Ein Erfahrungsbericht“. In: Öffentliche Meinung und sozialer Wandel: Für Elisabeth Noelle-Neumann. Hrsg. von H. Beier, H.M. Keplinger und K. Reumann, Opladen: Westdeutscher Verlag, S. 222–228.
Ders. (1987), *Archimedes und wir. Interviews.* Hrsg. von Dirk Baecker und Georg Stanitzek, Berlin: Merve Verlag.

William Gunn

How Mendeley leverages social signals from domain experts to organize the world's knowledge

> „Next-generation 'smart' information management systems will not rely on users dreaming up smart questions to ask computers; rather, they will automatically determine if new observations reveal something of sufficient interest to warrant some reaction, e.g., sending an automatic notification to a user or a system about an opportunity or risk." – Jeff Jonas in Beautiful Data[1]

Mendeley is a tool for researchers to organize, collaborate on, and discover research. This essay will discuss the origin of Mendeley, the philosophy of the service, how this philosophy is reflected in the implementation, and will place Mendeley in a larger framework of knowledge organization and representation. Key usability concepts will be discussed and practical examples will be examined.

Mendeley Origin

Mendeley was founded in 2007 by Jan Reichelt and Victor Henning while they were completing their PhD studies at WHU Koblenz. Jan and Victor realized that there was no good way to get an overview of the main concepts of a field of study, making literature discovery for new entrants to the field quite difficult. The initial aim of the service was to provide a visual representation of how different theories were developed and how they were connected to one another. They began to create this visualization by collecting data from academic papers and clustering them together, but soon realized that they would need much more data in order to create a map with sufficient resolution. The term "crowdsourcing", or aggregating small bits of work of many different unrelated actors, had recently been introduced and so they turned to the idea of creating an application which could crowdsource data on academic papers. To scale the project to the level required, the founders sought advice from Stefan Glaenzer, a founder of the crowdsourced music discovery service last.fm. They knew Stefan as a guest lecturer at Koblenz. Stefan understood the discovery problem, as an academic himself, and had

1 quoted after Segaran/Hammerbacher, 2009, p. 105.

expertise with crowdsourcing through last.fm. He helped the startup acquire initial capital, and then Jan and Victor moved to London to be closer to the center of the English-speaking academic world. There they met Paul Föckler, the technical co-founder, who was already working there as a web developer.

Philosophy of the Mendeley service

From the beginning, the philosophy of Mendeley has been to enable easier comprehension of the connections between ideas, people, papers, and all the other components of the web of academic knowledge. Some of the successful networks of information at the time – Twitter, Flickr, Delicious – were based on the principle that there is value in putting personal collections of content on the public web and connecting them to one another (Porter, 2005; Wal, 2007) Communities spontaneously sprung up around these self-organizing collections of collections enabled by the tagging mechanisms of the aforementioned networks. So while there were some attempts by other projects to connect researchers to researchers, one of the key insights of Mendeley was that academic communities would cluster around the document, not the researcher. Once this organizing principle was established, then the importance of reducing the friction between the places of research was stored, such as a researcher's local storage of papers or the online databases they accessed, and their Mendeley collections became clear. A key component of reducing the friction was to provide an application for any device on which a researcher might access research literature. These applications communicated to a web service which kept them all in sync, but also aggregated the metadata about the papers being stored in researchers' accounts in a central database, from which a cross-disciplinary catalog and statistics about research activity could be derived. This aggregated information was then fed into recommendation algorithms to enable knowledge discovery on the basis of content similarity as well as co-readership patterns.

Implementation of the service

To support the organization, collaboration, and discovery features of the Mendeley service in a manner which could scale to the size of academia worldwide, a sophisticated architecture needed to be built. In this section, I'll describe how the three conceptual parts of the Mendeley architecture – Mendeley Web, Mendeley

Desktop, and the Mendeley Open API – work together to serve the organization, collaboration, and discovery needs of researchers.

Mendeley Desktop is the primary point of contact between the services and the end user. The two main functions the Desktop serves are organization and collaboration, and the Desktop is also the primary place where document information is collected. A researcher installs the software as they would any application, and then points the application to local copies of the PDFs they would organize, by either using a familiar drag-and-drop operation or by specifying folder locations from which to retrieve the files, either on a one-time or continuing basis. The application then scans the files, extracting metadata describing the documents. Once the metadata is extracted, it's added to a local flat-file database and the documents are accessed via the standard three-pane file organizer interface (Figure 1).

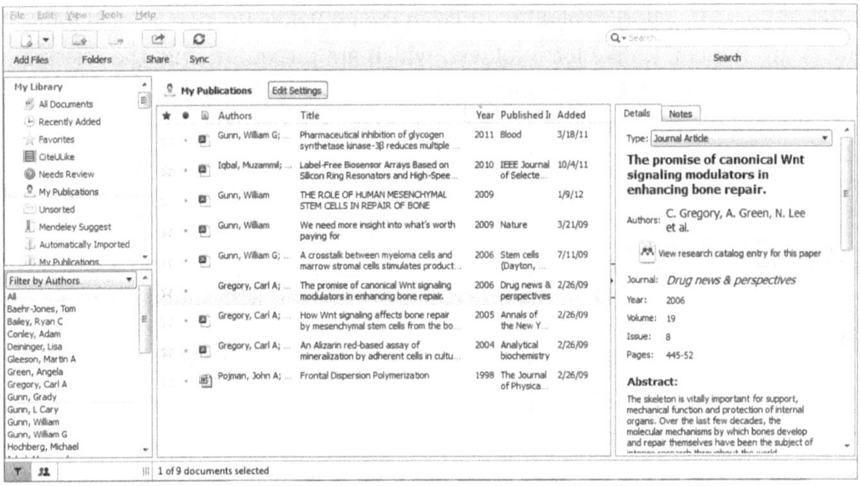

Fig. 1: The file organizer interface of Mendeley.

On the left is an extensible folder tree corresponding to the logical folders in which documents are placed. Note that these do not map directly to the folder structure on the storage device from which the documents were extracted, but rather work as flexible labels applied to the folder contents. The advantages of this approach are that changes can be applied to the folder structure and documents can be placed in multiple folders by a simple relabeling operation within the database, without having to write to the PDF storage device at all. This also allows the flexibility of having different folder structures on different devices, such as a home laptop and a work PC, any of which could run PC, Mac, or Linux operating systems. There are a few folders with special organization or discovery functions, such as My Publications, Recently Added, Needs Review, Favorites, and Mendeley Suggest.

The My Publications folder is a label which indicates the contained publications were authored by the researcher and this label is used to identify the publications to list on the researcher's profile at Mendeley Web, to direct searchers of the Mendeley Web catalog to the copy available from the author's profile, and to track the impact of the researcher's work on the academic community. The Needs Review folder provides convenient access to papers for which the metadata extraction has found some issues. Often older PDFs, scanned copies of PDFs, or PDFs which have cover pages added upon download may not have complete metadata embedded in the file or are structured so that they make recognition of the Title, Author, and other data difficult. The Mendeley Suggest folder contains documents that the researcher does not have in their library, but which are similar to documents they've recently added or which have been recently added by other researchers with a library highly similar to theirs. Below the tree of local folders are group folders. Unlike local folders, which are present in only the researcher's installations of the application, group folders can be shared so that they're also present in the libraries of other researchers. Any documents or annotations on documents in these "social folders" are synchronized with all members of the group. In addition, these groups have an Overview tab showing a reverse chronological display of activity in the group, and a Members tab, showing the researchers who are part of the group. Selecting any of these folders causes their contents to be displayed in the center pane of Mendeley, with summary metadata in a tabular view.

The display of items in this center view can be sorted by the author name, document title, publication title, date of publication, or date of addition to the researcher's library. The display can be filtered by selecting one of the filter options below the folder tree, or by typing a query in the search box in the upper right. Because the documents have been indexed upon addition, the search provides results as the query is typed, with matches in the title generally ranking higher than matches in the abstract, and with matches only occurring in the full text ranked last. The search ranking also takes term frequency into account to improve retrieval of documents. Finally, selecting a document in the center pane shows the detailed metadata in the third pane on the right. In this third pane, tags and notes can be added in addition to any keywords automatically extracted from the text or imported at the time of document addition.

Mendeley Web is the online component of the Mendeley services. This is where most of the discovery takes place and where social connections are created. Social connections are primarily formed through groups, and secondarily through search traffic to researcher profiles. Mendeley Web is also where the research catalog containing the crowdsourced documents is displayed. When a researcher who is logged in goes to the Mendeley's Website,[2] they are shown an activity feed similar to the Overview tab for a group, but covering all the activity across all their groups and separately across their contact network. The feed can be filtered to show only updates from contacts or only updates from groups. There are several tabs at the top of the browser window to indicate the different parts of the service. On the My Library tab, a researcher can see their library and do some limited organization of documents. The Papers tab is the entry point for the research catalog. The catalog can be searched from this page or popular papers, people, and groups can be browsed by discipline. When researchers sign up for Mendeley, they assign themselves a discipline and papers. Through tagging, these papers are assigned to a discipline and are integrated in the research catalog. When viewing by discipline, popular tags applied to the groups are shown. Tags provide an alternative means of browsing the catalog, by concept as opposed to by hierarchical classification. Each paper title links to the corresponding entry in the research catalog, where detailed information about the paper is displayed, along with author and reader-contributed tags, related papers, and readership statistics. If the paper was written by a researcher who has a Mendeley profile and has claimed the paper, a link will direct people to view the researcher's profile. Researcher profiles serve as an online CV for a researcher and show a listing of their papers, work experience, awards and grants, their contact network, and public group memberships. The Groups tab lists the groups a researcher belongs to and provides a means to discover new groups through search. Once a researcher has joined a group, the group will be listed on this page, along with a summary of the group, including the number of members and documents contained in the group. Clicking through to the group page shows the overview for that specific group. There's a sidebar, which allows viewing of the documents and filtering them by tag, as well as a members tab from which researchers can be invited and their roles within the group specified. Currently the roles available are admin, member, and follower. A group admin can add and remove documents, invite new members, as well as change the roles of other members. Members can only add and remove documents and invite members. Followers only get updates about group activity, but don't participate in the group.

The Open API is the central hub of the services, receiving and responding to requests originating via the website, the desktop, or via third-party applications. It's the place where all the inputs from the Desktop and requests via the web meet and are routed and processed appropriately so they can return the desired result. The API provides a means of programmatically sending documents or commands

2 http://mendeley.com

to Mendeley to change the contents of a researcher's library, to retrieve information from the research catalog, or to manage groups. The API transforms Mendeley from a simple application to a central hub of info with which many different applications can interact and share data. This allows researchers to not only engage in social interactions within Mendeley, but to participate using whatever tools they choose for their work and to have that information reflected in Mendeley and enriched by the data aggregated at Mendeley Web. Approximately 300 applications interact with the Mendeley API to provide features useful for their users. Some applications provide current awareness services and some provide easy interfaces between the research catalog and other tools. Some examples of these applications are ROpenSci, OpenSNP, and Impact Story.[3] Figure 2 shows the general architecture of the API.

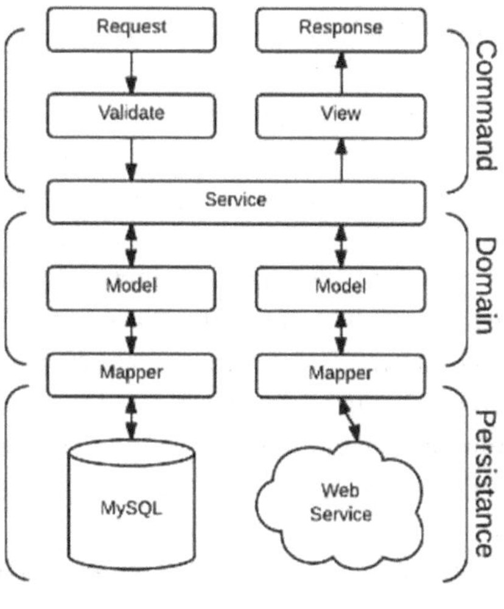

Fig. 2: Schematic Representation of Mendeley Web Service Architecture.

Building Collaborative Networks

As research becomes more collaborative (see Figure 3), researchers naturally turn to the same tools that mediate their non-professional interactions to help them coordinate their team. Many scientists use blogs, forums, and Twitter for communicating, and thus Mendeley has built a way for the community to integrate Mendeley into their

3 http://ropensci.org, http://opensnp.org, http://impactstory.org

favorite tool. There are plugins for Wordpress and Drupal for the display of academic profiles and document collections, as well as flexible integration with Twitter. In addition to integrating with most common collaboration tools, Mendeley also participates directly in the social web through Mendeley Groups. Groups on Mendeley are collections of research put together by a individual or group of people. These groups facilitate sharing of information between teams separated by time or geography and hold the documents, as well as a thread of communication between the group members. While some groups prefer to work privately, others prefer working in a public group because they appreciate the increased visibility of their project. One important difference is that in public groups, only the metadata about the articles is shared, not the documents themselves, whereas in private groups, the documents themselves are shared. This public/private division helps keep the service in compliance with copyright and allows innovative features like collaborative annotation, where multiple people can leave annotations on the same PDF. Groups are available through the API, with private groups requiring the application to get the group member's approval, and are one of the main ways Mendeley supports online collaboration.

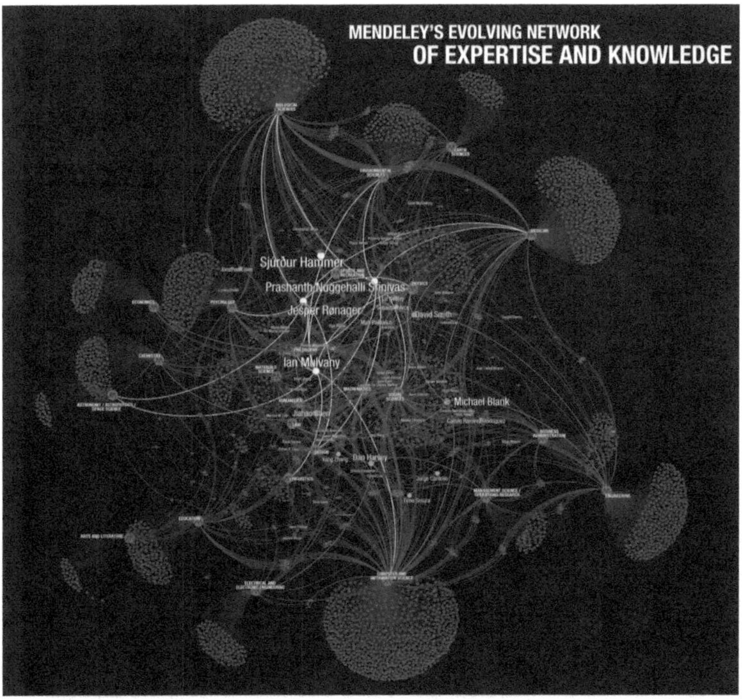

Fig. 3: Map of collaborative interactions between Mendeley members. Image credit Michael Stamper http://cns.iu.edu/docs/research/2011_Mendeley_Binary_Battle_entry.pdf.

In Summary

Modern knowledge management requires a variety of tools, many of which are domain-specific and nearly all of which communicate via the Web. It would be of great value for these applications to be able to pass information back and forth in a common format so that the knowledge could be resident in the network and not restrict applications to the limited scope of what they can access and manage locally. Together as a community of scholars we're all smarter than any of us individually and connected as a global community we will be able to more efficiently solve the problems of humankind.

Bibliography

Porter, J. (2005, April 26). *Folksonomies: A User-Driven Approach to Organizing Content.* Retrieved February 15, 2013, from User Interface Engineering: https://www.uie.com/articles/folksonomies/

Segaran, Toby; Hammerbacher, Jeff: Beautiful data: the stories behind elegant data solutions, Sebastopol 2009.

Wal, T. V. (2007, February 2). *Folksonomy.* Retrieved February 15, 2013, from vanderwal.net: http://vanderwal.net/folksonomy.html

Visualisierung von Wissensräumen

Wilko van Hoek[1], Philipp Mayr

Assessing Visualization Techniques for the Search Process in Digital Libraries

Abstract: In this paper we present an overview of several visualization techniques to support the search process in Digital Libraries (DLs). The search process typically can be separated into three major phases: query formulation and refinement, browsing through result lists and viewing and interacting with documents and their properties. We discuss a selection of popular visualization techniques that have been developed for the different phases to support the user during the search process. Along prototypes based on the different techniques we show how the approaches have been implemented. Although various visualizations have been developed in prototypical systems very few of these approaches have been adapted into today's DLs. We conclude that this is most likely due to the fact that most systems are not evaluated intensely in real-life scenarios with real information seekers and that results of the interesting visualization techniques are often not comparable. We can say that many of the assessed systems did not properly address the information need of current users.

Introduction

A Digital Library (DL) can be defined as:

> a focused collection of digital objects, including text, video, and audio, along with methods for access and retrieval, and for selection, organization, and maintenance of the collection. (Witten, Bainbridge, & Nichols, 2009)

There are different definitions of DLs, however, they all agree on at least one point, namely that DLs hold digital objects which are accessible by users (Fox, Gonçalves, & Shen, 2012). Therefore, besides the challenges of "selection, organization, and maintenance of the collection" (Witten et al., 2009), "access and retrieval" of the stored objects or rather documents is an important task in DLs. As the documents stored in a DL usually do not change over the time, we even believe that this fact is one of the most crucial ones in DLs. To provide a search interface is the way to make content for users accessible.

1 Corresponding author, Wilko.vanHoek@gesis.org

Developing and improving search interfaces for DLs has always to align with the type of documents stored in the DL. Textual data is one of the main document types that are stored in today's scientific DLs. The usual paradigm for search interfaces is "type-keywords-in-entry-form, view-results-in-a-vertical-list" (M. Hearst, 2009). Hence, an advantage of textual content is that it is searchable. Nevertheless, there is also a disadvantage. In the fields of Human-Computer Interaction (HCI) and Information Visualization (InfoVis) it is argued that visualizations in search interfaces pose a large potential to improve the user's experience and performance in satisfying his information needs. On the contrary, visualizing textual data is a very difficult task (M. Hearst, 2009), leading to a conflict that has not yet been satisfyingly solved.

We can look back at roughly 20 years of research in visualizations for search interfaces in DLs. Many different proposals have been made and many studies have been conducted to assess search interfaces. Until now only minor contributions have been adapted to today's DLs. More complex ideas on implementing highly visual search interfaces were often discontinued.

In this paper we want to give a brief overview on some research that has been made in the field of search interfaces for textual DLs. In addition we want to discuss why most of the results of the research have not been adapted into today's DLs. To answer these questions we will look on a set of examples of techniques and systems that have been developed and assessed during the last two decades. Due to the size limits of this paper, the list of example techniques cannot and is not intended to be complete.

For a better understanding and comparability, all techniques will be introduced according to the following structure. First we give a short explanation of the idea and the functionality of the technique, as well as an example figure. Then we will give a summarized history on the development of the technique and point to existing variants alongside with the systems that use the technique. We will also take a look on how far the techniques have been evaluated.

We will organize this paper according to our own definition of a search process. We find the search process to be separable into three main interaction parts. The first part consists of specifying a query that has to be processed by a system, the second part covers the resulting view that the system offers to the user based on the query. The third part is the document view selected by the user in which detailed information about a document is presented.

This paper is structured as follows. First we give an introduction on the difficulties that arise when visualizing textual data. Then we will introduce three sections about visualization techniques. The first on query specification and refinement, the second on result views and the third on document view. At the end we will discuss the questions stated above and try to draw conclusions on what further steps should be taken and what aims should be defined for visualizations to aid the search process in the future.

Visualizing Textual Data for Digital Libraries

The main goal when visualizing data in DLs is to aid the user during his retrieval-task. Visualizations are supposed to give overviews on or show connections between the content or to support the user with additional relevant information. Before developing visualizations it is important to understand what kind of data has to be visualized. In general DLs two kinds of data are stored, the metadata, describing the stored content, and the content itself. While the content stored in a DL may be videos, books, audio files as well as pictures, the metadata, which is stored along the content, is classified differently.(M. Hearst, 2009)

A common way to classify data is to distinguish between quantitative and categorical data:

> Quantitative data is defined as data upon which arithmetic operations can be made (integers, real numbers). Categorical data can be further subdivided into interval, ordinal, nominal, and hierarchical. Interval data is essentially quantitative data that has been discretized and made into ordered data (e.g., time is converted into months, quarters, and years). Ordinal data is data that can be placed in an order, but the differences among the values cannot be directly measured (e.g., hot, warm, cold, or first, second, third). Nominal data includes names of people and locations, and text. Finally, hierarchical data is nominal data arranged into subsuming groups. (M. Hearst, 2009)

To differ between these different kinds of data is very important for visualizations. Quantitative data can be visualized easily and reasonably with known techniques like graphs or charts. In Figure 1a, the numbers of documents per year are displayed for a set of search results. It can easily be seen that most documents retrieved were published around the year of 2010. Such visualization is helpful and can be created directly from the metadata by aggregating the number of documents in groups.[2]

Visualizing nominal data in a reasonable fashion is much more difficult.

2 E.g. on http://www.gopubmed.org statistics for a search can be display directly along the results.

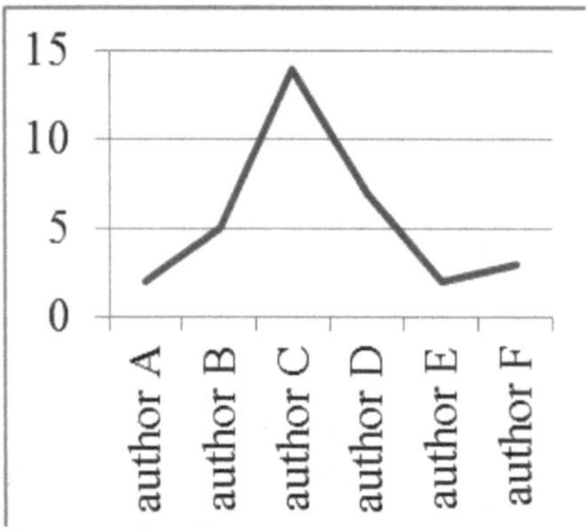

Fig. 1a: Number of documents per author for a search result set.

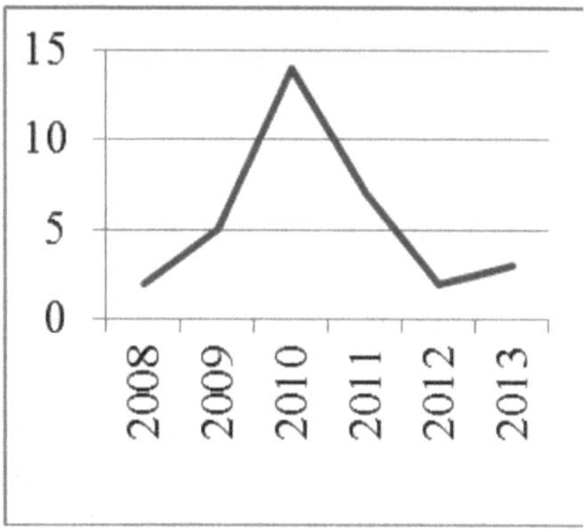

Fig. 1b: Number of documents per year for a search result set.

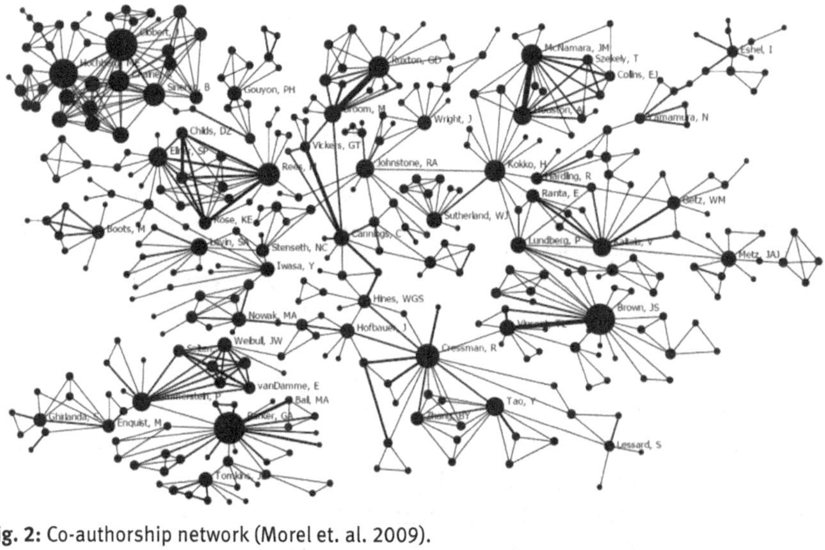

Fig. 2: Co-authorship network (Morel et. al. 2009).

If we aggregate the number of documents per author for the same result set (cf. Figure 1b), the same distribution does not hold the same kind of information. A trend interpretation regarding the close neighbourhood of the peak in this case cannot be done as the fact that author C is close to author B and author C is a coincidence which is based on the alphabetical sortation of the author names. A much more informative visualization regarding authors is to visualize e.g. a co-authorship network (cf. Figure 2). In these networks central authors can be identified and thus more, conclusions be drawn. However, specialized visualizations like network graphs require more effort in calculation of relations and implementation of visualization services. Finding suitable visualizations that can be generated in runtime is one of the main challenges in the field of information visualization and thus, in DL visualization. In the past decades a variety of different approaches on visual support in the search process has been developed. Some of them propose novel prototypes that break with paradigms like result lists of document surrogates or strict text-based query specification. Others are embedded into existing systems to improve the user's search experience and show only minor changes to the common interface paradigm.

Visual Support for Query Refinement

In this section we will describe a set of techniques that have been developed to support the user of a DL during the query formulation task. We define this task to be the first step of the search process. It is the starting point for every search and subsequent searches and a central point for the interaction between user and system.

Boolean Query Specification

The search process in today's DLs starts with entering a query that consists of one or more query terms. Generally, the query can be specified by combining terms using Boolean operators such as AND, OR and NOT. As the result set relies on the query as the only explicit information that the user provides to the system about his information needs, using Boolean operators can be crucial to the task of retrieving and thus, finding the right documents.

To support the user in specifying his query, systems have been developed to visualize the query and allow him to specify the Boolean operators he wants to use or rather whether he wants intersection, union or difference in relation to the query terms. This can be done by using Venn diagrams. Figure 3 shows the user interface of the VQuery system (Jones, 1998). The user can enter query terms which are then added to the left pane where an area can be modified to determine which terms are used for the query. By moving a circle on others the user can connect the terms they represent and thus, specify what Boolean expression is to be generated. In the lower left corner the resulting query is displayed in verbal form. The retrieved document titles are presented in the right pane.

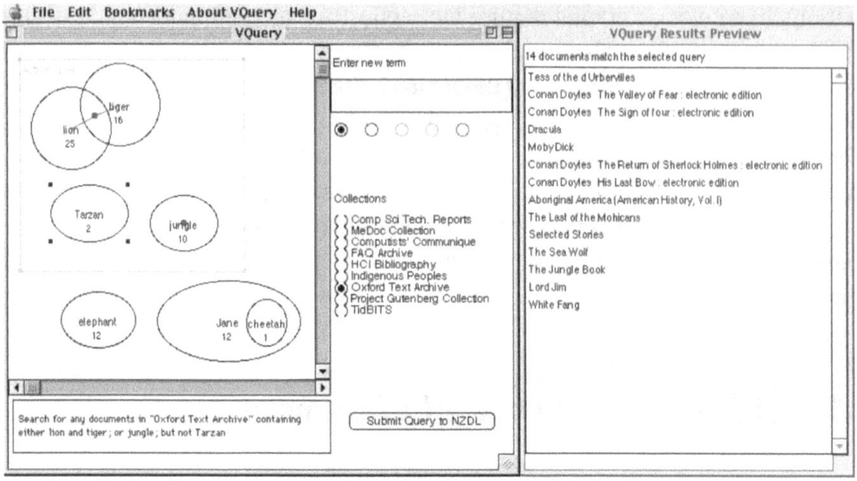

Fig. 3: Query Specification with VQuery (Jones, 1998). Each query is represented as a circle that can be moved by the user. Positions and overlaps of query terms imply a Boolean query that can then be executed.

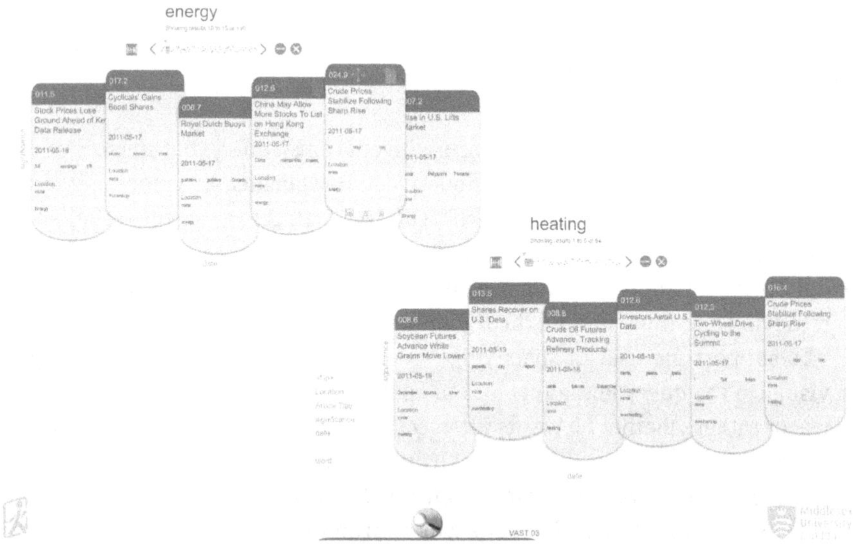

Fig. 4: The INVISQUE system (Wong, Chen, Kodagoda, Rooney, & Xu, 2011) displaying query results for two queries *energy* and *heating*.

Visual query specification has been introduced to database management systems in the early 1980s. The idea to adapt this technique for DLs took until the late

1990s. The usability study conducted in the VQuery context (Jones, McInnes, & Staveley, 1999) showed good results, as well as the study by Hertzum and Frøkjær. 1996 that showed significant speed-ups by using Venn diagrams for query specification along with raising correctness of the queries. Despite these promising results visual query specification has not been adapted in DLs. This could be due to the higher effort that has to be put into interface design and the progress that has been made in fuzzy search techniques. In 2011 visual query specification has been picked up again within the INVISQUE system (Wong, Chen, Kodagoda, Rooney, & Xu, 2011). Figure 4 shows two query result sets in the INVISQUE system. The sets can be merged by clicking and holding one search and dragging it onto another. In this way the division of query specification and results has been surmounted.

Query Term Suggestion

Term Suggestion services are an important aid in the task of formulating a query that represents a user's information need. Based on the query terms entered by the user, a service supplies the user with further query terms which he might want to use. The suggestions in DLs can usually be terms that are either close to the query terms, relevant to the query terms, terms other users have used or terms that contain the user's query terms. In general the suggestions are presented in two different ways. Either they pop up as a list while a user types in a query or they are displayed as a term cloud along with the search results after the query has been processed.

Term Suggestion is not exclusively used in DLs. In virtually all areas where queries are formulated to interact with a system, term suggestions are provided to improve the user's accuracy and swiftness. Nevertheless in each application term suggestion is used differently and the suggestions are based on other data. In DLs many effort has been made to offer terms based on metadata. General DLs often use thesauri to group documents thematically. A user who is inexperienced with a DL may not know much about the used thesauri which makes it difficult for him to benefit from it. To overcome this problem term suggestion based on co-occurrences has been developed. An early proposal was made in 1996 (Schatz, Johnson, Cochrane, & Chen, 1996). Studies have shown that term suggestions are helpful and often used by users, but have to be domain-specific in order to be most beneficial (Hienert, Schaer, Schaible, & Mayr, 2011).

Overall query term suggestion is a key feature in DLs, but it can be argued whether it is a visual mean of helping the user. Besides, term clouds suggestions are presented as lists which cannot be seen as a complex visual experience. We argue that, considering the usefulness of term suggestion services, more research should be carried out to develop more visual ways of presenting term suggestions. Until now a user is supported with an alternative term but often not with an explanation why it is presented to him. Maybe it is possible to visually explain why a certain term is suggested and which connection exists to the user's term or even how the suggested term influences his result view.

Visual Support in the Result View

The *de facto* standard of presenting results retrieved for a specific query in a DL is a list. As intuitive and simple as this approach is, it is argued whether it is the best way to display results as it makes minimal use of visualization techniques. In this section we will describe a set of techniques that have been developed to visually support the user of a DL during the task of browsing through query results.

Query Highlighting

As we said before, query results in DLs typically are presented as lists. For every result a preview is created that consists of a subset of the document metadata like title, authors, journal and publication date. Based on the presented information a user has do decide which documents appeal to him and which he will ignore. A good way to support the user in this task is to enhance the document preview visually. The main problem here is to know what kind of information the user would want to be enhanced. As the query is the only explicit information that the user provides to a system, some ways have been proposed to visualize the occurrences of the query terms within the result document. A most common technique used is query highlighting.

Visualization in **digital libraries**
E Bertini, T Catarci, L Di Bello, S Kimani - From Integrated Publication and ..., 2005 - Springer
In an age characterized by tremendous technological breakthroughs, the world is witnessing overwhelming quantities and types of information. **Digital Libraries** (DLs) are a result of these breakthroughs, but they have not been spared by the challenges resulting from ...
Cited by 7 Related articles All 8 versions Cite

Fig. 5: Document preview in Google Scholar for the query *visualization digital libraries*.

For query highlighting query terms are boldfaced in the document preview. The user can identify in which metadata fields the query terms are contained, he can get an idea of why a certain document has been retrieved and can determine whether the co-occurrence is what he meant or a random coincidence. In textual DLs this approach often is expanded from metadata to the content itself. In addition to metadata field text parts are extracted where query terms occur and are displayed in the document preview. The query terms are boldfaced and a small set of surrounding words is extracted as well, so that the context is understandable. Figure 5 shows a document preview with query highlighting in Google Scholar[3].

2-Dimensional Result Views

When it comes to query results the main paradigm is to present them in a vertical list (M. Hearst, 2009). A list of documents is a 1-dimensional object where documents can only be compared regarding one level of information (e.g. sorted by date, relevance). Thus, a variety of ideas has been proposed to overcome the list paradigm and to make use of the two dimensions a monitor can display.

We divided the different approaches into two main categories. The first are map or cluster-based techniques and the second are grid or rather table-based techniques. Both categories have in common that the underlining idea is to make use of two dimensions to display the relation between documents alongside more than one dimension. But they differ in the concept of how to derive a visualization to do so.

Map or cluster-based result lists are supposed to provide an overview over a large collection of documents. Therefore documents are displayed on a 2-dimensional pane where the position of documents to each other represents the relatedness. The relatedness is based on clustering where the multidimensionality of documents and their metadata is reduced to a 2-dimensional value. Due to the large amount of documents that are displayed in such a way they are represented by points or icons to reduce the complexity of the interface. Detailed information can be accessed upon zooming in on certain clusters or documents. Displaying results as points looks similar to star maps and thus, in some systems the idea of a map has been explicitly used and the clusters are represented as countries or islands. Figure 6 shows a cluster-based result view where clusters are presented as islands (K. Andrews, Gutl, Moser, Sabol, & Lackner, 2001).

Displaying query results in 2-dimensional clusters or as maps has been proposed since the early 1990s. One of the earliest systems is the BEAD system (Chalmers & Chitson, 1992), where the greatest amount of work had to be invested into the systems architecture and into solving problems that aroused from the

3 http://scholar.google.com

clustering. An evaluation of the system was planned but results have never been published. The System InfoSky (Keith Andrews et al., 2002) introduced in 2002 combined document relatedness and hierarchical structures (e.g. collection structure, classification information).

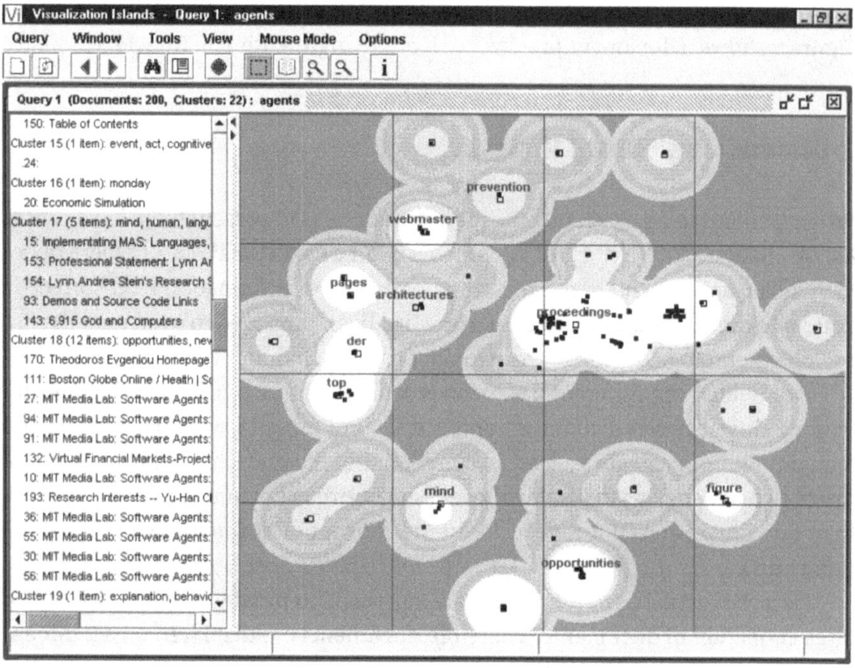

Fig. 6: Document clusters displayed as islands in xFind (K. Andrews, Gutl, Moser, Sabol, & Lackner, 2001).

An initial study was conducted in which the time was measured a user needs to complete different retrieval tasks in a hierarchical tree browsing and the InfoSky system. The study showed that users needed significantly more time using the InfoSky system. A qualitative evaluation suggested that this was due to some implementation flaws and the lack of familiarity with the new system. In 2004 the authors published a second study (Granitzer, Kienreich, Sabol, Andrews, & Klieber, 2004) with a redesigned version of InfoSky. In the redesigned version of the system, a hierarchical tree browser and a star map showing clusters were shown. This combination performed better, but was still not the best choice for all tasks. The system was able to support a good overview and thus, better orientation in the vast amount of documents. However, the tree browser view performed better with users familiar with the corpus. It was assumed that this was owned to the experience users had with tree-based browsing techniques.

Another way of visualizing the results in a 2-dimensional fashion is to use a grid or rather a table. Documents are arranged along their metadata information. For example all documents retrieved for a user's query are displayed row-wise by author names and column-wise by publication date. In this way the user can easily explore an author's publication list and compare it to another author's list in respect to a certain topic (cf. Figure 7). The user can change the metadata information which is used for the rows or columns, which makes it comfortable to rearrange the documents and shows their relations along other dimensions (e.g. author–topic, topic–journal). The main advantage of a table-based result list is that it relies only on the metadata. No clustering has to be calculated beforehand.

As well as the clustering approach, this method has the ability of generating a sufficient overview on large collections. To display such large result lists the documents have to be reduced to icons and numbers representing how many documents can be retrieved when a user decides to zoom in to a certain cell.

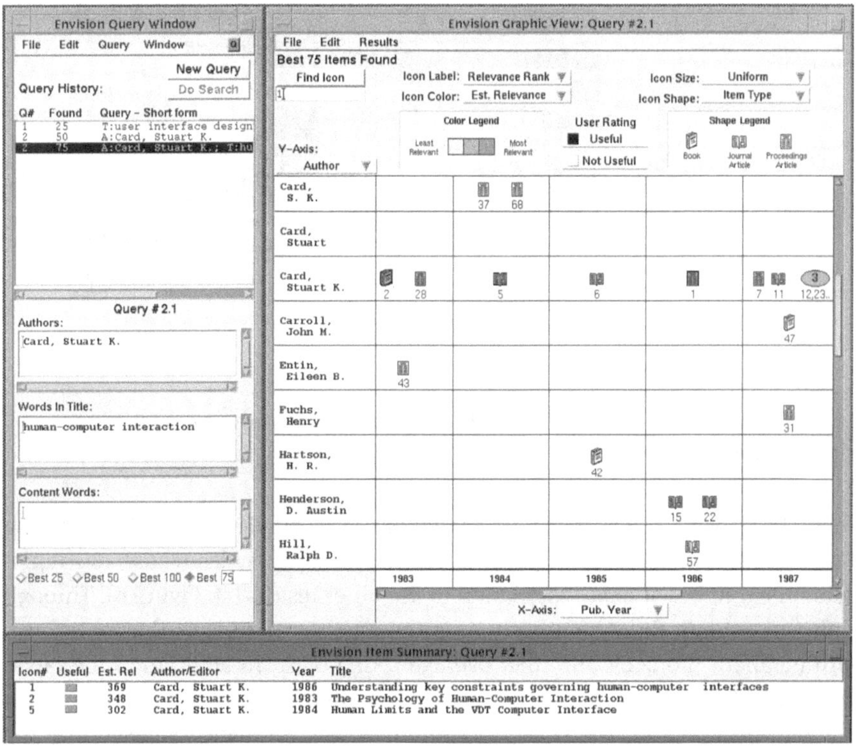

Fig. 7: Results in the Envision system (Fox et al., 1993). Query term is *human-computer*

interaction with author *Card, Stuart K.*

An early system using a table-based approach is the Envision system (Fox et al., 1993). In 2000 the GRIDL system (Shneiderman, Feldman, Rose, & Grau, 2000) was proposed, following the same basic idea as Envision but focussing on overcoming the problem of overcrowded rows, columns or cells. With different solutions such as tool tips or further hierarchical grouping, they tried to make rows, columns or cells overloaded with documents more accessible. Two qualitative studies on the system's usability showed that it comprises advantages for some users, especially in document corpora where no hierarchies exist, as it is the case in some DLs. However the users' familiarity and preferences biased the results and no proper comparisons to other systems could be made.

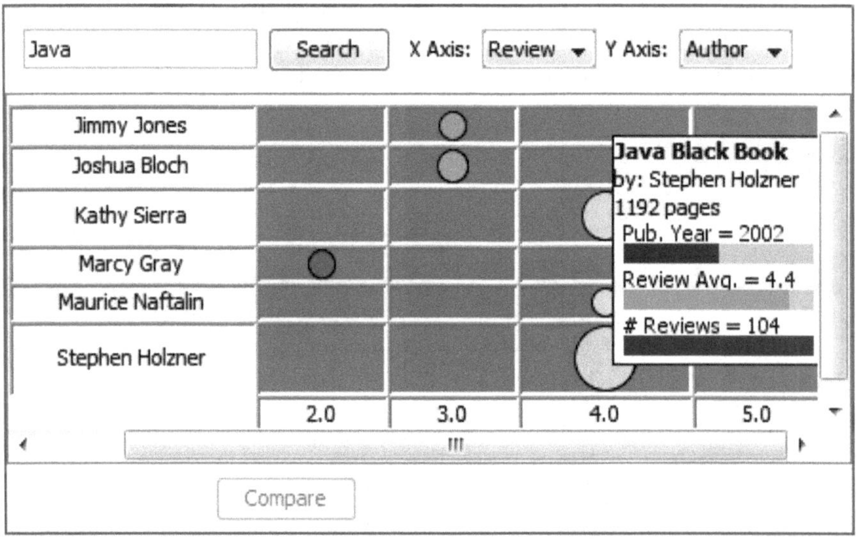

Fig. 8: Search results in the VIDL system (Kim, Scott, & Kim, 2011) for the query java. Circle sizes indicate document sizes.

In 2011 a new effort was made for a table-based result view. In the VIDL system (Kim, Scott, & Kim, 2011) documents are displayed as circles whose size represents the number of pages in relation to the other results (cf. Figure 8). Through different colours the system visualizes the amount of reviews that have been written about the book and their average rating on it. In addition to the table-based result view, the system consisted of an alternative document view which we will discuss later. The usability study that was conducted showed that the result list view was assessed positively and preferred over a text-based system by

53 % of the participants. However, it was not mentioned how many participants took part in the tests. Also the system was tested based on a corpus of books and thus, a relatively small collection. It would have to be re-assessed with respect to how far the authors' approach can be utilized when applied to larger corpora.

3-Dimensional Result Views

Displaying search results in a 3-dimensional space is a logical next step after developing 2-dimensional systems. Due to the fact that DLs are usually accessed by users with 2-dimensional displays, a 3-dimensional interface is not easily created. While we were able to separate 2-dimensional efforts roughly into separate categories based on the principal visualization idea, we were not able to do the same for 3-dimensional systems.

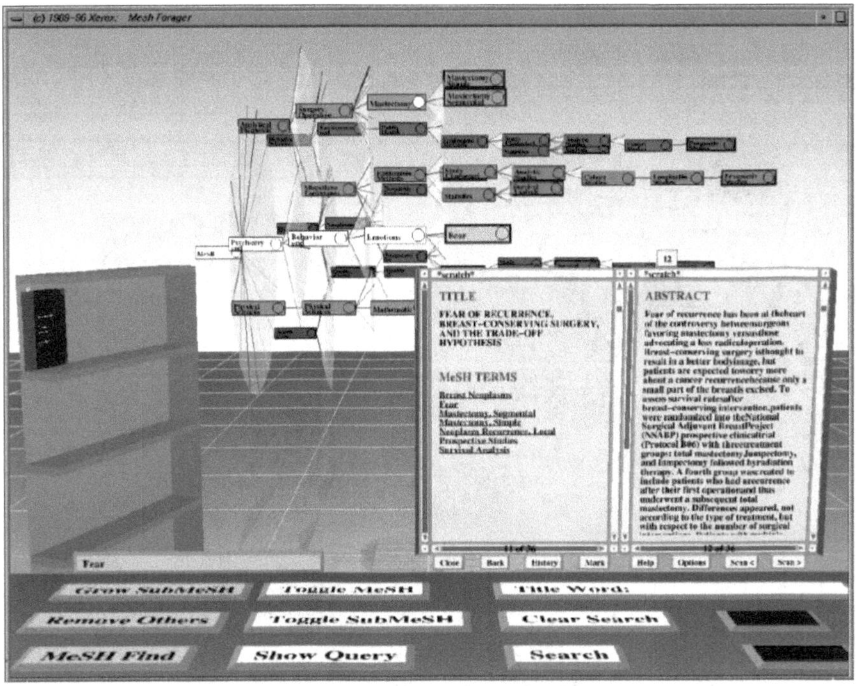

Fig. 9: Search interface of the Cat-A-Cone system (M. A. Hearst & Karadi, 1997).

An early 3-dimensional system is the Cat-A-Cone system (M. A. Hearst & Karadi, 1997). The search interface is a 3-dimensional room giving the user a first person like view. Figure 9 shows the systems search interface. Apparently most elements are not 3-dimensional or do not bear more information than a 2-dimensional version would do. The document view is strictly 2-dimensional and the search controls only appear spatially. Also the bookshelf on the left side, which acts as a watch list, does not carry more information than a list. The central 3-dimensional room implemented in the system is the category visualization which allows to display category hierarchies using Cone Trees (Robertson, Mackinlay, & Card, 1991).

In the SLIS Document Space (Börner, Feng, & McMahon, 2002) a different approach to create 3-dimensional interfaces for DLs are to be found (cf. Figure 10). Here users can walk through a virtual space where websites and documents are presented as thumbnails standing on the ground. The user is represented by his avatar, a model of a human being. The idea is that users can meet on the virtual pane and chat or show their watch lists to other users. The third dimension is designed to improve interaction of users and not to enhance the search experience by adding or displaying more or more detailed information.

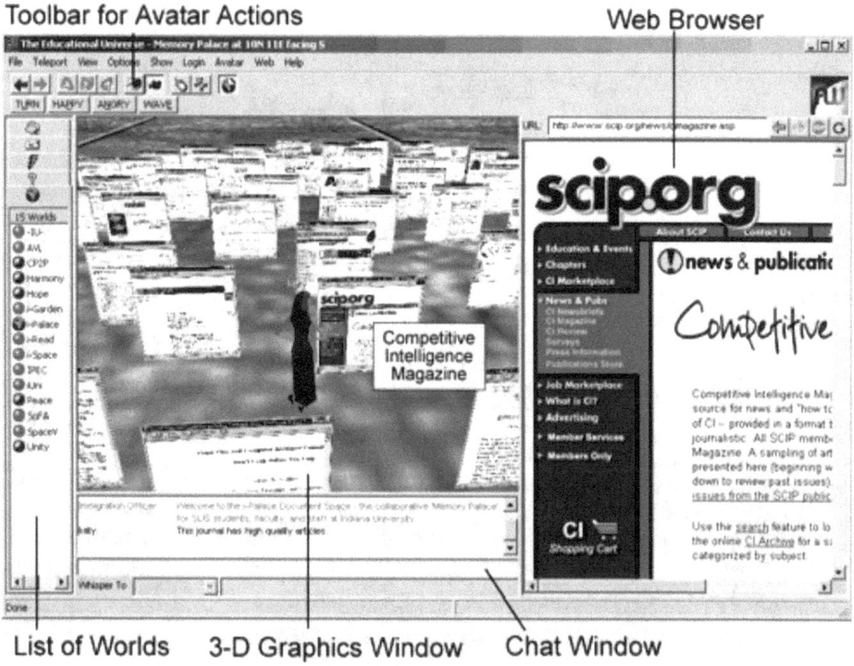

Fig. 10: The SLIS Document Space (Börner, Feng, & McMahon, 2002).

The most evaluated and advanced 3-dimensional search interface seems to be the NIRVE system (Cugini, Laskowski, & Sebrechts, n.d.). For this system different concepts of displaying search results in 3-dimensions have been developed and evaluated. In the system, the user gives query terms which can be assigned to

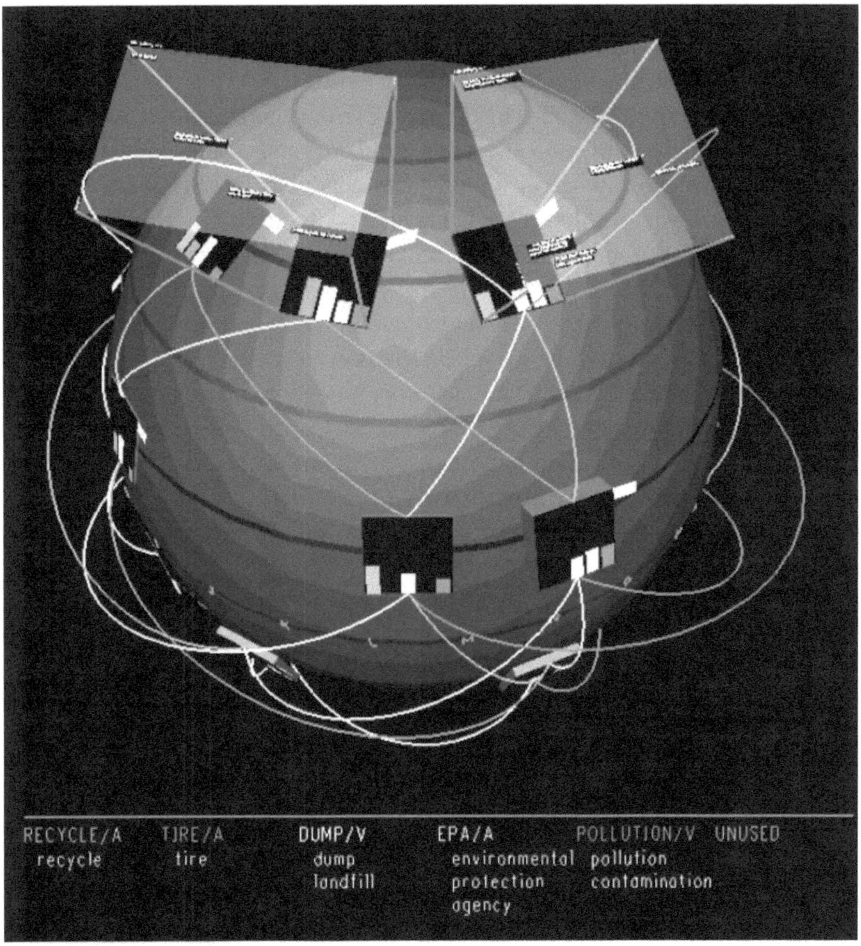

Fig. 11: The Globe 3-dimensional result view in the NIRVE system (http://zing.ncsl.nist.gov/cugini/uicd/nirve-paper.html).

concepts. In this way the complexity of the later result view is reduced and the terms are associated in a topical way. One of the result views is a globe, where clusters of documents are displayed as boxes emerging from the globe (cf. Figure 11). The thickness of a box represents the number of documents in the cluster. The documents are clustered according to concepts defined for the query terms. Documents containing query terms belonging to a concept are assigned to that concept. Documents with the same combination of concepts build a document cluster. Starting at the south pole up to the north clusters are displayed on a latitude according to the number of concepts that they contain. Documents with one concept are displayed near the south pole, documents containing all concepts are situated near the north pole. An alphabet around the equator makes it easier to relocate a cluster. Lines connect clusters to indicate that they shared the same concept combination while one cluster possesses one more concept.

To assess the usability and effect of a 3-dimensional system and to compare it to a 2-dimensional interface, a study was conducted by Sebrechts, Cugini, Laskowski, Vasilakis, & Miller, 1999. Users had to fulfil tasks on a traditional text-based interface, a 2-dimensional version of the globe-based view and the globe-based view of the NIRVE system. The study showed that on most tasks users performed significantly better with a text-based interface. However, through the study, a progression could be detected. The user performances with the other two systems improved over the time, showing an increasing familiarity with the systems and their functionality.

Based on this observation a closer examination of the study revealed two main findings. Firstly, the experience users have with a system is crucial to their performance. The fact that most users are familiar with text-based systems biases results drastically. Thus, 3-dimensional systems would have to be evaluated with long term studies. Secondly, the comparability of study results is not yet given and a common study design needs to be developed.

Visual Support in the Document View

The next step while looking through result lists is to take a closer look at certain documents. In this step the user expects to be supplied with more detailed information about the document or even to be able to access the document itself. In this section we will introduce some concepts to visualize detailed information about documents and to improve accessibility of information within a document.

Thumbnails

Thumbnails are pictures representing a document and in contrast to icons, they are not part of a fixed set of pictures but are derived from the content of a document. They can be small images of the document itself or smaller versions of figures that appear in the document. Figure 12 shows figure-based thumbnails. Thumbnails have been evaluated and developed in the context of web search.

Studies showed that thumbnails can increase a user's speed (Woodruff, Faulring, Rosenholtz, Morrsion, & Pirolli, 2001) and can be very helpful in mobile devices where typically small displays are used (Lam & Baudisch, 2005).

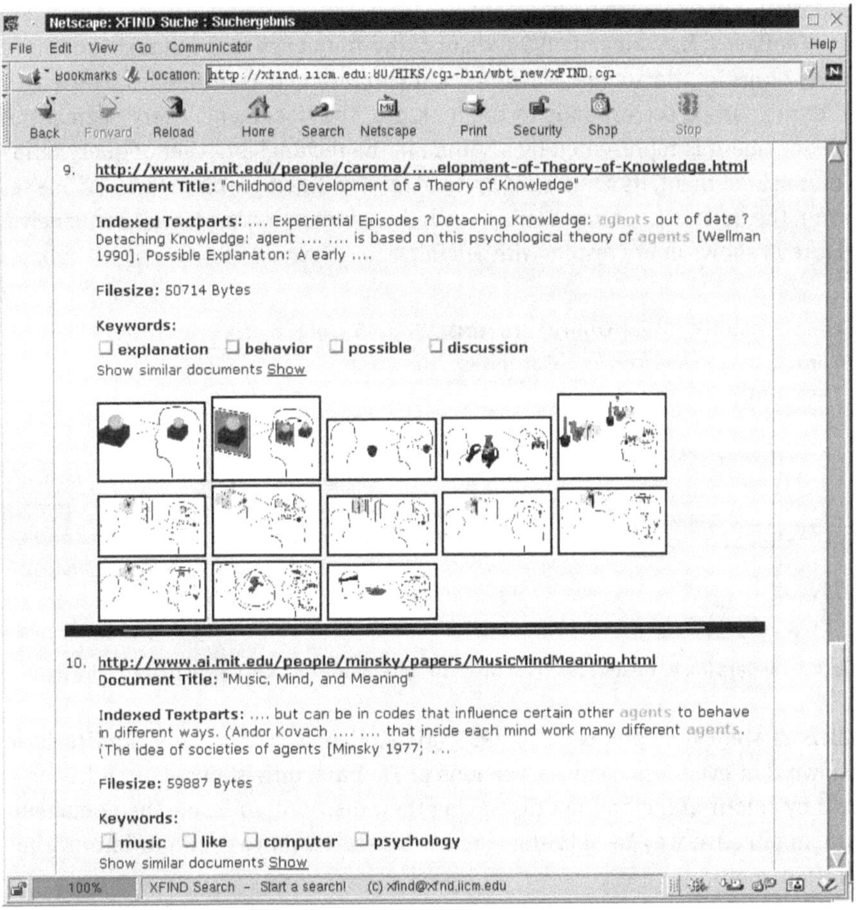

Fig. 12: Thumbnails of figures extracted from a document in the xFind system (K. Andrews, Gutl, Moser, Sabol, & Lackner, 2001).

Term Distribution and Frequency

Thesauri, classifications and indexes are built to reduce the complexity of documents to single topics and hierarchies. Instead of reading the whole document these systems help to decide whether a document contains the information sought-after. Usually the information that a document is about a certain topic or certain topics are discussed in the document is binary information. It lacks information about how intense a topic is discussed or if it is the main topic or just a side reference being made. Term distributions and frequencies can indicate the importance of a topic in a document.

TileBars (M. A. Hearst, 1995) display the frequency and the distribution of query terms in a document. Documents are represented as rectangles. The length of the rectangle corresponds to the length of the document. Every segment of the document is represented by a square in the rectangle. If a set of query terms occur in a segment, its square is displayed in grey. The more often terms of one set occur, the darker the square is displayed, thus, indicating the terms' frequencies. Figure 13 shows query results with TileBars.

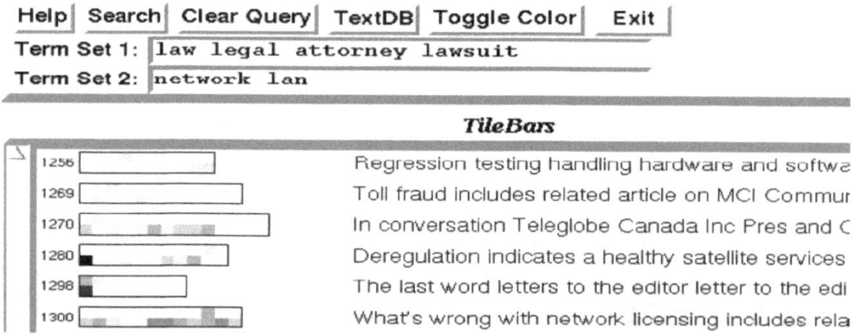

Fig. 13: TileBars (M. A. Hearst, 1995) for two term sets on the left, document titles on the right.

TileBars were first proposed in 1995 (M. A. Hearst, 1995). Later studies have shown that even less complex versions of TileBars, only showing term frequencies by colour grade and not displaying their distribution inside the document, are an effective way to help the user in the search process and to improve his performance.

In the GridVis System (Weiss-Lijn, McDonnell, & James, 2001) the concept TileBar has been extended into an alternative interface to read documents. A metadata taxonomy is presented as a tree list in the first column. The taxonomy is structured hierarchically into topics and multiple levels of subtopics. In the second column a thumbnail of the document is presented horizontally above a grid. Each column of the grid corresponds to a paragraph of the document and each row to a topic. Due to the TileBar approach each cell indicates frequency and distribution of a topic in a paragraph by a colour code. In the third column the document itself is displayed. By clicking on a cell the corresponding paragraph is displayed and all paragraphs tagged with the selected topic are highlighted.

In a study (Weiss-Lijn, McDonnell, & James, 2002) in which users were asked to assess the relevance of a paragraph in certain documents on specific topics, no improvements in overall performance could be detected for participants using the GridVis system. The qualitative analysis revealed that the lack of familiarity with the system could be one of the main problems. The authors emphasized that a long-term study should be conducted to overcome this problem.

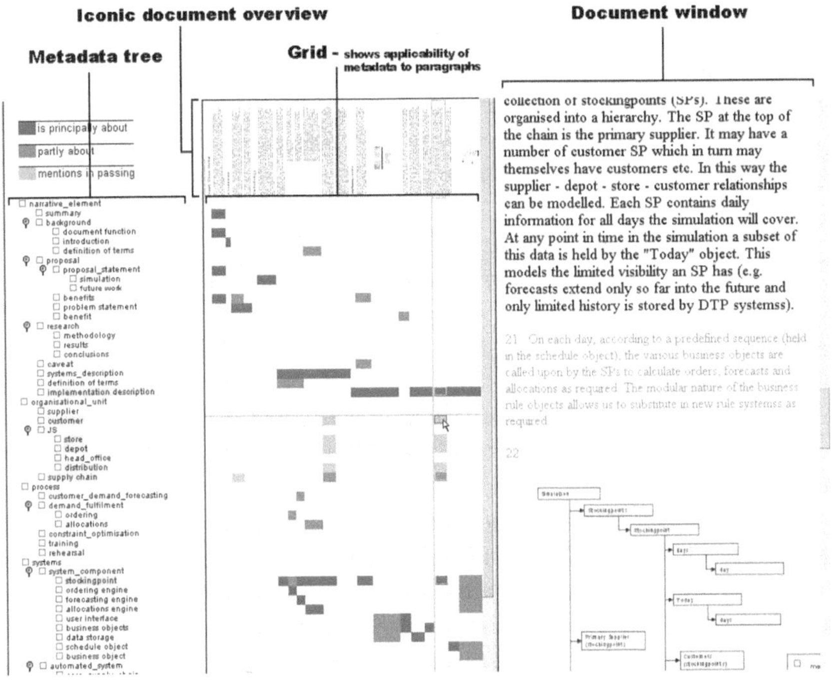

Fig. 14: The GridVis system (Weiss-Lijn, McDonnell, & James, 2001).

For the VIDL System two ways of visualizing term frequencies of index terms have been developed and compared. These visualizations extend the index of a book with a visual representation of the content that lies behind an indexed term. In both visualizations the number of occurrences and the relation between the appearance on single pages and in page ranges can be displayed for every index term. They differ only in the way the visualization is done. In usability tests the authors only compared one of the visualizations against a text-only interface. The tests only assessed the participants' opinions on the system and not their retrieval performance. With respect to the document view, most of the participants were in favour of the system.

Conclusion and Outlook

In twenty years of research a variety of approaches has been proposed and many prototypes have been developed to support the user of DLs in his search process on a visual level. For every part of the search process various techniques exist to support the user. But most of these techniques have not found their way into today's DLs. Nearly all prototypes have been discontinued. Most ideas have not been evaluated more than once in a relatively small study.

The main question for us is: Why have most of the results not been adapted into today's DLs? One simple answer could be that this is simply typical for DLs. Not all results of scientific research are supposed to be commercially beneficial or adaptable in large scale live environments. Looking at the different techniques and the studies that have been conducted we cannot say that the answer is that simple.

Taking a closer look at the results of the studies, we can see that usually quantitative results on the task performance and the accuracy of participants in a visual-based system are comparably poor or at least equally good as a strictly text-based system. On the other side, in questionnaires, the participants' opinions on the same visual-based system were positive and in favour of the system. Furthermore, not two evaluations have been conducted in the same way. Obviously it is not clear yet how to assess the usability and the quality of a visual-based search interface.

Another statement that all studies share is that the explanation for poor evaluation results is the users' lack of familiarity with the system. In many cases a completely new way of dealing with documents, result lists or queries is introduced and the user's task performance is measured against the *de facto* standard, a text-based search interface. On an abstract level this approach seems to be reasonable and is used analogical in other fields like Information Retrieval. In general, researchers in Information Visualization have to take into account that user performances are influenced by their experiences. And this influence has to be measured and included into an evaluation. E.g. after major release changes of software versions, the user performances often decrease in the beginning and the advantages of the software change are not exploitable immediately.

Also the difference between a visualization technique like TileBars or thumbnails and a visual-based prototype like xFind or INVISQUE is a problem. The prototypes often consist of multiple techniques running in parallel but in the study it is not assessed how results change by turning specific features on or off. In this way it is not possible to distinguish which techniques can be used successfully with others and in which combination.

To overcome these three main problems, a standard for evaluating visual-based search interfaces should be developed. The standard should define procedures of how to conduct the study, which values should be assessed, contain long-term analyses in multiple steps and gauge the training curve of users over the study. Moreover, long term evaluations seem to be a crucial point. A good assess user performances over a long time period could be the logging of user behaviour in an actual DL. Only if a system is used by users with a real information need, it can be shown if certain visualizations are an added-value.

References

Andrews, K., Gutl, C., Moser, J., Sabol, V., & Lackner, W. (2001). Search result visualisation with xFIND. In Proceedings of the Second International Workshop on User Interfaces to Data Intensive Systems (UIDIS'01) (pp. 50–58). IEEE Computer Society Press. doi:10.1109/UIDIS.2001.929925

Andrews, Keith, Kienreich, W., Sabol, V., Becker, J., Droschl, G., Kappe, F., ... Tochtermann, K. (2002). The InfoSky visual explorer: exploiting hierarchical structure and document similarities. Information Visualization, 1(3–4), 166–181. doi:10.1057/palgrave.ivs.9500023

Börner, K., Feng, Y., & McMahon, T. (2002). Collaborative visual interfaces to digital libraries. In Proceedings of the 2nd ACM/IEEE-CS joint conference on Digital libraries (pp. 279–280). New York, NY, USA: ACM. doi:10.1145/544220.544281

Chalmers, M., & Chitson, P. (1992). Bead: explorations in information visualization (pp. 330–337). ACM Press. doi:10.1145/133160.133215

Cugini, J., Laskowski, S., & Sebrechts, M. (n.d.). NIRVE paper. Design of 3-D Visualization of Search Results: Evolution and Evaluation. Retrieved February 9, 2013, from http://zing.ncsl.nist.gov/cugini/uicd/nirve-paper.html

Fox, E. A., Gonçalves, M. A., & Shen, R. (2012). Theoretical Foundations for Digital Libraries: The 5S (Societies, Scenarios, Spaces, Structures, Streams) Approach. Synthesis Lectures on Information Concepts, Retrieval, and Services, 4(2), 1–180. doi:10.2200/S00434ED1V01Y201207ICR022

Fox, E. A., Hix, D., Nowell, L. T., Brueni, D. J., Wake, W. C., Heath, L. S., & Rao, D. (1993). Users, user interfaces, and objects: Envision, a digital library. Journal of the American Society for Information Science, 44(8), 480–491. doi:10.1002/(SICI)1097-4571(199309)44:8<480::AID-ASI7>3.0.CO;2-B

Granitzer, M., Kienreich, W., Sabol, V., Andrews, K., & Klieber, W. (2004). Evaluating a System for Interactive Exploration of Large, Hierarchically Structured Document Repositories. In Proc. IEEE Symposium on Information Visualization INFOVIS 2004 (pp. 127–134). IEEE. doi:10.1109/INFVIS.2004.19

Hearst, M. (2009). Search user interfaces. Cambridge ; New York: Cambridge University Press.

Hearst, M. A. (1995). TileBars: visualization of term distribution information in full text information access. In Proceedings of the SIGCHI Conference on Human Factors in Computing Systems (pp. 59–66). ACM Press/Addison-Wesley Publishing Co. doi:10.1145/223904.223912

Hearst, M. A., & Karadi, C. (1997). Cat-a-Cone: an interactive interface for specifying searches and viewing retrieval results using a large category hierarchy. ACM SIGIR Forum, 31(SI), 246–255. doi:10.1145/258525.258582
Hienert, D., Schaer, P., Schaible, J., & Mayr, P. (2011). A Novel Combined Term Suggestion Service for Domain-Specific Digital Libraries. In S. Gradmann, F. Borri, C. Meghini, & H. Schuldt (Eds.), Research and Advanced Technology for Digital Libraries (Vol. 6966, pp. 192–203). Berlin, Heidelberg: Springer Berlin Heidelberg.
Jones, S. (1998). Graphical query specification and dynamic result previews for a digital library. In Proceedings of the 11th annual ACM symposium on User interface software and technology (pp. 143–151). Presented at the Proceedings of the 11th annual ACM symposium on User interface software and technology, ACM Press. doi:10.1145/288392.288595
Jones, S., McInnes, S., & Staveley, M. S. (1999). A graphical user interface for Boolean query specification. International Journal on Digital Libraries, 2(2–3), 207–223. doi:10.1007/s007990050048
Kim, B., Scott, J., & Kim, S. E. (2011). Exploring Digital Libraries through Visual Interfaces. Digital Libraries - Methods and Applications, 123–136.
Lam, H., & Baudisch, P. (2005). Summary thumbnails: readable overviews for small screen web browsers. In Proceedings of the SIGCHI Conference on Human Factors in Computing Systems (pp. 681–690). ACM Press. doi:10.1145/1054972.1055066
Morel, C. M., Serruya, S. J., Penna, G. O., & Guimarães, R. (2009). Co-authorship Network Analysis: A Powerful Tool for Strategic Planning of Research, Development and Capacity Building Programs on Neglected Diseases. (M. Tanner, Ed.)PLoS Neglected Tropical Diseases, 3(8), e501. doi:10.1371/journal.pntd.0000501
Robertson, G. G., Mackinlay, J. D., & Card, S. K. (1991). Cone Trees: animated 3D visualizations of hierarchical information. In Proceedings of the SIGCHI Conference on Human Factors in Computing Systems (pp. 189–194). ACM Press. doi:10.1145/108844.108883
Schatz, B. R., Johnson, E. H., Cochrane, P. A., & Chen, H. (1996). Interactive term suggestion for users of digital libraries: using subject thesauri and co-occurrence lists for information retrieval. In Proceedings of the first ACM international conference on Digital libraries (pp. 126–133). ACM Press. doi:10.1145/226931.226956
Sebrechts, M. M., Cugini, J. V., Laskowski, S. J., Vasilakis, J., & Miller, M. S. (1999). Visualization of search results. In Proceedings of the 22nd annual international ACM SIGIR conference on Research and development in information retrieval (pp. 3–10). Berkeley, California, USA: ACM Press. doi:10.1145/312624.312634
Shneiderman, B., Feldman, D., Rose, A., & Grau, X. F. (2000). Visualizing digital library search results with categorical and hierarchical axes (pp. 57–66). ACM Press. doi:10.1145/336597.336637
Weiss-Lijn, M., McDonnell, J., & James, L. (2001). Supporting Document Use Through Interactive Visualization of Metadata. In Proceedings of the ACM/IEEE Joint Conference on Digital Libraries.
Weiss-Lijn, M., McDonnell, J. T., & James, L. (2002). An Empirical Evaluation of the Interactive Visualization of Metadata to Support Document Use. In K. Börner & C. Chen (Eds.), Visual Interfaces to Digital Libraries (Vol. 2539, pp. 50–64). Berlin, Heidelberg: Springer Berlin Heidelberg.
Witten, I. H., Bainbridge, D., & Nichols, D. M. (2009). How to Build a Digital Library (2nd ed.). Burlington: Morgan Kaufmann.

Wong, W., Chen, R., Kodagoda, N., Rooney, C., & Xu, K. (2011). INVISQUE: intuitive information exploration through interactive visualization. In CHI '11 Extended Abstracts on Human Factors in Computing Systems (p. 311). ACM Press. doi:10.1145/1979742.1979720
Woodruff, A., Faulring, A., Rosenholtz, R., Morrsion, J., & Pirolli, P. (2001). Using thumbnails to search the Web. In CHI '01: Proceedings of the SIGCHI conference on Human factors in computing systems (pp. 198–205). ACM Press. doi:10.1145/365024.365098

Oliver Michel, Damian Läge

Congress Map – semantische Orientierung bei Kongressen durch die Hofmethode

Einführung

Wer regelmäßig wissenschaftliche Kongresse und Tagungen besucht, kennt folgende Situation: Viele Teilnehmende und Präsentator/innen beklagen sich, dass der eigene Beitrag in die falsche Sektion, Themenbereich Referategruppe oder Postersession eingeteilt wurde. Offensichtlich ist es für Kongressorganisatoren eine große Kunst – und bleibt nur allzu häufig ein unerreichtes Ziel –, aus allen eingereichten Titeln und Abstracts eine inhaltlich kohärente Zusammenstellung der thematischen Einheiten eines Kongresses zu zaubern.

In diesem Kapitel wird ein automatisiertes Verfahren vorgestellt, welches den Prozess der inhaltlichen Verknüpfung von unterschiedlichen Beiträgen unterstützt. Dass so ein automatisiertes Vorgehen sinnvoll sein kann, zeigt die Tatsache, dass es bei einer großen Zahl von Texten schwierig ist, alle eingereichten Themen im Arbeitsgedächtnis präsent zu halten – man verliert schnell die Übersicht. Gerade den Organisatoren von Tagungen und Kongressen stellt sich das Problem, zeitgleich komplexe semantische Zusammenhänge zwischen verschiedenen Kongressbeiträgen herstellen zu müssen: Sie müssen klassifiziert und in sinnvolle Themengruppen eingeteilt werden. Während ein einzelner Experte zwar sein Themengebiet bestens kennt und dadurch eine stringente Strukturierung herzustellen vermag, ist es unwahrscheinlich, dass er auch in der Lage ist, die anderen Themenbereiche und Spezialgebiete richtig zu beurteilen und zu entscheiden, welche Themen in welchen Relationen zueinander stehen. Hat man es mit einer Vielzahl von Experten unterschiedlicher Provenienz zu tun, stellt sich unweigerlich die Frage, welcher Text überhaupt in welches Themengebiet und somit zu welchem Experten gehört. Und hätte man diese Zuteilung erfolgreich vollzogen, wäre noch immer die Frage offen, in welchem Verhältnis die Themen zueinander stehen.

Es sind also zwei hierarchische Probleme, die bei der Kongressorganisation bezüglich der Beitragsgliederung gelöst werden müssen. Erstens: Welche Beiträge gehören überhaupt zum selben Themengebiet? Und zweitens: In welcher Relation stehen diese Themengebiete zueinander?

Bei wissenschaftlichen Kongressen stehen den Organisatoren als Information in erster Linie die eingereichten Beiträge zur Verfügung. Diese Beiträge bestehen meist aus einem Titel und einer kurzen Zusammenfassung (Abstract). Lässt sich diese knappe Information nutzen, um den Organisatoren maschinell eine Entscheidungsgrundlage zu bieten, die ihnen hilft, einen Überblick über die eingereichten Beiträge zu erhalten? Und wie sähe ein solcher Überblick aus?

Ein ideales Ergebnis

Das Wort „Überblick" impliziert, dass alle eingereichten Abstracts auf einen Blick sichtbar sind. Zudem muss im Überblick – damit er einen praktischen Nutzen hat – die inhaltliche Struktur widergespiegelt sein: Welche Abstracts sind sich ähnlich, welche unähnlich?

Das Modell der „semantischen Landkarte"[1] bietet ein praktikables Werkzeug für solch einen Überblick. Eine semantische Landkarte ist eine (in der Regel) zweidimensionale Karte, in der die einzelnen Items (in unserem Szenario also die Beiträge eines zu planenden Kongresses) durch einzelne Punkte repräsentiert sind: Nahe beieinander liegende Punkte bedeuten ähnliche Texte, während Punkte, die an entfernten Enden der Karte platziert sind, einander sehr unähnliche Texte markieren.

Beispiel: Ein Psychologenkongress

Anhand eines realen Kongresses lässt sich der Gedanke illustrieren. Im September 2007 fand in Zürich der SGP-Kongress[2] der Schweizerischen Gesellschaft für Psychologie mit über 300 eingereichten Beiträgen statt. Die angebotenen Themen kamen dementsprechend aus dem weiten Feld der Psychologie, das sich aus zahlreichen wissenschaftlichen Spezialgebieten, Unterthemen und Vertiefungsschwerpunkten zusammensetzt. Der Kongress bestand unter anderem aus 36 Symposien, in denen mehrere Referenten Beiträge zu einem Schwerpunktthema halten konnten.

Die Organisation des Kongresses hatte die nicht-triviale Aufgabe, aus der Fülle von Abstracts geeignete Themengruppen herauszufiltern und die Referate und Poster diesen Themengruppen korrekt zuzuordnen. Naturgemäß würden einige Referenten zu verschiedenen Symposien passen, zudem sollten die Symposien quantitativ ausgewogen sein, also eine ähnliche Anzahl Referenten bein-

---

1 Vgl. hierzu Marx & Hejj (1989) und Marx & Läge (1995), Kap. 1.

2 Vgl. hierzu: http://www.ssp-sgp.ch/

halten. Schließlich sollten die vollzogenen Zuweisungen kontrolliert werden, um allfällige thematische Fehlinterpretationen auszumerzen.

Zur Lösung dieser Aufgabe kam die in diesem Kapitel beschriebene semantische Karte „Congress Map“ ins Spiel. Als Entscheidungshilfe sollte sie die für die Symposien ausgewählten Beiträge so darstellen, dass die Kongressorganisatoren die Karte als ein Kontrollinstrument für ihre thematischen Zuweisungen gebrauchen konnten. Damit die Karte übersichtlich und leicht interpretierbar wurde, beschränkten wir uns auf eine exemplarische Auswahl von zehn Themen, die wir so wählten, dass die thematische Bandbreite aller Symposiumsbeiträge möglichst erhalten blieb.

Die „Congress Map“

Für diesen Zweck importierten wir die Abstracts der Symposiumsbeiträge (das genaue Vorgehen wird noch erläutert) in die an unserem Institut entwickelte Forschungsumgebung „Semantic Mapper“ und berechneten damit eine semantische Karte. Das Ergebnis ist in Abb. 1 sichtbar.

Jedes Symbol steht für einen Beitrag, der in einem der Symposien vorgestellt wurde. Die durch die Kongressorganisatoren zugewiesenen Symposiumsthemen sind durch die Symbolformen codiert. Alle zehn Themen bestanden aus vier bis sechs Beiträgen. Insgesamt wurden in allen Symposien 46 Beiträge vorgetragen.

Die Karte zeigt deutlich, wie die von den Organisatoren gebildeten Symposien mehrheitlich aus Beiträgen bestehen, welche untereinander sehr ähnlich sind, jedoch unähnlich zu den anderen Themen. Ein prägnantes Beispiel ist das mit dem Rhombus symbolisierte Thema „Psychotherapy and more“ (in Abb.1 rechts unten). Andere Themen hingegen sind auf mehrere Symposien verteilt, obwohl sie inhaltlich durchaus zum selbem Thema zu gehören scheinen. So zum Beispiel „Learning in organizations“ (gestricheltes Dreieck) und „eLearning in Swiss Psychology“ (ausgefüllter Kreis). Die Texte dieser beiden Themenbereiche sind alle nahe beieinander und scheinen dasselbe inhaltliche Thema zu behandeln. Hingegen ist das Thema „Challenges in Group Interactions and Performance“ (gestricheltes Viereck) auf die gesamte Breite verteilt. Hier scheint eine inhaltliche Diversität gegeben zu sein.

Der mit einem Kreis dargestellte Text mit der ID 225 (in Abb. 1 ganz oben) ist jedoch ein Stück von den anderen Kreisen entfernt. Liest man das Abstract durch (der Titel lautet: „Top-down and bottom-up processing in perceptual learning“), so erkennt man, dass der Aspekt des Lernens die Platzierung zu stark beeinflusst hat: Intuitiv würde man den Text näher bei den übrigen Kreisen vermuten anstatt beim Bereich „eLearning“.

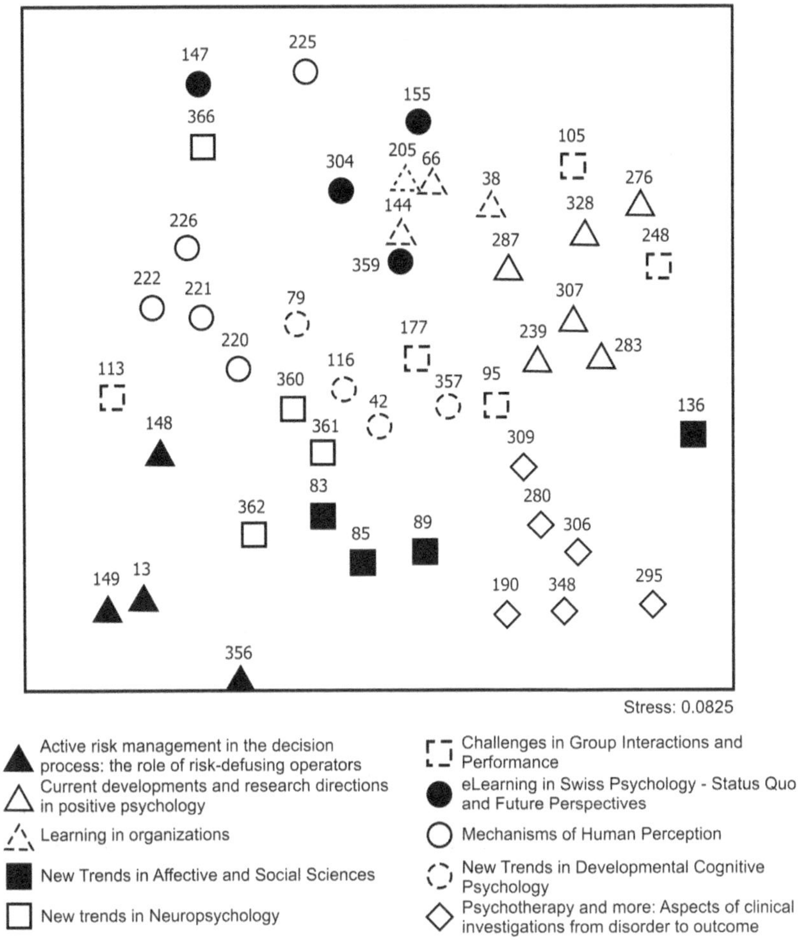

Abb. 1: „Congress Map“: Die semantische Karte stellt die Beiträge, die in den Symposien vorgestellt wurden, in ihren inhaltlichen Relationen zueinander dar. Die Berechnung der semantischen Relationen erfolgte durch den Semantic Mapper.

Obwohl also die Strukturierung der Texte nicht durchgehend so ist, wie man es aufgrund der Augenscheinvalidität vermuten würde, ist der Nutzen der Karte trotzdem vielfältig. Die Kongressorganisatoren konnten sich mithilfe der Congress Map beispielsweise fragen, ob die Aufsplittung der Themen „Learning in organizations“ und „eLearning in Swiss Psychology“ tatsächlich sinnvoll ist, oder ob ein neues Themengebiet “eLearning in organizations“ sinnvoll gewesen wäre. Zudem konnten sie ihre Aufmerksamkeit auf die inhaltlichen Parallelen zwischen positiver Psychologie und Gruppeninteraktionen lenken: Eventuell wurden hier zwei Themengebiete miteinander vermengt? Ganz allgemein aber korrespondierte die Einteilung der Kongressorganisatoren sehr gut mit der semantischen Strukturierung der Karte.

An dieser Stelle wird nicht weiter auf sich ableitende inhaltliche Fragen eingegangen. Die genannten Beispiele dienen nur als Beleg dafür, wie eine semantische Karte genutzt werden kann. Im Fokus steht die Berechnung der Karte: Wie konnte unsere Software „Semantic Mapper" diese Texte in ihren semantischen Relationen erfassen?

Die Hofmethode

Problematik der Bedeutung

Möchte man eine semantische Strukturierung mehrerer Texte vornehmen, steht man vor dem Problem, dem Computer mitteilen zu müssen, was diese Texte bedeuten, also womit sie sich jeweils inhaltlich auseinandersetzen. Texte bestehen aus bedeutungstragenden Worten – aber wie erreicht man die Bedeutung „hinter" diesen Worten? Gängige Methoden im Information Retrieval haften an der Oberfläche der Worte[3], jedoch korrespondiert die Bedeutung eines Wortes nicht unbedingt mit dessen Wortform – identische Wörter können unterschiedliche Bedeutungen haben. Dies führt nicht nur zu Homonym- und Synonym-Konfundierungen, auch die viel üblicheren feinen Abstufungen von Konnotationen sind dem Wort nicht ansehbar: Das Wort „Wald" ruft in einem Märchen andere Assoziationen hervor als dasselbe Wort in einem Fachartikel zum Thema Forstwirtschaft.[4] Behandelt man Wörter nur der Form nach, zählen formidentische Wörter (Homographen) in einem Textvergleich als Treffer, ohne Rücksicht darauf, was diese Wörter überhaupt bedeuten.

Es gibt andere Methoden zur Berechnung der Textähnlichkeit, die Wörter nicht als Entitäten behandeln, sondern nur Teile davon. Als Beispiel sei hier die Trigrammierung[5] erwähnt, welche Abfolgen von jeweils drei Zeichen (Trigramme) aus einem Textstrom nimmt: Erst das erste, zweite und dritte Zeichen, dann das zweite, dritte und vierte Zeichen, etc. Diese Trigramme werden dann mit denjenigen eines zweiten Textes verglichen. Hier läuft man Gefahr, systematische

3 Vgl. hierzu Deerwester (1990), Blei (2003).
4 Vgl. hierzu Michel & Läge (2006).
5 Vgl. hierzu: Nohr (2000).

Unterschiede zwischen Schreibstilen zu finden, statt Bedeutungsunterschiede zu eruieren.[6]

Die Hofmethode: Bedeutung im Kontext

Um die oben erwähnten Probleme zu lösen, haben wir einen Algorithmus entwickelt, der auf psychologischen Überlegungen basiert – wir nennen ihn – aus noch zu zeigenden Gründen – die “Hofmethode“. Kurz zusammengefasst vergleicht die Hofmethode die semantischen Ähnlichkeiten zwischen kurzen bis mittellangen Texten eines Textkorpus. Die resultierende Matrix von paarweise erhobenen Ähnlichkeitswerten wird dann benutzt, um eine NMDS[7] (Nonmetrische Multidimensionale Skalierung) zu berechnen, welche die zu untersuchenden Texte gemäß der semantischen Ähnlichkeit strukturiert.

Wie aber berechnet man die semantische Ähnlichkeit zwischen Texten? Wir brechen das Problem zunächst herunter: Ein Text besteht aus Worten. Einige Worte sind für den semantischen Gehalt weniger wichtig (beispielsweise Strukturwörter), andere betreffen mehr den Kern des besprochenen Objekts oder Sachverhalts und sind deshalb semantisch relevanter. Wir nennen diese Kernbegriffe „Zielwörter“. Wir gehen nun von der Annahme aus, dass wenn in zwei zu vergleichenden Texten gemeinsame Zielwörter vorkommen, eine gewisse Ähnlichkeit gegeben ist. Diese Ähnlichkeit wird größer, wenn die Zielwörter auch noch in einem ähnlichen Sinn gebraucht werden. Das ist der springende Punkt: Um diesen „Sinn“ des Zielwortes zu berechnen, genügt – wie oben ausgeführt – nicht die Wortform alleine. Wir berücksichtigen deshalb auch die benachbarten Worte, welche das Zielwort in einen Kontext einbetten. Erst durch diesen Kontext erhält das Wort seinen aktuellen Sinn in dieser spezifischen Situation. Mit Wittgenstein gesprochen: „Die Bedeutung eines Wortes ist sein Gebrauch in der Sprache“.[8] Ein Wort tritt nicht isoliert auf.[9] Wie wir den Kontext definieren, wird nun erklärt.

---

6 Benutzt ein deutsch schreibender Autor beispielsweise gerne Fremdwörter, verschiebt sich das Verhältnis zwischen Konsonanten und Vokalen systematisch. Exemplarisch seien hier „Meinungsvielfalt“ und das synonyme „Pluralismus“ erwähnt: Die deutsche Sprache ist konsonantenlastig, während die lateinische mehr Vokale benutzt. Dies schlägt sich in der Trigrammierung nieder, die in der Folge zwischen fremdwortlastigen und fremdwortkargen Texten unterscheidet.

7 Vgl. hierzu: Borg, Groenen & Mair (2010).

8 Vgl. hierzu: Wittgenstein (1960).

9 Die grundlegende Idee, dass Bedeutung aus einem Netzwerk von sprachinternen Verweisen gewonnen werden kann, wurde schon im Distributionalismus (vgl. Harris, 1951) erarbeitet. Im Unterschied zu diesem und darauf aufbauenden Modellen (bspw. das Vector Space Model,

In einem ersten Schritt entrauschen wir den Text: Füll- und Strukturwörter (sogenannte „Stoppwörter“) werden gelöscht, weil sie wenig Informationswert besitzen. Folgendes Beispiel illustriert die Auswirkung der Entrauschung anhand eines der Kongress-Abstracts:

Original:

(...) As highlighted by case studies of industrial disasters such as Three Mile Island or Challenger, the local **knowledge** about potentially unsafe work practices and conditions increasing the likelihood of failure was present but not systematically shared within the organization. (...)

Nach Rauschreduktion:

highlighted case studies industrial disasters mile island challenger local **knowledge** potentially unsafe work practices conditions increasing likelihood failure present systematically shared within organization

Dann markieren wir die Wörter, deren Bedeutung wir zu errechnen versuchen – die Zielwörter. In obigem Beispiel ist das Zielwort „knowledge“ in beiden Texten bereits fett markiert. Von einem Text werden also nicht alle Wörter untersucht, sondern nur die Zielwörter (beziehungsweise deren Kontexte). Für die Bestimmung der Zielwörter gibt es mehrere Möglichkeiten.[10] Im Fall des eingangs erwähnten Kongresses wählten wir manuell die Nomina der Beitragstitel aus. Anschließend wurden sämtliche Verwendungen dieser Nomina als Zielwörter markiert.

Als Kontext bestimmen wir die fünf Wörter vor und nach den Zielwörtern. Weil diese Wörter wie ein Hof um das Zielwort liegen, nennen wir das Verfahren “Hofmethode“. Für jedes Zielwort schreiben wir dessen Hofwörter (Wörter im Kontext) in eine Tabelle, zusammen mit einem Wert, der abhängig von der Distanz des Hofwortes zum Zielwort ist: Je näher, umso größer der Wert. Die dahinterstehende Überlegung ist, dass Wörter, die in unmittelbarer Nachbarschaft des Zielwortes auftreten, wichtiger (sinnbestimmender) sind, als solche, die weiter weg sind.

Nehmen wir wieder dasselbe Abstract zur Illustration. Nachfolgend ist der beidseits fünf Wörter umfassende Hof des Wortes „knowledge“ kursiv gesetzt:

vgl. Panyr, 1986), beschränkt sich die Hofmethode aber auf bestimmte, konnotativ gehaltvolle Keywords und auf einen limitierten Kontext.

10 Vgl. hierzu Michel (2012).

highlighted case studies industrial *disasters mile island challenger local* **knowledge** *potentially unsafe work practices conditions* increasing likelihood failure present systematically shared within organization

Alle Tabellen zweier Vergleichstexte werden nun miteinander verglichen. Im Falle identischer (oder auch ähnlicher) Zielwörter werden die Hofwörter der einen Tabelle mit den Hofwörtern der anderen Tabelle verglichen (siehe Abb. 2). Befinden sich gleiche Wörter in den beiden Wortlisten, werden deren Distanzwerte miteinander multipliziert und mit allfällig weiter vorhandenen „Treffern" aufsummiert. Dies resultiert in einem Wert, der die Ähnlichkeit zwischen zwei Worten schätzt: Je höher der Wert, umso ähnlicher ist die Verwendung der beiden untersuchten Zielwörter. Das wiederholt man für alle Zielwörter zweier Texte. Je ähnlicher die Höfe (je höher die durchschnittlichen Werte), umso ähnlicher die Verwendung der Worte, ergo umso ähnlicher sind sich die Inhalte der beiden Texte. Sind in zwei Vergleichstexten keine gemeinsamen Zielwörter zu finden, beläuft sich deren Ähnlichkeit dementsprechend auf Null.

Diese Prozedur wird paarweise für alle Texte des Textkorpus gemacht: In jedem Text werden die Zielwörter markiert und behoft, anschließend werden deren Höfe mit den Höfen derselben Zielwörter in den anderen Texten verglichen.

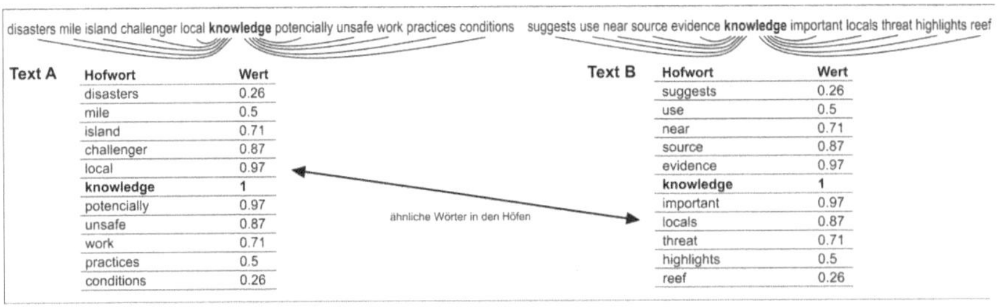

Abb. 2: Ein vereinfachtes Beispiel mit einer Hofgröße von drei Wörtern: Das verglichene Zielwort ist „knowledge". In beiden Höfen kommt ein ähnliches Hofwort vor („local" und „locals"), der resultierende Ähnlichkeitswert wäre mit 0.97*0.87 recht hoch, was in der späteren Karte auf eine kurze Distanz hinweisen würde.

Sämtliche Ähnlichkeitsschätzungen werden in eine Matrix geschrieben. Diese Werte dienen nun als Grundlage für die NMDS. Die NMDS modelliert diese Schätzer als Distanzen zwischen den jeweiligen Texten und ordnet sie in einer Karte an. Je höher der Wert (also je ähnlicher sich diese Texte sind), umso kleiner ist die Distanz zwischen den Texten. Die NMDS verschiebt dann in einem iterativen Vorgehen sämtliche Texte in der Karte so lange, bis die euklidischen Distanzen die Ähnlichkeitsschätzer möglichst gut repräsentieren. Die Position eines jeden der n Texte ergibt sich also aus n-1 Ähnlichkeitsangaben. Dies macht das Verfahren zu einem großen Teil robust gegenüber Inkonsistenzen: Auch wenn zwischen zwei Texten keine direkte Ähnlichkeit berechnet wurde, können sie in der finalen Karte nahe beisammen sein, wenn sie zu den anderen Texten ähnliche Kovarianzen haben.

Tab. 1: Auswahl aus der Dreiecksmatrix, welche die Ähnlichkeitsschätzungen zwischen allen Texten abbildet und als Grundlage für die NMDS dient. Die Tabelle zeigt die Daten der eingangs abgebildeten Karte. Es wurden exemplarisch die Texte des Symposiumsthemas „Psychotherapy and more" (Text-Ids 190, 280, 295, 306, 309, 348) ausgewählt sowie zwei Texte (Text-Ids 149, 155), die recht weit entfernt zu den „Psychotherapy and more"-Texten sind. In den Zahlen zeigt sich dieser Sachverhalt deutlich.

Text-Id	149	155	190	280	295	306	309	348
149								
155	1.1224							
190	1.0931	0.2738						
280	0.2464	0.4167	5.2686					
295	0.1667	0.3222	6.6253	3.4236				
306	0.3333	1	0.3333	0.6667	0.1667			
309	1.2529	0.8333	3.3098	5.5399	3.1877	1		
348	0.1667	0.3333	6.5316	5.9756	6.6016	0.7765	1.9125	

Semantic Mapper

Sämtliche Arbeitsschritte für die Berechnung von semantischen Karten sind in unserer Forschungsumgebung „Semantic Mapper" organisiert: Textimport, Zielwort-Generierung, Behofung, Hofvergleich und Kartenerstellung.

Selbstverständlich kann der „Semantic Mapper" nicht nur Kongresskarten erstellen, sondern beliebige Text- und Wortvergleiche vornehmen. So testeten wir damit die Strukturierung von Diskussionsforen, ordneten eLearning-Produkte[11] oder wir disambiguierten Homonyme[12]. Gerade die Homonymdisambiguierung ist eine Paradeanwendung für die Hofmethode. Durch die Kontextberücksichtigung werden Nuancen in der Bedeutung von Begriffen einfach erfasst. Sogar Texte in voneinander verschiedenen Sprachen lassen sich in einer einzigen Karte darstellen – mit Hilfe einer maschinellen Übersetzung lassen sich Hofvergleiche

11 Vgl. hierzu Kapitel „Der Educational Landscapes Profiler (edulap)" in diesem Band und Michel & Läge (2009).

12 Für eine genauere Beschreibung aller aufgeführten Beispiele vgl. Michel (2012).

bewerkstelligen, die robust gegenüber den zahlreich vorhandenen Übersetzungsfehlern sind.[13]

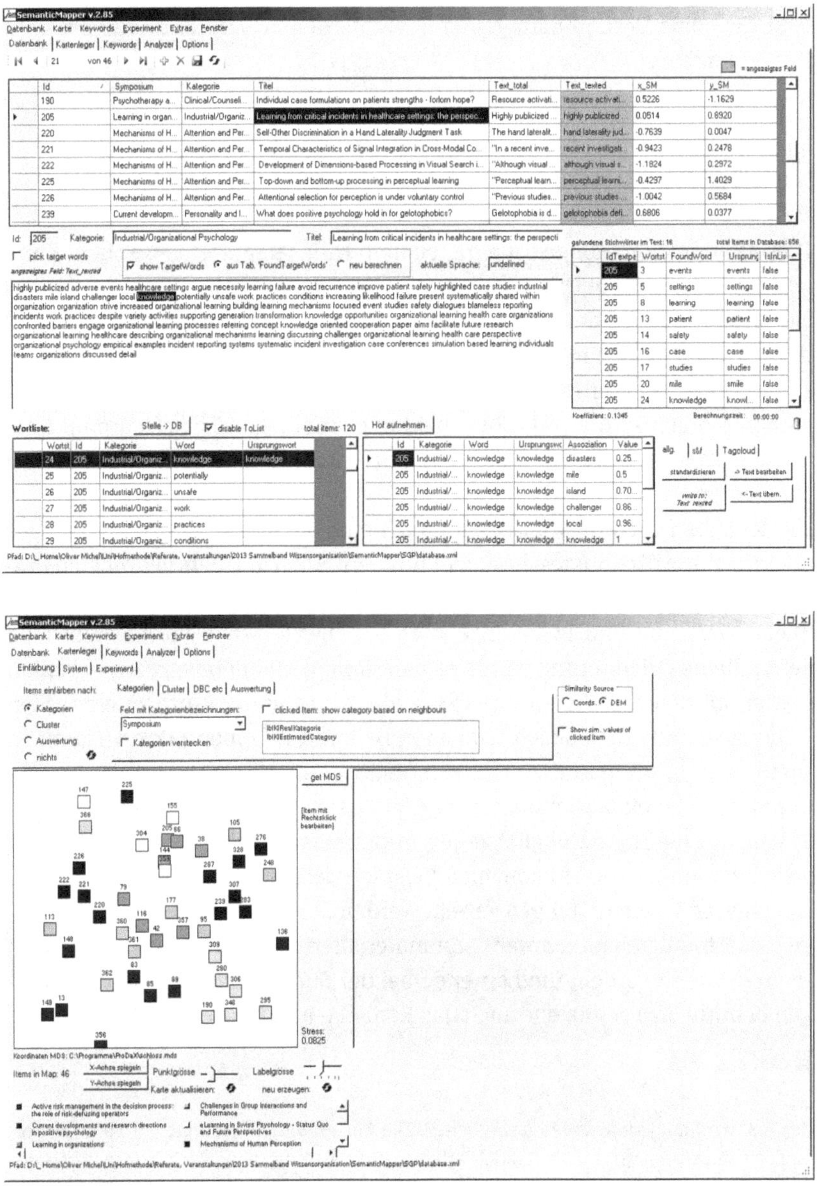

Abb. 3: Screenshots unserer Forschungsumgebung „Semantic Mapper“

13 Vgl. hierzu Michel (2012), Kap. 21.

Die Maximalanzahl von darstellbaren Texten in einer Karte ist allerdings begrenzt: Einerseits leiden Leserlichkeit und Unterscheidbarkeit bald deutlich, andererseits steigt der Rechenaufwand der NMDS exponentiell an.[14] Normalerweise ist für beide Beschränkungen eine empfohlene Obergrenze von etwa 80 Items gegeben.[15]

Fazit und Ausblick

Die Präsentation von Kongressbeiträgen mit Hilfe einer semantischen Karte ermöglicht eine effiziente Orientierung, wie die „Congress Map" am praktischen Beispiel zeigt. Anhand der Abstracts wurden durch die Hofmethode Ähnlichkeitsschätzungen zwischen Texten errechnet, welche als Grundlage zur Berechnung der „semantischen Nähe" in der NMDS-Karte dienten. Diese Karte kann den Kongressorganisatoren als Entscheidungsgrundlage für Schwerpunktthemen dienen oder sie kann zur Validierung für intendierte Gruppeneinteilungen benutzt werden.

Mit derselben Technik könnte man auch eine Suchmaschine bauen, die als Orientierungshilfe für Kongressbesucher fungiert. Auch in einem gedruckten Programmheft würde sich eine solche Karte – in Ergänzung zu den chronologisch geordneten Vortrags- und Posterangeboten – sicherlich sehr gut machen: Eine leichte, bildliche Orientierung würde es den Kongressteilnehmern ermöglichen, die Region mit den Angeboten ihres Spezialgebietes in der Karte zu entdecken und dann gleich alle thematisch ähnlichen Beiträge auf einen Blick beisammen zu haben – gleich, wann und in welchem Gefäß sie stattfinden.

Durch die Kontextberücksichtigung eignet sich die Hofmethode allerdings für verschiedenste Einsatzmöglichkeiten in der maschinellen Textverarbeitung. Die Disambiguierung von Homonymen beispielsweise fällt ihr besonders leicht, wie in mehreren Untersuchungen gezeigt werden konnte.[16]

Im eLearing-Bereich konnten Lernmaterialien ihrer Semantik gemäß in Karten angeordnet werden, um Lernende bei der Suche nach Lehr- und Lernunterlagen behilflich zu sein(siehe auch das Kapitel edulap in diesem Band).[17]

---

14 Jeder Text wird mit jedem anderen verglichen. Die Anzahl Vergleiche ergibt sich aus der Formel Vergleichsanzahl=n*(n-1)/2. Zusätzlich arbeitet die NMDS iterativ: Nach jedem Iterationsschritt werden die Gewichte, welche die Einflüsse der einzelnen Texte reguliert, geändert.

15 Für ein Beispiel aus der Marktpsychologie vgl. hierzu Ryf (2007), Kap. 7.

16 Vgl. hierzu Michel (2012), Kap. 25 u. 26.

17 Vgl. hierzu: Michel (2012), Kap. 23.

Leider ist aber die Position nicht für jeden einzelnen Text perfekt und akkurat. Unsere mehrjährige Erfahrung zeigt, dass es in einem Textkorpus immer wieder Einzelfälle gibt, die aus dem Rahmen fallen. Die automatisierte Strukturerkennung von Texteinheiten scheint manchmal an Grenzen zu stoßen. Dies liegt vornehmlich daran, dass wir Menschen aus einer Kommunikation mehr herauslesen können als es der geschriebenen oder gesagten Sequenz allein zu entnehmen ist: Man darf nicht vergessen, dass außersprachliche Komponenten die Bedeutung eines Wortes beeinflussen:[18] Wer sagt was wann und zu wem? Wir beschränken uns mit der Hofmethode jedoch momentan auf geschriebene Sprache.

Literatur

Blei, D., Ng, A., & Jordan, M. (2003). Latent dirichlet allocation. Journal of Machine Learning Research, 3, 993–1022.

Borg, I., Groenen, P., & Mair, P. (2010). Multidimensionale Skalierung. München: Rainer Hampp Verlag.

Deerwester, S. C., Dumais, S. T., Landauer, T. K., Furnas, G. W., & Harshman, R. A. (1990). Indexing by Latent Semantic Analysis. Journal of the American Society for Information Science, 41(6), 391–407.

Harris, Z. S. (1951). Methods in Structural Linguistics. Chicago: University of Chicago.

Hörmann, H.: Meinen und Verstehen. Frankfurt am Main: Suhrkamp, 1976.

Läge D. & Streule R.: Der Educational Landscapes Profiler (edulap) (in diesem Band).

Marx, W., & Hejj, A. (1989). Subjektive Strukturen Ergebnisse aus der Gedächtnis-, Sprach- und Einstellungsforschung. Göttingen: Hogrefe.

Marx, W., & Läge, D. (1995). Der ideologische Ring. Göttingen: Hogrefe.

Michel, O., & Läge, D. (2006). Die Hofmethode: Auf dem Weg zum maschinellen Textverständnis (AKZ-Forschungsbericht No. 34). Zürich: Angewandte Kognitionspsychologie.

Michel, O., & Läge, D. (2009). The Hofmethode: Computing Semantic Similarities between E-Learning Products, International Journal of Emerging Technologies in Learning (iJET) (Vol. 4, pp. 445–450).

Michel, O. (2012). Die Hofmethode in der Praxis. Universität Zürich, Zürich.

Nohr, H.: Automatische Dokumentindexierung. Fachhochschule Stuttgart, Stuttgart, 2000.

Panyr, J. (1986). Automatische Klassifikation und Information Retrieval Anwendung und Entwicklung komplexer Verfahren in Information-Retrieval-Systemen und ihre Evaluierung. Tübingen: Niemeyer.

Ryf, S. (2007). Multidimensionale Skalierung in der Marktforschung : Möglichkeiten und Grenzen. Universität Zürich, Zürich.

Wittgenstein, L. (1960): Philosophische Untersuchungen. Nichtveröffentlichtes Manuskript, Frankfurt.

18 Vgl. hierzu: Hörmann (1976).

Lukas Stähli

Thinkmap: Plattformübergreifende Visualisierung interaktiver Wissensnetzwerke

Einleitung

Das Buch ist nach wie vor das zum Zweck der Erfassung und Verbreitung von Wissen hauptsächlich verwendete Medium. In seiner Grundform – einer gebündelten Ansammlung bedruckten Papiers – ist es so praktisch wie unflexibel. Ersteres vor allem deshalb, weil für den Datenzugriff kein spezielles Ein- oder Ausgabegerät, geschweige denn eine Internetanbindung oder auch nur Strom benötigt wird. Was für die direkt im Buch abgespeicherten Informationen noch zutreffen mag – wobei man sich heutzutage selten auf die Konsultierung einer einzelnen Quelle beschränken wird, was den Wert des lokalen Datenzugriffs von vornherein schmälert – ist für enthaltene Referenzierungen und Verweise offensichtlich nicht wahr: Wollen wir weiterführenden Hinweisen nachgehen, müssen wir ein anderes Buch aufschlagen oder das Internet bemühen. Die Inflexibilität des Buches liegt aber nicht nur in der Beschränkung des Datenzugriffs auf lokal verfügbare Inhalte, sondern auch in der Konzipierung der Benutzeroberfläche „Buch" mit den Aktionen „Aufschlagen" „Blättern" und „Zuklappen". Fängt man nicht vorne an zu lesen, könnte man Wichtiges verpassen, sucht man nach einer ganz bestimmten Information, hilft oft nur ein Blick ins Inhalts- oder Stichwortverzeichnis (falls vorhanden). Doch auch wenn man davon ausgeht, dass der Aufbau der Suchhilfen den Maximal-Grad an zielführender Strukturierung erreicht, bleibt das Buch eine Ansammlung aus Einzelseiten, welche nicht in beliebiger Kombination gleichzeitig offen gehalten werden können – da hilft auch das Hilfsmittel„Lesezeichen" nicht weiter.

Das Buch ist ein Mittel der *linearen* Wissensrezeption: Schlägt man es an einer Stelle auf, hat man in der Regel keine Möglichkeit, den Kontext der sichtbaren Informationen direkt zu erfassen – dieser kann sich nur durch Vorwärts- und Zurückblättern erschliessen. Mögen Inhalte noch so systematisch strukturiert im Buch abgelegt sein, die Benutzeroberfläche ist für das Ein- und Ausblenden von Abstraktionsebenen oder die Darstellung von Kontextinformationen nicht ausgelegt. Auch das E-Book ändert daran nicht viel: Selbst wenn wir nun jederzeit ein Inhaltsverzeichnis einblenden und so den direkten Kontext mehr oder weniger präzise erfassen können, gibt es keine Möglichkeit, thematische Verknüpfungen mit ausserhalb der aktuellen Inhalts-Hierarchiestufe liegenden Informationen direkt sichtbar zu machen. Auf die Erschliessung *non-linearer* Zusammenhänge ist das Medium Buch schlicht nicht ausgelegt.

Hier will „Thinkmap" Abhilfe schaffen: Informationen werden in Form einer interaktiven Wissensstruktur organisiert, welche einen schnellen Überblick über naheliegende sowie weiterführende Zusammenhänge verschafft, die Navigierung über arbiträre Abstraktionsstufen hinweg erlaubt und die Präsentation kontextgerechter Informationen aus beliebigen Datenquellen ermöglicht. Das Produkt will dabei in keiner Weise das Buch konkurrieren, vielmehr soll eine alternative Möglichkeit der Wissensrepräsentation vorgestellt werden. Der praktische Einsatzbereich solcher „Thinkmaps" ist in erster Linie dort, wo ein schneller Überblick über bestimmte Themen verschafft werden soll, wobei es für die optimale Nutzung des Tools von Vorteil ist, wenn die Rezipienten bereits Grundkenntnisse im betreffenden Wissensgebiet haben.

Im vorliegenden Beitrag werden die Konzipierung des Thinkmap-Modells inkl. möglicher Datenschnittstellen, die Kernpunkte der plattformübergreifenden Realisierung unter Einhaltung aktueller Web-Standards und einige interessante Aspekte der Implementation behandelt.

Das Konzept

Die Basis des Thinkmap-Konzepts ist die Strukturierung von Informationen im Sinne einer klassischen Mindmap. Der in erster Linie von Tony Buzan in den Siebziger Jahren geprägte Begriff bezeichnet assoziative, an Denkstrukturen orientierte Netzwerke. Der Vater des „Mind-Mappings" geht sogar so weit, dass er die Erfassung von Informationen mittels herkömmlicher Notizen aufgrund ihrer linearen Präsentation als für den Lernprozess kontraproduktiv bezeichnet: Das Hirn wird durch die monotone Darstellung nicht kreativ stimuliert und davon abgehalten, assoziative Verknüpfungen zu errichten.[1]Die an Denk- bzw. Lernstrukturen orientierte Präsentationsform soll also in erster Linie das Interesse des Betrachters wecken und damit – im Sinne der Mindmap-Idee gleichsam automatisch – kreative Prozesse in Gang setzen, welche die Aufnahme von Wissen erleichtern. Damit ist auch bereits angedeutet, dass das primäre Einsatzgebiet von „Thinkmap" im Bereich der Inhaltsvermittlung zum Zweck der Wissensaneignung liegt. Lernende sollen durch die strukturelle Nähe der präsentierten Informationen zu den der kreativen Leistung ihres eigenen Gehirns entspringenden Assoziativgebilden schnell einen einprägsamen Überblick über ein Wissensgebiet erhalten

1 Tony Buzan (2006), S. 49.

können – und sich ebenso mühelos an bereits bekannte, komplexe Zusammenhänge erinnern.

Der Schlüssel zur Aktivierung einer auf Lernfunktion ausgerichteten Aufmerksamkeit des Betrachters und der Befähigung zur assoziationsgesteuerten Aufnahme der Inhalte liegt in der Präsentation derselben: Um das Hirn kreativ zu stimulieren und Verknüpfungen mit bereits vorhandenen Denkstrukturen zu ermöglichen, muss die Inhaltsansicht entsprechende visuelle Hinweise enthalten. Das beim herkömmlichen Mind-Mapping gängigste Mittel ist die Partitionierung in Hierarchiestufen: Die Darstellung in Baumdiagramm-Form bildet Abhängigkeitsbeziehungen direkt erkennbar ab und stellt damit eine gute Grundlage für die Navigierung innerhalb eines Themenkonstrukts dar. Weitere assoziationsfördernde Mittel sind beispielsweise Symbole jeglicher Art (Ikonographien, Formen), Schriftstile, Farben etc. Diese zum Zweck der Aktivierung schöpferischer Gedankenprozesse eingesetzten Mittel haben eines gemeinsam: Sie bilden bestimmte Eigenschaften eines Objektes ab.

„Thinkmap" ermöglicht es nun dem Autor eines Wissensnetzwerkes, miteinander vernetzte Elemente frei zu typisieren, mit beliebigen Attributen zu versehen und diese mit visuellen Eigenschaften und Aktionen zu verknüpfen. Der Lernende kann seinerseits durch die Wissensstruktur navigieren und nimmt gleichzeitig die visuellen Hinweise des Lehrenden wahr, welche bestimmte Beziehungen zwischen Wissenselementen implizieren: Verwandte Objekte teilen visuelle Eigenschaften oder lösen mit ihrem Typus verbundene Funktionen aus. Letzteres schafft gegenüber der linearen Inhaltsdarstellung insbesondere dort einen Mehrwert, wo Kontextinformationen aus externen Quellen abgerufen werden sollen. In diesem Zusammenhang erlaubt es die Thinkmap-Architektur, auf einfache Art und Weise Zusatzmodule zu definieren, welche beispielsweise via Schlüsselwort Ergebnisse aus Suchmaschinen oder bestimmte Daten aus Webverzeichnissen liefern.

Für Autoren bzw. Lehrende ist Thinkmap ein Werkzeug, um visuell ansprechende und didaktisch wertvolle Denkstrukturen zu entwickeln. Das Thinkmap-Modell sieht die durchgehende Trennung von Daten und Logik resp. Syntax und Semantik vor: Attribute können zugewiesen werden, ohne bereits konkrete Vorstellungen über die tatsächliche visuelle Auswirkung der entsprechenden Eigenschaften eines damit gekennzeichneten Objekts haben zu müssen und das Verhalten von Wissenselementen kann unabhängig von den dadurch repräsentierten Daten in Form von Erweiterungsmodulen definiert werden. Dabei lassen sich die interaktiven Mindmaps mittels integrierter Editorkomponenten direkt im Browser editieren; für die Offline-Bearbeitung existieren Im- und Exportschnittstellen zu gängiger Mindmap-Software.

Für Konsumenten oder Lernende stellt Thinkmap eine je nach Qualität der zur Verfügung gestellten Wissensnetzwerke interessante Möglichkeit dar, Zusammenhänge schnell zu erfassen und damit verbundenes Wissen effizient und doch nachhaltig abspeichern zu können. Um dabei einen lockeren Einstieg in komplexe Materien zu ermöglichen, baut Thinkmap nicht zuletzt auch auf den Spieltrieb des Menschen: Die durch ein Netzwerk von anziehenden und abstossenden Kräften verbundenen Knotenpunkte laden zum Erforschen der Wissenslandschaft ein.

Im folgenden Abschnitt werden zunächst die Anfänge der Umsetzung des Konzepts und die ersten Prototypen vorgestellt.

Die Anfänge

Das Thinkmap-Projekt wurde ins Leben gerufen, als im Laufe des Jahres 2010 im Rahmen eines rechtswissenschaftlichen E-Learning-Projekts das Bedürfnis nach der Möglichkeit der visuellen Vernetzung von Informationen bestand. Der Benutzer sollte im Kontext eines Wissensgebietes via Klicks im Webbrowser zwischen den Elementen eines mindmap-artig aufbereiteten Wissensnetzwerks navigieren können.

Die Suche nach einer geeigneten, in freier Lizenz erhältlichen Basis-Software für das Projekt war nicht erfolgreich – weshalb das einzige zu diesem Zeitpunkt für die beabsichtigten Zwecke brauchbare kommerzielle Produkt lizensiert wurde. Das Projekt konnte damit erfolgreich durchgeführt werden – wenngleich der Betrieb eine bestimmte Server-Umgebung erforderte und die plattformübergreifende Lauffähigkeit der interaktiven Mindmap insbesondere auf mobilen Geräten nicht gewährleistet werden konnte. Im Rahmen der Konzipierung umfangreicherer Folgeprojekte wurde bald klar, dass die technologische Basis für ambitioniertere Vorhaben nicht genügen würde.

Da uns die Weiterentwicklung des Frameworks unter den geltenden Lizenzbedingungen untersagt war und sich der Wechsel in ein teureres Lizenzmodell aufgrund der angesprochenen Unzulänglichkeiten der Software nicht lohnte, wurde – ein Jahr später – erneut nach einer alternativen Basis gesucht. Als sich herausstellte, dass tatsächlich keine zufriedenstellende Lösung existierte, welche unsere Bedürfnisse erfüllt hätte oder zumindest hätte entsprechend angepasst oder erweitert werden können, fiel der Entschluss, eine System für die interaktive Anzeige von Netzwerkstrukturen von Grund auf selbst zu entwickeln.

Implementation

Web-Standards

Am Anfang der Entwicklung des eigenen Frameworks stand die Wahl geeigneter Technologien für die Implementation. Wichtigste daran gestellte Anforderung war die möglichst plattformunabhängige Lauffähigkeit des Endprodukts; auch die Unterstützung mobiler Geräte wie Tablets oder Mobiltelefone sollte gewährleistet werden können. Da die Thinkmap-Philosophie einen einfachen und möglichst barrierefreien Zugriff auf Wissensnetzwerke voraussetzt – denn im Sinne eines effizienten Lernverhaltens sollen auch kurze Lerneinheiten mit Thinkmap zum Lernerfolg verhelfen – war es ausserdem wichtig, dass die interaktiven Mindmaps direkt im Webbrowser, also ohne zusätzlich auf den Zielsystemen zu installierende Programme, aufgerufen werden konnten.

Konkret wurden die aktuellen Versionen der marktführenden Desktop-Browser (Google Chrome, Mozilla Firefox, Microsoft Internet Explorer, Opera und Safari) sowie die gängigen via Android und iOS eingesetzten Browser als Plattformen für den Betrieb von Thinkmap angepeilt. Insbesondere die Voraussetzung der mobilen Verfügbarkeit schränkte die Möglichkeiten der Technologiewahl ein, allem voran war die Benützung von Java[2] für die Programmierung in Applet-Form – da die Java-Laufzeitumgebung auf keinem mobil eingesetzten Betriebssystem via Webbrowser verfügbar gemacht werden kann – ausgeschlossen. Auch Adobe Flash bzw. die Weiterentwicklung Adobe Air – in der Vergangenheit Schwergewichte im Bereich der browsergestützten Multimedia-Anwendungen – sind auf mobilen Endgeräten im Webbrowser ohne die Installation zusätzlicher Software nicht lauffähig.

In aller Munde war 2011 der neue Webstandard „HTML5“, welcher die Möglichkeit der direkten Integration dynamischer Multimedia-Inhalte einführte und damit im Vergleich zur vorangehenden „HTML4“-Spezifikation das dem Web-Entwickler zur Verfügung stehende Funktionsspektrum auf einen Umfang erweiterte[3], welcher bis anhin nur via zusätzlich zu installierende Software (z.B. das bereits erwähnte Adobe Flash) hatte geboten werden können. Zwar befindet sich der HTML5-Standard immer noch im Entwurfsstadium und soll nach Angaben des W3C erst 2014 offiziell verabschiedet werden. Allerdings trägt der aktuelle Stand der Spezifikation seit Mitte 2011 den Status „letzter Aufruf“[4] und kann

2 http://www.java.com
3 http://www.w3.org/TR/html5-diff
4 http://www.w3.org/2011/02/htmlwg-pr.html.en

damit als beinahe vollendet bezeichnet werden. Faktisch ist ein Grossteil der durch den HTML5-Standard garantierten Funktionalität in allen gängigen Internet-Browsern der aktuellen Generation bereits integriert – an der Spezifikation bzw. dem aktuellen Stand des Entwurfs derselben ausgerichtete Webanwendungen sind also weitgehend webplattformübergreifend lauffähig.

Was HTML5 als Ansatz für unser Vorhaben besonders vielversprechend erscheinen liess, war insbesondere die Möglichkeit, zur Laufzeit generierte Grafikelemente zu präsentieren – die bis anhin bestehenden Web-Standards hatten natives Grafik-Rendering nicht vorgesehen. Konkret können derartige Visualisierungen im Browser via zwei konzeptionell völlig unterschiedliche Technologien realisiert werden. Einerseits können via „Scalable Vector Graphics" (SVG) Vektorgrafiken angezeigt und frei manipuliert werden. Im SVG-Format gezeichnete Formen stellen für den Browser individuelle Elemente dar, was bedeutet, dass für User-Interaktionen – beispielsweise mit den einzelnen Knotenpunkte eines Wissensnetzwerks – dieselben Mechanismen (Zeigen, Klicken usw.) wie für herkömmliche Elemente einer Webseite (Text, Bilder, Listen etc.) zum Einsatz kommen können. Andererseits steht neu das Canvas-Element zur Verfügung, welches – wie der Name vermuten lässt – funktionell als Leinwand fungiert. Einzelne gezeichnete Elemente stehen hier nicht wie bei der SVG-Variante direkt als individualisierte Einheiten zur Verfügung; im Canvas-Kontext ist eine gezeichnete Form nichts weiter als eine Ansammlung von Pixeln – auf Zeichenelementen vorgesehene Interaktionen müssen also weitgehend selbst implementiert werden.

Da sowohl Vektorgrafiken wie auch das Canvas-Element via Skriptsprache gesteuert werden können und grundsätzlich beide Technologien zumindest gemäss Spezifikation unsere Anforderungen in Bezug auf die Darstellung von Wissensnetzwerken im Webbrowser zu erfüllen schienen, entschieden wir uns dafür, in ersten Tests die praktische Verwendbarkeit beider Kandidaten zu eruieren und allenfalls die überlegene Variante als grafischen Unterbau für unser Projekt zu wählen.

Grafiktechnologien

Durch Vektoren definierte Grafiken bieten gegenüber Pixelbildern einen gewichtigen Vorteil: Sie können ohne jeglichen Qualitätsverlust in beliebiger Auflösung dargestellt werden. Je nach gewünschter Anzeigegrösse werden die betroffenen Pfade, Bogen und Winkel einfach entsprechend umgerechnet, während Pixelgrafiken in Abhängigkeit vom Vergrösserungs- oder Verkleinerungsgrad erhebliche Qualitätsverluste erleiden, welche nur bis zu einem gewissen Grad durch Interpolation via Grafik-Filtering gemildert werden können. Die Pixel-Variante musste also andere, besonders gewichtige Vorteile gegenüber der Vektoren-Lösung aufweisen, um im Vergleich mit dieser im Test der praktischen Verwendbarkeit für unsere Belange besser abschneiden zu können.

Was die bereits angesprochenen Unterschiede zwischen den beiden Technologien bzgl. der Möglichkeit einer direkten Interaktion mit individuellen Grafikelementen und die Auslösung nativer User-Events durch den Browser angeht, so stellte sich schnell heraus, dass die Implementation entsprechender Funktionalität für die Canvas-Variante zuverlässig und standardkonform umgesetzt werden konnte. Verbleibende Kriterien für Testläufe waren die konzeptionell begründeten Abweichungen in der Darstellungsqualität und mögliche Performance-Vorteile einer der beiden Visualisierungsmethoden.

Die Testumgebung, welche zur Ermittlung der für unser Vorhaben geeigneteren Alternative Verwendung finden sollte, musste ein praktisches Einsatz-Szenario abbilden: Es sollten in erster Linie einfache Formen und an diesen angebrachte Text-Bezeichnungen dargestellt werden. Die im Test zum Einsatz kommenden Beispiel-Elemente sollten bereits auf mehr oder weniger komplexe Art miteinander interagieren; damit sollten neben der Grafikausgabe laufende, rechenintensive Prozesse simuliert werden, um nicht nur die reine Grafikleistung ermitteln, sondern bereits im Hinblick auf das angedachte, dynamische Verhalten der Wissenselemente aussagekräftige Performance-Werte messen zu können.

Das Test-Tool[5] führte zu folgenden Ergebnissen: Während die Visualisierung mittels Vektorgrafiktechnik bei einer Anzahl von bis zu wenigen Dutzend Elementen auch auf älteren Rechnern einigermassen brauchbar funktioniert und hier die systemimmanenten Vorteile in der Darstellungsqualität noch zum Tragen kommen, sieht die Situation bei einer grösseren Anzahl von einigen Hunderten darzustellender Knotenpunkten anders aus: Die Bewegungen der einzelnen Elemente können aufgrund der tiefen Bildrate nicht mehr als flüssig wahrgenommen werden; besonders die Zuschaltung von assoziierten Textelementen verschlimmert die Situation bis hin zur totalen Unbrauchbarkeit der Anzeige. Da der Browser in einem solchen Zustand Benutzereingaben nicht zuverlässig verarbeiten bzw. weiterleiten kann, könnte die Interaktion mit einem entsprechend visualisierten Wissensnetzwerk nicht gewährleistet werden. Ein anderes Bild bietet sich beim Einsatz der Pixelgrafik-Variante: Auch viele Hundert bis Tausende Elemente sind problemlos flüssig darstellbar. Damit war klar, dass Thinkmap in grafischer Hinsicht auf der Canvas-Technik basieren sollte.

5 http://www.elt.uzh.ch/thinkmap/html5test

Werkzeuge und Abhängigkeiten

Mit der Wahl der zu verfolgenden Web-Standards waren die zu verwendenden Entwicklungswerkzeuge quasi bereits festgelegt. Für die Implementation der auf dem Client-System betriebenen Teile von Thinkmap – Datenstruktur, Graphen-Algorithmen, Grafikanzeige und Datenschnittstellen – wurde JavaScript eingesetzt, während serverseitig integrierte Datenimport- und Erweiterungsmodule in PHP angelegt wurden. Um browserübergreifende Kompatibilität bei der Manipulation des Document Object Model (DOM), der Userinteraktion und clientseitigen Datenanfragen via Ajax gewährleisten zu können, wurde jQuery[6] verwendet. Abhängigkeiten zu weiteren externen Funktionsbibliotheken bestehen keine.

Datenarchitektur

Grundlegendes Datenmodell für das dargestellte Wissensnetzwerk ist ein gerichteter Graph. Die einzelne Wissenselemente repräsentierenden Knotenpunkte sind demnach über Kanten miteinander verbunden, welche jeweils in keine, eine oder auch beide Richtungen weisen (was in der Visualisierung durch entsprechend gerichtete Pfeile ausgedrückt wird).

Die Knotenpunkte bieten Einschlüsse für die (editorseitige) Zuweisung beliebiger Attribute, welche – ihrerseits ebenfalls durch den Wissensnetzwerkautor zu definierende – visuelle Eigenschaften abbilden oder datengesteuerte Aktionen auslösen können. Um die Bedeutung zugewiesener Attribute festzulegen, kann im Erstellungsprozess auf eine Vielzahl vordefinierter Repräsentationsmöglichkeiten zurückgegriffen werden. Die objektorientierte Konzeption des Thinkmap-Frameworks erlaubt es in diesem Zusammenhang, den gesamten Eigenschafts- und Funktionenbestand in die Erzeugung spezifischer visueller Eigenschaften mit einzubeziehen[7]. Ein einfaches Beispiel: Verwendet man zur Anzeige eines Wissenselements einen Kreis, so verfügt dieser naturgemäss über das Merkmal „radius". Diese Eigenschaft lässt sich im Editor durch Einsatz eines entsprechend benannten Attributs steuern: Wird dem Attribut ein einfacher Wert zugewiesen, wird der Radius des betroffenen Knotenpunktes statisch geändert; mittels Einsatz einer auf „radius" operierenden Funktion kann auch ein passend animiertes Erscheinungsbild erreicht werden.

Grundsätzlich kann beliebige auf den Eigenschaften der Thinkmap-Objekte operierende Funktionalität integriert werden. Vertiefte Programmierkenntnisse

6 http://www.jquery.com
7 Dokumentation auf http://www.elt.uzh.ch/thinkmap

werden dazu nicht benötigt – Grundkenntnisse in der Skriptprogrammierung sind vollkommen ausreichend. Getreu dem Grundsatz „so viel wie nötig, so wenig wie möglich" ist die Editorkomponente von Thinkmap dabei so eingerichtet, dass informatikunerfahrene Autoren Wissensnetzwerke auf rein inhaltsbezogene Weise erstellen können, während fortgeschrittene Anwender die Möglichkeit des flexiblen Eingriffs in Interna zu schätzen wissen.

Algorithmen

Die wichtigste Anforderung, welche von Beginn an das Visualisierungssystem gestellt wurde, war die Möglichkeit einer besonders dynamisch wirkenden Präsentation. Die optische Verspieltheit ist dabei nicht ‚effekthascherischer Selbstzweck', vielmehr wird eine beim Betrachter durch die nicht-lineare Informationsvermittlung hervorgerufene Aktivierung kreativer Prozesse beabsichtigt, welche dem Lernerfolg zuträglich ist.

Das Kernstück der entwickelten Visualisierungskomponente ist ein „force-directed graph", dessen konkrete Zusammensetzung sich am im vorangehenden Abschnitt erwähnten Datenmodell orientiert: Alle Wissenselemente stossen einander (ähnlich elektrisch geladener Teilchen) ab, während zwischen den via Kantenelemente verbundenen Knotenpunkten zusätzlich Anziehungskräfte („spring forces") wirken. Das Wissensnetzwerk fungiert in diesem Zusammenhang als Partikelsystem, welches sich – einmal in Schwingung versetzt – den Gesetzen der Physik folgend sukzessive auf energetisch effiziente Weise anordnet. Wird ein Wissenselement angeklickt, baut sich das Netzwerk ausgehend vom neu ins Zentrum gesetzten Knotenpunkt über die gewünschte Anzahl Ebenen neu auf, indem sich die Elemente in Richtung der auf sie einwirkenden Kräfte bewegen, bis sie im Zustand eines Energieminimums zum Stillstand kommen.

Der für die Simulation des Kräftespiels im Wissensnetzwerk verantwortliche Algorithmus hatte primär dafür zu sorgen, dass das im Zustand des Kräftegleichgewichts gebotene Bild ästhetischen Anforderungen Genüge leisten konnte: Die Anordnung sollte relativ symmetrisch erscheinen, für den schnellen Überblick eine möglichst geringe Ausdehnung erreichen und gleichzeitig weitgehend ohne sich überschneidende Elemente auskommen, wobei insbesondere letzteres viel Entwicklungszeit in Anspruch nahm, da die im Bereich der „force-directed graph computation" betriebene mathematische Forschung grösstenteils auf die Visualisierung grosser Netzwerke von Knotenpunkten ohne eigene Ausdehnung ausgerichtet ist.

Implementiert wurde eine Variante des bei Walshaw[8] vorgeschlagenen iterativen Algorithmus, mit einigen Änderungen basierend auf den Erkenntnissen von Yifan Yu.[9] Da die Zuverlässigkeit der Visualisierung unabhängig von der Komplexität des darzustellenden Netzwerks garantiert sein sollte und die naive Implementation eines Algorithmus zur Berechnung aller Interaktionen einer Ansammlung von Elementen quadratische Laufzeit hat,[10] wurden insbesondere die von Barnes & Hut postulierten Optimierungsmöglichkeiten[11] integriert. Durch Aufteilung des Netzwerks in sogenannte „graph clusters" nahe zusammenliegender Knotenpunkte wird eine effizientere Berechnung der zwischen den einzelnen Teilen des Graphen wirkenden Kräfte in guter Näherung ermöglicht.

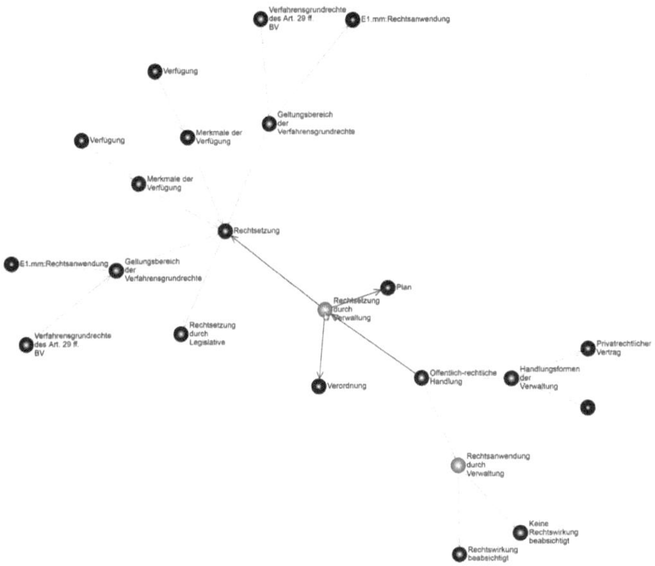

Abb. 1: Bildschirmfoto Thinkmap (Pilotprojekt).

Der in diesem Bereich der Entwicklung getätigte Aufwand rechtfertigt sich vor allem im Hinblick auf die mit den Optimierungen einhergehende Performance-

8 C. Walshaw (2003).
9 Yifan Hu (2005).
10 Die zur Berechnung im schlechtesten Fall benötigte Zeit steht in quadratischem Verhältnis zur Anzahl berücksichtigter Elemente.
11 J. Barnes, P. Hut (1986).

Steigerung und die damit verbundene erhebliche Verbesserung der Skalierbarkeit des Systems.[12]

Schnittstellen

Für den Import bestehender Mindmaps bietet Thinkmap passende Schnittstellen zu gängiger (Offline-)Mindmap-Software. Unterstützt wird unter anderem das Open-Source Produkt „Freemind“[13]. Freemind eignet sich neben dem in Thinkmap integrierten (Online-)Editor besonders zur Konzipierung von Wissensnetzwerken, weil den einzelnen Knotenpunkten hier ebenfalls beliebige Attribute zugewiesen werden können. Um die Übersichtlichkeit bei der Entwicklung umfangreicher Wissensnetzwerke gewährleisten zu können, bietet die Import-Schnittstelle von Thinkmap die Möglichkeit der automatisierten Verknüpfung von in Freemind separat erstellten Mindmap-Teilbereichen.

Eine aufgrund der spezifischen Bedürfnisse eines Pilotprojekts erstellte Schnittstelle besteht zum Open-Source Projekt eLML;[14] die Import-Routine ermöglicht die direkte Überführung von in der eLearning-Markup Language erfassten Inhalten in eine Wissensstruktur.

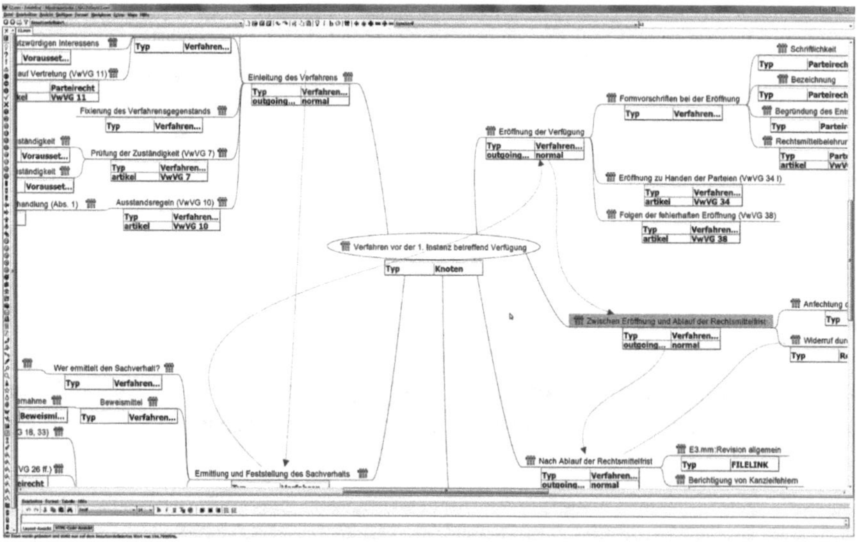

Abb. 2: OpenSource-Editor Freemind.

12 Performance-Vergleiche auf http://www.elt.uzh.ch/thinkmap
13 http://freemind.sourceforge.net
14 http://www.elml.ch

Praxisbeispiel

Abschliessend soll der praktische Einsatz von Thinkmap anhand eines kurzen Beispiels illustriert werden.

Wenngleich in einem (kompletten) non-linearen Wissensnetzwerk kein offensichtliches „Zentrum" mehr auszumachen ist: Wir beginnen den Bau unserer Beispiel-Thinkmap mit einem einzelnen Knoten, dem Wurzelknoten. Per Klick mit der rechten Maustaste haben wir Zugriff auf ein Kontextmenü, welches es uns erlaubt, Knoten hinzuzufügen oder zu löschen, sowie Verbindungen zwischen bestehenden Elementen herzustellen und auch wieder aufzulösen. Wir fügen nun, ausgehend vom Wurzelknoten, einige neue Elemente an, benennen diese und fügen einige zusätzliche Verbindungen zwischen den erstellten Knotenpunkten hinzu:

Abb. 3: Hinzufügen eines neuen Knotenpunktes.

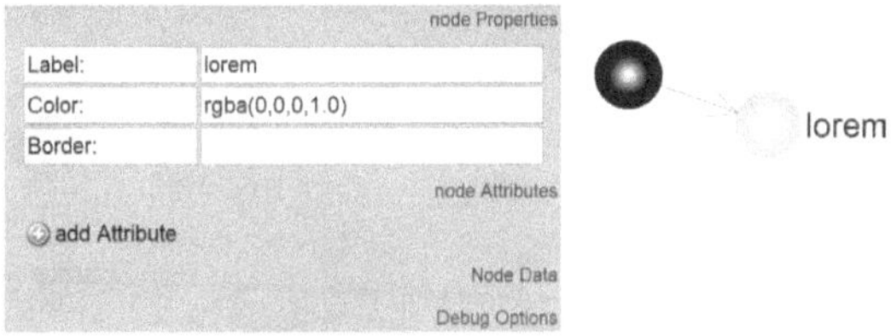

Abb. 4: Benennung eines Wissenselementes.

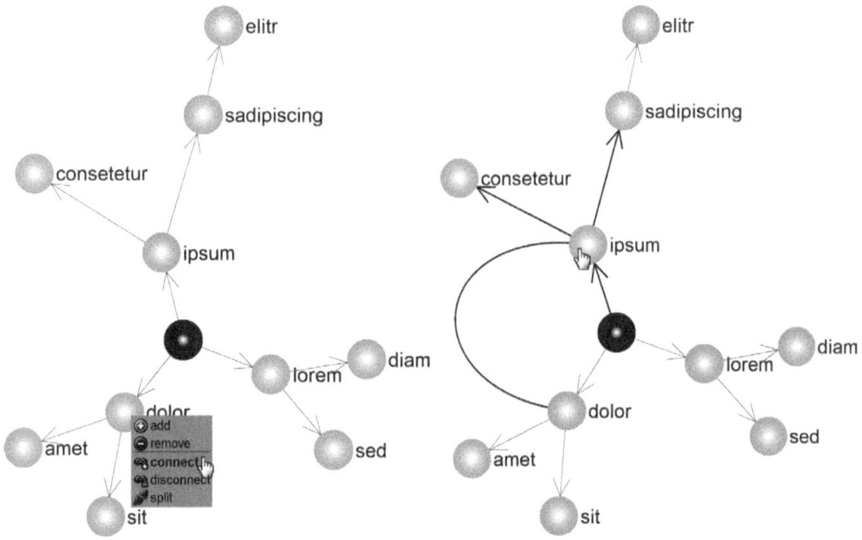

Abb. 5: Erstellung neuer Verbindungen zwischen bestehenden Knotenpunkten.

Nun möchten wir einem Wissenselement eine bestimmte Eigenschaft geben, welche via bestehende Plugin-Erweiterung das Verhalten des entsprechenden Knotenpunktes verändert. Wir wählen das gewünschte Element aus, indem wir es anklicken und fügen dem Knotenpunkt via bereitstehende Eingabemaske ein Attribut-/Werte-Paar hinzu:

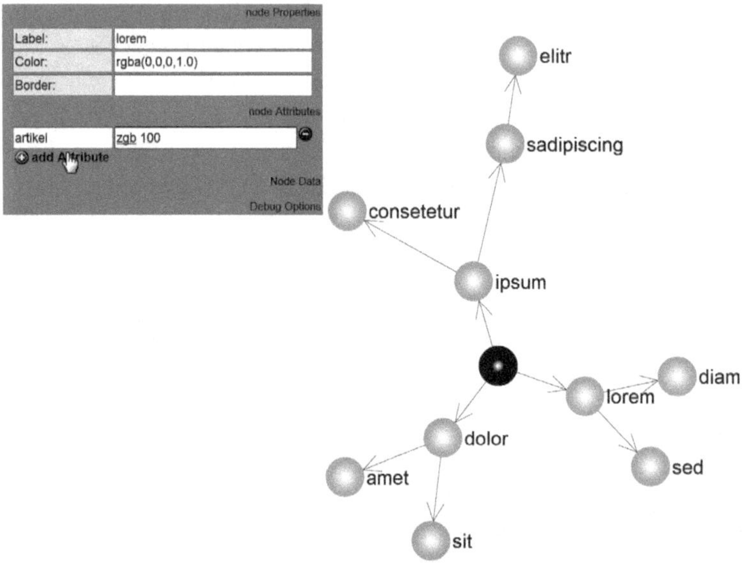

Abb. 6: Attributsdefinition auf Knotenebene.

Die abgebildete Eigenschaft vom Typ „artikel“ mit Wert „zgb 100“ bewirkt nun, dass unter Verwendung des Wertes („zgb 100“) ein entsprechendes Erweiterungs-Script (welches auf den Namen „artikel“ hört) ausgeführt wird, wenn zum betroffenen Knotenpunkt navigiert wird:

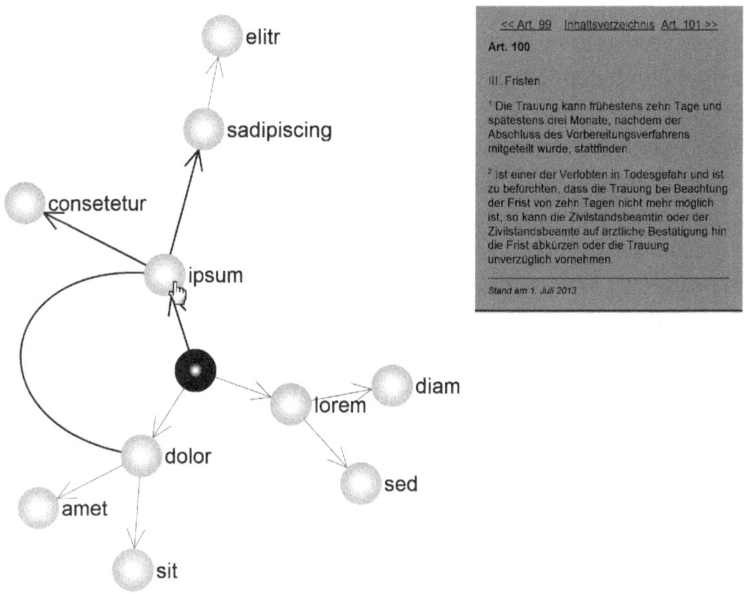

Abb. 7: Auswirkungen der Attributsdefinition auf das Knotenverhalten.

Ausblick

Mit Thinkmap wurde ein unseren Ansprüchen an non-lineare Wissensvermittlungs- und -präsentationsformen gerecht werdendes System geschaffen, welches dem Inhaltsvermittelnden Werkzeuge zur Konzeption und Erstellung strukturierter Wissensnetzwerke zur Verfügung stellt, während aufseiten der Konsumenten die kontextgesteuerte Aufnahme von Informationen ermöglicht wird.

Natürlich steht und fällt der (lerntechnische) Nutzen von Wissensnetzwerken mit der Qualität der Inhalte selbst; werden die einzelnen Elemente eines Wissensgebietes nur mit verwandten Gebieten der jeweils nächsthöheren oder -tieferen Inhaltsebene verbunden – wird also ein herkömmliches Inhaltsverzeichnis abgebildet – ist der durch die Struktur geschaffene Mehrwert gering. Erst die Visualisierung von über mehrere Inhaltsebenen hinweg zwischen Wissenselementen bestehenden Beziehungen kann dem Betrachter tiefer gehende Anreize zu einprägsamen Assoziationen liefern.

Nun liegt der Gedanke nicht fern, die offensichtlich schwerwiegende Verantwortung für die strukturelle Qualität von Wissensnetzwerken aus den Händen fehlbarer Wissensnetzwerk-Autoren zu nehmen und den Prozess der assoziationsgetriebenen Verknüpfung von Informationen zu automatisieren, indem nonlinear begehbare Wissensnetzwerke ohne menschliche Mitwirkung direkt aus in linearer Form verfügbaren Materialien generiert würden. Realisiert werden könnte derartiges durch den Einsatz hochentwickelter Algorithmen zur semantischen Textanalyse. Dieser Teilbereich der Computerlinguistik bzw. des „Natural Language Processing" ist seit einiger Zeit Gegenstand intensiver Forschung, deren praktische Anwendungsfelder sich aktuell vor allem in der Suchmaschinen-Optimierung befinden. Die Nutzbarmachung von zum Zweck des semantischen Matchings entwickelten Algorithmen[15] für den Aufbau von Wissensstrukturen könnte in Zukunft Mindmap-Autoren bei ihrer Arbeit wenn nicht ersetzen, dann doch zumindest in nicht unerheblichem Umfang unterstützen.

Nahelegen könnte man ausserdem die Hinzunahme der dritten Dimension bei der Präsentation von Wissensnetzwerken, um durch die Tiefeninformation das Spektrum an Möglichkeiten zur Abbildung von Objekteigenschaften zu erweitern. Momentan wäre das mit der technischen Konzeption von Thinkmap bzgl. der browserinternen Lauffähigkeit nicht zu vereinbaren, da bestehende Quasi-Standards zum In-Browser 3D-Rendering wie WebGL in absehbarer Zeit keine plattformübergreifende Unterstützung erwarten können[16]. Davon abgesehen ist die Navigation in dreidimensionalen Inhalten via konservative Eingabegeräte wie Tastatur, Maus und Touchscreen keine triviale Angelegenheit und hat die Tendenz, unübersichtliche Situationen zu schaffen. Die Zukunft wird zeigen, ob neue Peripheriegeräte die grenzenlos intuitive Begehung von Inhalten à la Minority Report ermöglichen können – bis es so weit ist, wird sich Tom Cruise mit Thinkmap begnügen müssen.

Literatur

J. Barnes and P. Hut, „A Hierarchical O(n log n) Force-Calculation Algorithm", Nature, 324(4), 1986 S. 446–449.

T. Buzan: The mind map book, 2006.

F. Giunchiglia, P. Shvaiko, and M. Yatskevich (2004): S-Match: an algorithm and an implementation of semantic matching. In Proceedings of ESWS, S. 61–75.

C. Walshaw (2003): A Multilevel Algorithm for Force-Directed Graph Drawing. Journal of Graph Algorithms and Applications, 7(3), S. 253–285.

Yifan Hu (2005): Efficient and high quality force-directed graph drawing. The Mathematica Journal, 10:37–71.

15 Beispielsweise S-Match: F. Giunchiglia, P. Shvaiko, M. Yatskevich (2004).

16 Microsoft lehnt die Unterstützung von WebGL im Internet Explorer weiterhin ab: http://blogs.technet.com/b/srd/archive/2011/06/16/webgl-considered-harmful.aspx.

Services zur Wissensorganisaton und -repräsentation

Johannes Busse

Semantische Modelle mit Mindmaps

Abstract: Mit Mindmaps lassen sich Top-Down Modelle in Baumstruktur aufzeichnen. Wir interpretieren die vergleichsweise simple Wissensrepräsentation „Baum“ neu und zeigen, wie man auch mit einfacher Mindmap-Software Semantic Web RDFS- und F-Logic-Ontologien herstellen und visualisieren kann.

Am Beispiel einer exemplarischen technischen Implementierung des Ansatzes diskutieren wir die konzeptionellen Grundlagen, Einsatzmöglichkeiten sowie die methodologische Reichweite und Grenzen dieses Ansatzes für die begriffliche Modellbildung.

Einführung

„Moment, ich schreibe mir das mal eben gerade auf!“ So oder ähnlich lautet einer der grundlegendsten Arbeitstechniken im Alltag, bei der Arbeit und in der Forschung.

Software wie Microsoft Word® oder OpenOfficeOrg nutzt man als modernes Schreibwerkzeug, wenn mündliche Sprache zunächst in Stichworten notiert und anschließend in Fließtext gegossen werden soll. Eine Tradition lehrt uns, dass das ideale Ergebnis von Schreiben aus typischerweise wohlgeformten Sätzen zu bestehen hat, die in Absätze und Abschnitte und Kapitel zu gliedern sind.

Falls man diese Tradition modernisiert und höher strukturierte Schriftstücke wie Ablaufdiagramme, Klassenmodelle bis hin zu Ontologien aufschreiben will, steht man vor einem Zielkonflikt. Wenn man mit Bleistift auf Papier oder elektronisch mit einem Grafik-Tool lediglich eine Zeichnung erstellt, kann diese zwar der Leser interpretieren – aber schon eine Suchmaschine tut sich schwer mit einer Analyse.

Wenn man hingegen mit mächtigen Programmen komplexe Diagramm-Typen computerverständlich modellieren will, steht einer breiten Anwendung im Alltag oder im Unterricht doch entscheidend entgegen, dass solche Tools oft sehr spezifisch für bestimmte Datenmodelle zugeschnitten sind, und sich ein Import und Export zwischen verschiedener Software schon rein informationstheoretisch als schwierig gestaltet. Da sich zudem niemand in eine Vielzahl komplexer Tools und Datenmodelle einarbeiten will und ständige Toolwechsel einen frustrierenden Medienbruch darstellen, ist ihre Verbreitung außerhalb von Expertenkreisen eher gering.

Semantische Netze in der Hochschule

Einen Gegenstandsbereich als semantisches Netz zu modellieren und dieses einer Sachdarstellung als Basis zugrunde zu legen scheint uns eine zunehmend wichtiger werdende Form der Ergebnissicherung wissenschaftlicher Forschung zu sein. Eine sauber entwickelte und (idealerweise nicht nur ad hoc) definierte Begrifflichkeit gehört zu jeder Forschung unbedingt dazu.

Leider gibt es derzeit nur wenig Nutzer, die semantische Modelle lesen oder gar schreiben und dabei die korrekten semantischen Implikationen erklären können. Wir sehen uns also einem Bildungsproblem gegenüber. Zwar kann man in einigen Tagen lernen, einen Gegenstandsbereich nicht mehr nur als schwach strukturierten Text, sondern als Mindmap strukturiert aufzuschreiben. Doch einen Gegenstandsbereich als RDF-Graphen zu modellieren, erfordert eine darüber hinausgehende theoretische Ausbildung.

Dass die dazu erforderlichen informationswissenschaftlichen Kenntnisse in den Hochschulen noch nicht weit verbreitet sind, kann an der Neuartigkeit einer begrifflichen Modellierungssprache wie RDFS liegen. Könnte sie ergänzend auch daran liegen, dass die Modellierung selbst mit etablierteren Modellbildungen methodologisch zu konkurrieren scheint? Dann würden Forschungstraditionen, die sich zu einem relevanten Teil durch andere Darstellungsmittel definieren, scheinbar Gefahr laufen, die forschungsrelevante Funktion semantischer Modelle systematisch zu unterschätzen: Graeca non leguntur!

Auf der Suche nach einer Methodenlehre der semantischen, formallogischen Begriffsbildung stellen wir fest, dass eine ausgearbeitete Methodologie der semantischen Modellbildung noch aussteht. Zwar gibt es vereinzelt Ontology-Engineering Experten mit einiger Praxiserfahrung in Industrieprojekten. An einer Theorie „schöner" semantischer Modelle auf Hochschulniveau wird allerdings noch intensiv gearbeitet, und es wird unseres Erachtens noch länger dauern, bis sie in so konsolidierter Weise vorliegt, dass sie z.B. in einer Erstsemester-Vorlesung an einer Hochschule in ähnlicher Weise überfachlich dargeboten werden könnte wie heute z.B. die Statistik und Stochastik in der empirischen Sozialforschung.

Dieses Bildungsproblem zu lösen erfordert einerseits eine Schulung in RDF oder OWL. Allgemeiner erfordert es auch Wissen bezüglich der Konstruktion und Verwendung von Begriffsmodellen, incl. eine Analyse der ontologischen(!) Grundannahmen, auf denen Sprachen wie RDF und OWL basieren. Gleichzeitig erfordert es aber auch Reflexion darüber, was natürliche Sprache im Kern ausmacht und was formale Begriffsmodelle eben nicht können, mithin also eine Kritik der sogenannten wissenschaftlichen Methode schlechthin. Das ist angewandte analytische Wissenschaftstheorie.

Bisher waren die Mittel für die begriffliche Modellbildung mit semantischen Netzen eher primitiv (Bleistift und Papier, Präsentationsgrafik) oder technisch sehr komplex (wie z.B. das Ontologie-Modellierungstool Protégé[1]).

Klassische Mindmaps sind ein erster Ansatz, die Begriffsarbeit stärker zu strukturieren, als die klassische Office-Suite dies unterstützt. Wer Mindmapping mit einem Tool einmal schätzen gelernt hat, dem stellt sich die Herausforderung: Wie weit kommt man mit Mindmapping ohne Toolwechsel? Nun könnte man dazu ein bestimmtes Tool aufbohren und es mit weiteren Interaktions- und Darstellungsmitteln versehen. Die Diagnose lautet dann „Featuritis"; sie macht Software komplex, fehleranfällig und langsam und bindet zunehmend an bestimmte Produkte.

Wir verfolgen den umgekehrten Weg: Wir wollen uns auf das Wesentliche konzentrieren und ausloten, wie weit schon sortenreines Mindmapping trägt – und von dort aus dann Neuland betreten. Wir schlagen eine einfache und leichtgewichtige Modellierungstechnik vor, um semantische Netze von kleinem und mittlerem Umfang einfach und schnell mit Mindmaps zu modellieren.

Generische Modellierung Baum

In einer Mindmap modelliert man einen Gegenstandsbereich als Baum. Das kann man recht vielfältig tun, und es funktioniert meist wunderbar – genau weil der Zusammenhang zwischen Baum und Gegenstand formal vielfach interpretierbar ist. Ein Beispiel:

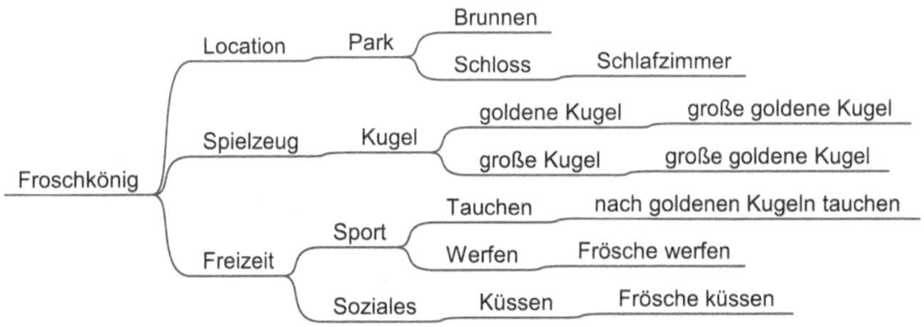

In dieser exemplarischen Mindmap, die Elemente des Märchens „Froschkönig", skizziert, sind recht verschiedene Strukturen erkennbar:

1 Wegen des unterschiedlichen Funktionsumfangs nutzt die Community zwei Versionen parallel, derzeit die Versionen 3.5 und 4.2: http://protege.stanford.edu/

Teilmengen: Der Ast „Kugeln“, „Sport“ und „Soziales“ spiegeln verschiedene Klassifikationsbäume wider. Ordnungsprinzip ist hier die Teilmengen-Beziehung: So ist etwa jede goldene Kugel auch eine Kugel und damit auch ein Spielzeug. Das Beispiel „große goldene Kugel“ zeigt, dass Klassifikationsbäume in tieferen Schichten oftmals polyhierarchisch organisiert werden sollten.

Teil-Ganzes: Der Ast mit den Begriffen Park, Brunnen, Schloss und Schlafzimmer spiegelt eine Teil-Ganzes-Beziehung Ordnungsprinzip ist eine – hier räumliche – “ist Bestandteil von“-Beziehung.

Instanzen: Zwischen der ersten und zweiten Ebene besteht teilweise noch eine andere Beziehung: Ordnungsprinzip ist hier weder eine Teil-Ganzes- noch eine Teilmengen-Beziehung, sondern eine Element-Beziehung: Park, Brunnen, Schloss etc. sind alles Elemente aus der Menge der Locations und Kugel, goldene Kugel etc. sind Elemente aus der Menge Spielzeug.[2]

Eine wesentliche Stärke von Mindmaps als generisches Darstellungsmittel liegt in der sehr offenen, vieldeutigen, vielfältig interpretierbaren Struktur „Baum“. Diese Stärke gilt es unseres Erachtens unbedingt beizubehalten. Gleichwohl erzeugt diese Offenheit auch eine systematische Lücke: Ob man einen Baum als Klassenhierarchie interpretiert, als Teil-Ganzes-Beziehung erkennt oder auch ganz anders übersetzt hängt vom Verständnis des Lesers ab; gewöhnlich ergibt sich die Erklärung aus dem Kontext.

Die in einer Mindmap enthaltenen Strukturen erschließen sich lediglich dem menschlichen Leser und lediglich informell. Klassische Mindmaps können in ihrer Rohform vom Computer nicht als formales Modell verstanden werden, sie sind semantisch unterdefiniert. Semantische Mindmaps schließen diese Lücke.

Semantische Annotationen mit semAuth auswerten

In nahezu allen Mindmap-Programmen lassen sich Knoten durch Icons ergänzen. So auch in dem Opensource-Tool Freemind (oder dem eher experimentierfreudigeren Derivat Freeplane)[3]. Das Format *.mm dieses leichtgewichtigen Klassikers wird von vielen anderen Mindmap-Programmen verlustarm exportiert und

2 Die Website http://jbusse.de/semauth/smmm2013.html zu diesem Artikel gibt alle Abbildungen in vergrößerter Form wieder und ergänzt den Aufsatz durch weitere Hinweise und Informationen – in diesem Fall durch die vollständig annotierte Mindmap dieses einführenden Beispiels.

3 Freemind: http://freemind.sourceforge.net ; Freeplane: http://freeplane.sourceforge.net/ ; unsere Software semAuth.xsl basiert auf dem mm-Format der Versionen freemind 0.9 respektive freeplane bis 1.1.

importiert. Dank der systematischen und vollständigen Tastaturunterstützung kann man ohne Maus arbeiten und die Hände komplett auf der Tastatur lassen. Das Programm ist recht schnell, auch Mindmaps mit tausenden von Knoten lassen sich auf älteren Rechnern gut bearbeiten.

Mit Icons lassen sich z.B. Aufgaben priorisieren, Kontaktdaten kennzeichnen oder allgemeine Elemente typisieren. Wir wollen solche ikonischen Metadaten im Folgenden Icon-Annotationen nennen und sie als spezifisches Ausdrucksmittel systematisieren.

Im semantic authoring Ansatz nutzen wir Icons dazu, in der Baumstruktur implizit enthaltene typische Strukturen zu kennzeichnen, sie damit punktuell nachzuzeichnen und explizit sichtbar zu machen. Als Ergebnis dieses Nachzeichnens erzeugen wir ein sogenanntes semantisches Netz. Es entsteht ein zweistufiges Modell: Die Mindmap modelliert ein semantisches Netz, das wiederum selbst einen Gegenstandsbereich modelliert. Auf diese Weise macht das semantische Netz explizit, welche der vielen möglichen impliziten Interpretationen einzelner Teilbäume der Mindmap jeweils gemeint sind. Eine solche Explikation schlägt zwischen der Welt der schnellen, informellen Modellbildung durch Bäume und der formallogischen Modellbildung durch semantische Netze eine Brücke.

Mit „explizieren" verwenden wir mit Bedacht ein Fremdwort, das wir im Folgenden gezielt mit Bedeutung aufladen wollen. Manche formalwissenschaftliche Schulen machen die „Bedeutung" eines informellen Modelles dadurch explizit, dass sie seine einzelnen Konstruktionselemente und deren Zusammenhänge in ein anderes, formaleres, „expliziteres" Modell übersetzen, dessen Bedeutung seiner Konstruktionselemente besser definiert ist.

Früher war die Mathematik unbestrittener Endpunkt solcher Übersetzungen. Seit etwa 20 Jahren hat sich ergänzend die Prädikatenlogik erster Stufe als mathematisch-praktische Grundlage für solche Explikationen weitgehend etabliert. Um die Bedeutung eines Modells explizit zu machen, kann man es im Prinzip – aber freilich theoretisch und praxisfern – in eine Menge von logischen Formeln übersetzen. Weil die Bedeutung einer Formelmenge insbesondere als die Menge aller Aussagen festgelegt werden kann, die sich aus eines solchen Formelmenge ergeben, gilt damit auch die Bedeutung des ursprünglichen Modells als „erklärt", als explizit gemacht.

Weil die Prädikatenlogik einige hässliche Eigenschaften bezüglich theoretischer Entscheidbarkeit und der Laufzeiteigenschaft praktischer Schlussfolgerungsalgorithmen aufweist, wurden darauf aufbauend weitere einfachere logikbasierte Beschreibungssprachen entwickelt, insbesondere vor gut 10 Jahren das Resource Description Framework Schema (RDFS), oder die Web Ontology Language (OWL).

Während OWL auch heute noch eine „Spezialisten-Sprache“ mit komplexen, aber beschreibungsmächtigen Konstrukten ist, eignet sich das einfachere RDFS unseres Erachtens ideal als Basis, um die Bedeutung eines in einer Mindmap dargestellten semantischen Netzes formal zu definieren: Als „Bedeutung“ einer mit semantischen Icons annotierten Mindmap wollen wir das von ihr dargestellte Semantische Netz in seiner RDFS-Fassung definieren. Indem wir Mindmaps mit Icons annotieren, gehen wir nicht nur von Baum- zu Netzwerk-Modellen über, sondern wir erhalten durch die Interpretation des Netzwerks als RDFS-Graph sogar ein formallogisch wohldefiniertes semantisches Modell.

Mit dem expliziten Bezug auf RDFS haben wir en passant auch zu dem notorisch vieldeutigen Begriff „semantisches Netz“ oder „Semantik“ Position bezogen. Wir verlassen hier linguistische oder sprachanalytische Theoriebereiche und suchen eine Heimat in formal-logisch semantischen Umgebungen. Das hat vor allem ganz praktische Gründe: Mit der Konkretisierung des Begriffs des semantischen Netzes als RDFS-Graph haben wir Anschluss an eine zukunftsfähige, bestens verstandene und zunehmend verbreitete Technologie gewonnen.

Dass wir nicht von Technik, sondern von Technologie – also Logos über Technik – sprechen, ist Absicht. RDF Schema (RDFS) ist eine logische Erweiterung von RDF; und auch RDF ist kein Format, sondern ein abstraktes, wohldefiniertes und gut bekanntes Datenmodell, das in vielerlei Formaten ausgetauscht werden kann. (Letztlich definieren auch wir mit unserem Ansatz lediglich ein weiteres, hier Mindmap-basiertes, etwas eingeschränktes RDF-Format.) Indem wir eine Mindmap als eine editierbare Visualisierung eines RDF Graphen interpretieren, lassen wir die Welt proprietärer Software und individuell definierter Formate hinter uns und wenden uns der Welt der Datenmodelle zu, die sich in vielen Formaten widerspiegelt und die viele jeweils anwendungs- oder anwenderspezifische Interaktions-Oberflächen kennt.

Implementierung mit semAuth

Die technische Implementierung ist nicht aufwändig. Wir transformieren die native XML-Datei *.mm mit unserem XSLT2-Stylesheet semauth.xsl mittels Saxon9 in eine RDF-Serialisierung im Turtle-Format. Für jeden Mindmap-Knoten wertet der Algorithmus die eigene Annotation sowie die Annotationen von Eltern- und Großeltern-Knoten in einem Entscheidungsbaum aus und erzeugt bei vordefinierten Mustern vordefinierte Tripel, also Subjekt-Prädikat-Objekt-Strukturen. Herausgeschrieben werden die Tripel u. a. als Textdatei im Format RDF-Turtle sowie ergänzend als GraphML-Datei, mit der sich das semantische Netz auch gleich in einer zweiten unabhängigen Repräsentation visualisieren lässt. Der Entscheidungsbaum selbst ist nicht hart codiert, sondern wird durch ein vorgelagertes zweites XSLT-Skript selbst wieder aus einer Mindmap, die uns als grafische Profildatei dient, mittels XSLT-Meta-Programmierung hergestellt.

Außer für RDF/Turtle sind auch andere Profile mit z.T. sehr viel weiter reichenden Modellierungsmöglichkeiten verfügbar; selbst die Formulierung von logischen Ableitungsregeln in F-Logik ist möglich.

Die eigentliche Leistung, die wir in dem vorliegenden Aufsatz beschreiben, steckt nicht in der Programmierung, sondern in der Idee und Spezifikation einer leicht nutzbaren Annotations-Systematik für Mindmaps.

Ein ausführlicheres Modellierungsbeispiel

Wir wollen unsere Modellierungsprimitive an einigen Konstrukten verdeutlichen, indem wir sie exemplarisch erklären.

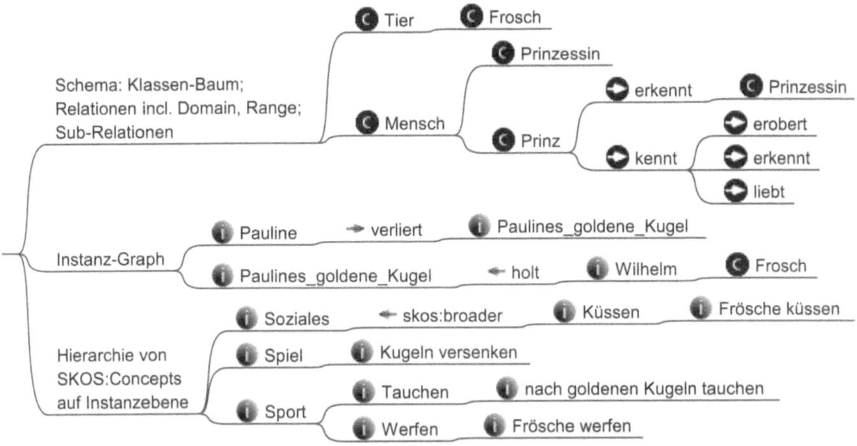

Im ersten Teilbaum haben wir klassische Schema-Informationen angehäuft.

Der Teilbaum `Tier` `Frosch` erzeugt das RDF-Tripel `ex:Frosch rdfs:subClassOf ex:Tier` (hier im Turtle-Format dargestellt), der Teilbaum `Prinz` `erkennt` `Prinzessin` erzeugt die zwei Tripel `ex:Prinz rdfs:domain ex:erkennt` und `ex:erkennt rdfs:range ex:Prinzessin`.

Ähnlich wie Klassen und Subklassen lassen sich in RDF auch Relationen und Subrelationen bilden. So erzeugt etwa der Teilbaum `kennt` `erkennt` das

Turtle-Triple ex:erkennt rdfs:subPropertyOf ex:kennt, was sich etwa wie folgt lesen lässt: Immer dann, wenn ein X und ein Y in der Relation „erkennen“ zueinander stehen, dann stehen sie auch in der Relation „kennen“ zueinander oder kürzer: Wenn X Y erkennt, dann kennt X auch Y.

Der zweite Teilbaum baut einen Instanz-Graphen auf. Der Teilbaum Pauline verliert Paulines_goldene_Kugel erzeugt das Turtle-Tripel ex:Pauline ex:verliert ex:Paulines_goldene_Kugel , die zwei Teilbäume Paulines_goldene_Kugel holt Wilhelm (man beachte die Pfeilrichtung!) und Wilhelm Frosch erzeugen die zwei Turtle-Tripel ex:Wilhelm ex:holt ex:Paulines_goldene_Kugel und ex:Wilhelm rdf:type ex:Frosch.

Der dritte Ast verbirgt Innovatives: In kaum einem Werkzeug zum Ontology-Engineering lassen sich Bäume auf Instanzebene modellieren. Dabei ist dies ein Feature, das dringend benötigt wird, wenn ein Thesaurus aufgebaut werden soll, insbesondere, wenn sehr viele Instanzen der Klasse skos:Concept mit einer Relation wie z.B. skos:broader zu einem Instanzbaum zusammengeführt werden sollen. Um genau diese Aufgabe zu unterstützen, lesen wir zwei aufeinander folgende Instanzen implizit als durch die Relation skos:broaderTransitive verbunden, also z.B. Sport Tauchen als ex:Tauchen skos:broaderTransitive ex:Sport.

Die hier aufgezeigten Syntaxbeispiele erzeugen insgesamt den folgenden RDF-Graphen in unserer GraphML-Visualisierung:

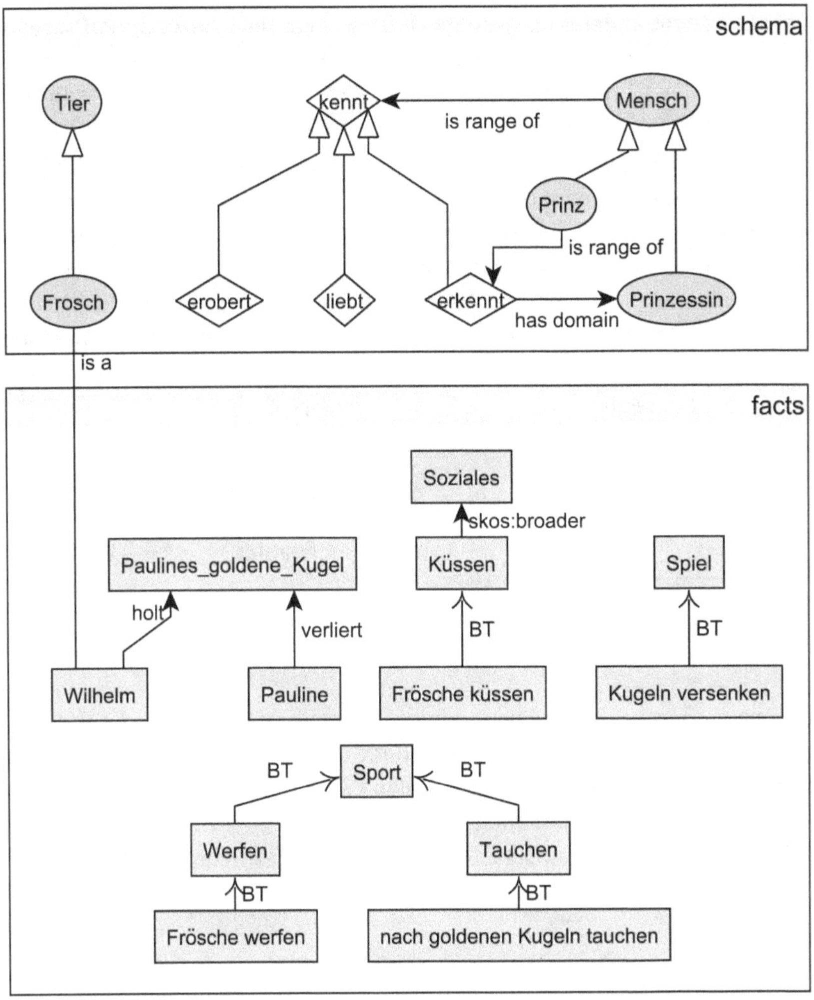

Modellierung auf Schema- oder Instanz-Ebene?

Je ausdruckstärker eine Modellierung wird, die auch von Maschinen interpretiert werden kann, desto feinere Differenzierungen kann und muss auch der Nutzer kennen. So auch hier in unserem formallogischen semantischen Netz. Mit der Interpretation einer Mindmap als RDF-Graph nähert sich die begriffliche Trennschärfe der Mindmap also der begrifflichen Trennschärfe von RDF an.

In unserer Froschkönig-Modellierung sagt z.B. der Satz „Der Prinz heiratet die Prinzessin“ etwas anderes als der Satz „Prinzen heiraten Prinzessinnen“ oder der Satz „jemand heiratet jemanden“ aus. Im ersten Fall sagen wir etwas aus über ein – hier hinter den Ohren noch etwas grünes – konkretes Exemplar eines Prinzen. Aussagen über Exemplare nennt man auch Aussagen auf Instanz-Ebene (oder in OWL: assertion box, A-box). Im zweiten Fall sagen wir etwas über die Klasse der Prinzen aus. Man nennt dies auch Schema-Ebene (in OWL: terminology box, T-box). Und im dritten Fall beschreiben wir ein konkretes, aber uns namentlich nicht bekanntes und damit gleichsam anonymes Exemplar eines Prinzen.

Eine Warnung sei hier angebracht: RDF-Neulinge mit einem fachlichem Datenbank-Hintergrund unterliegen oft der Fehlkonzeption, ein RDFS-Schema als eine Menge von Integritäts-Bedingungen zu interpretieren. Dass dies bei RDFS definitiv nicht der Fall ist, zeigt das Beispiel „Froschkönig 3“:

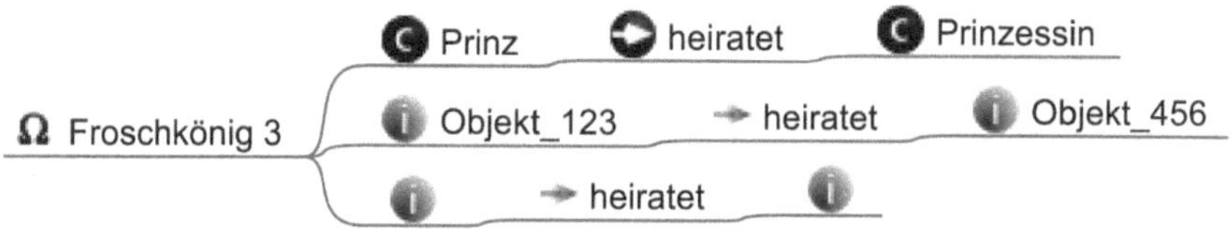

Wenn man (a) auf Schema-Ebene „Prinz heiratet“ modelliert und (b) auf Instanz-Ebene „Objekt_123 heiratet“ modelliert, dann wird gemäß RDFS-Semantik automatisch abgeleitet: Auch wenn wir von Objekt_123 nichts wissen außer der nackten Tatsache, dass es heiratet: (c) Objekt_123 ist ein Prinz! In der folgenden Abbildung ist diese automatische Schlussfolgerung gestrichelt wiedergegeben:

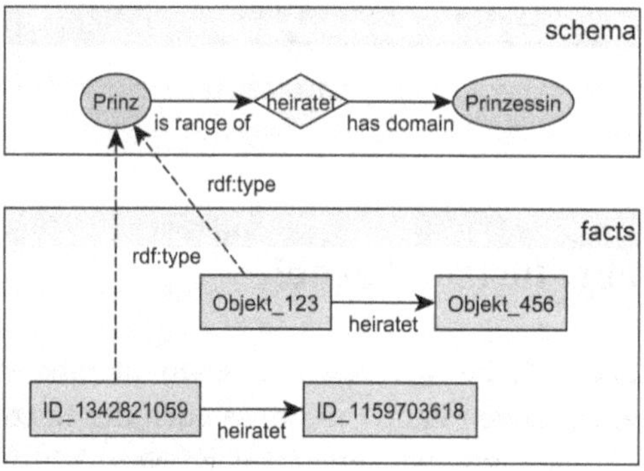

Dank einer solchen sogenannten Typ-Schlussfolgerung kann man aus Teilgraphen auf Instanz-Ebene also z.B. Typ-Informationen ableiten. Man muss diese damit nicht mehr extra angeben, sondern kann sie automatisch ausrechnen: Implizite Information wird durch die RDFS-Typ-Regel automatisch explizit gemacht.

Reifikation

Unsere Annotations-Syntax geht wie RDF davon aus, dass Relationen immer zweistellig sind, oder anschaulich: dass es zwei Knoten sind, die durch genau eine Kante verbunden werden. Mehrstellige Relationen – oder anschaulich: Verbindungen zwischen drei oder mehr Knoten – sind in dem Datenmodell nicht vorgesehen. Während sich also die zweistellige Relation „Die Prinzessin wirft den Frosch" leicht unmittelbar darstellen lässt, benötigen wir für die dreistellige Relation „Die Prinzessin wirft den Frosch an die Wand" eine andere Lösung:

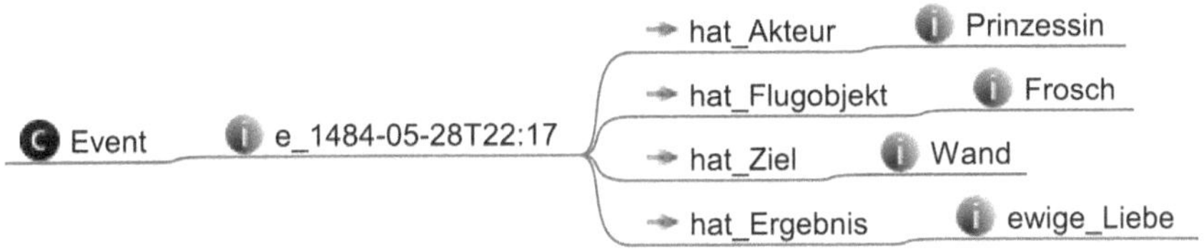

Die Zauberformel hierfür lautet Reifikation (gesprochen: Re-i-fikation). Enthalten ist hier das lateinische Wort res = die Sache, das Ding; es geht also im Wortsinn um eine Verdinglichung. In unserem Beispiel reifizieren wir die dreistellige Relation „wirft (Prinzessin, Frosch, Wand)", indem wir sie zu einem Ding vom Typ Event machen, zu dem wir nun mittels (wiederum zweistelliger Relationen) detailliert seine Akteure, Randbedingungen bis hin zu eventuellen Folgen beschreiben können.

Anwendung: Schema-Visualisierung

Eine gegenüber ad-hoc Lösungen weit hinausgehende Leistungsfähigkeit der semantischen Modellierung mit Mindmaps besteht in der editierbaren Visualisierung – oder dem visuellen Editieren – eines vollständigen Ontologie-Schemas.

Das folgende Beispiel zeigt einen Ausschnitt einer RDFS-Fassung der im obigen Beispiel benutzten SKOS-Ontologie (Quelle siehe Literaturverzeichnis):

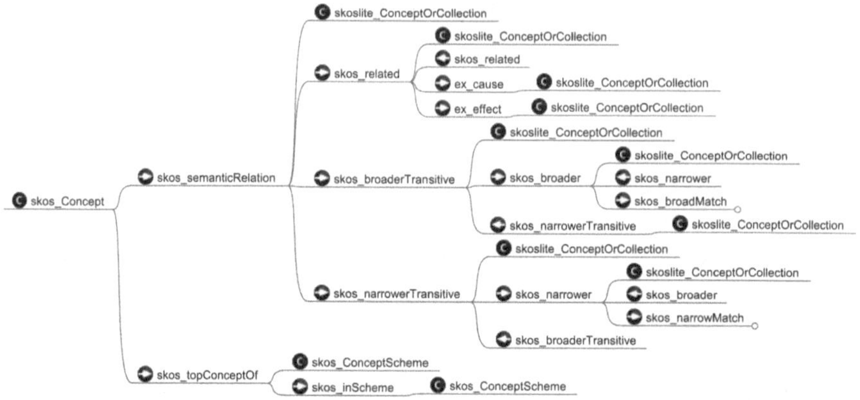

Literatur

Bei der eigentlichen Zielgruppe dieses Sammelbandes – laut Vorwort dieses Bandes Wissensmanager, Spezialisten für Neue Medien in Forschung und Lehre, Bibliotheks- und Archivpersonal – setzen wir voraus, dass sie die Relevanz von RDF oder Ontologien für ihre Arbeit bereits erkannt haben; für diese Leser sind die vertiefenden Literaturhinweise weiter unten gedacht. Damit sich auch interessierte Laien einen Überblick über die Thematik verschaffen können, empfehlen wir vorab noch eine Auswahl an einführenden Werken zum Einlesen.

Als gut verständliche und knapp gehaltene Einführung in das Semantic Web bietet sich an:

Johannes Busse, Bernhard Humm, Christoph Lübbert, Frank Moelter, Anatol Reibold, Matthias Rewald, Veronika Schlüter, Bernhard Seiler, Erwin Tegtmeier, Thomas Zeh (2012): Was bedeutet eigentlich Ontologie? Informatik-Spektrum Online, Juni 2012. http://link.springer.com/article/10.1007%2Fs00287-012-0619-2

Heiner Stuckenschmidt (2011): Ontologien. Konzepte, Technologien und Anwendungen. Springer, 2. Auflage.

Pascal Hitzler, Markus Krötzsch, Sebastian Rudolph, York Sure (2008): Semantic Web. Grundlagen. Springer; Website zum Buch: http://semantic-web-grundlagen.de/

Als nicht zu formalisierte, philosophisch fundierte Einführung in die formale Logik hat uns gut gefallen die Arbeit von Marcus Spies:

Spies, Marcus (2004): Einführung in die Logik. Werkzeuge für Wissensrepräsentation und Wissensmanagement. Spektrum, Akad. Verl.

Der Begriff Mind-Mapping wurde von Tony Buzan kommerziell relevant positioniert.

Tony Buzan, Barry Buzan (1996): The Mind Map Book. How to Use Radiant Thinking to Maximize Your Brain's Untapped Potential. Plume.

Diskussion zum Gültigkeitsbereich des Wahrenzeichens Mind Map ©: http://www.mind-mapping.org/mindmapping-learning-study-memory/who-invented-mind-mapping.html. (Diskussion Stand 2008)

Einen schönen Überblick über Mindmaps und andere Methoden gibt

Heiko Haller (2002): Mappingverfahren zur Wissensorganisation. Diplomarbeit. http://heikohaller.de/literatur/diplomarbeit/

Grundlegend für das Verständnis und die mathematische Formalisierung von Begriffen ist auch die in Darmstadt maßgeblich vorangetriebene Formale Begriffsanalyse:

Karl Erich Wolff (2003): Ordnung, Wille und Begriff. Ernst Schröder Zentrum für Begriffliche Wissensverarbeitung, Darmstadt. http://www.fbmn.h-da.de/~wolff/Publikationen/Ordnung_Wille_und_Begriff.doc

Grundlage für unsere Modellierung als semantisches Netz bildet das Entity-Attribute-Value_model, das dann im Resource_Description_Framework technisch und semantisch weiter konkretisiert wird. Die von uns benutzte Relation skos:broader stammt aus dem Schema http://www.w3.org/2004/02/skos/ (für das es seit 2012 endlich auch ein teilweises Alignment zur neuen ISO 25964-1:2011 gibt, siehe http://www.niso.org/schemas/iso25964/ sowie SKOS Website). Die Abbildungen zum SKOS-Schema wurden vom Autor zuerst publiziert unter http://www.ontoprise.de/en/downloads/freemind-to-f-logic-mm2flo/ (Lizenz: CC-by-nc-nd Ontoprise 2009).

Die Idee, komplexen Ontology Engineering Tools einen einfachen Mindmap-basierten Ansatz gegenüber zu stellen, kam uns in Auseinandersetzung mit den Ergebnissen des EU-Projektes http://www.neon-project.org/:

Martin Dzbor et al (2008): Deliverable 4.1.2 Analysis of user needs, behaviours & requirements on ontology engineering tools. http://www.neon-project.org/deliverables/WP4/NeOn_2008_D4.1.2.pdf

Boris Villazón-Terrazas et al (2009): D2.2.2 Methods and Tools Supporting Re-engineering. http://www.neon-project.org/deliverables/ WP2/NeOn_2009_D222.pdf

Im EU-Projekt http://www.x-media-project.org/ (EU contract no. FP6-26978) wurde die Ontologie des öffentlichen Demonstrators „bike brakes" mit dem F-Logik Derivat mm2flo von semAuth Version 0.6 entwickelt.

Johannes Busse et al (August 2009): Application of X-Media Technology to the Public Use Case (D 19.2) http://jbusse.de/x-media/Deliverable-19.2.pdf

Walter Diggelmann, Martin Kopp

„Wissensrepräsentation und –organisation" aus dem Blickwinkel von Bibliotheken, der Wissenschaft und aus der Praxis in internationalen Unternehmen

Einführung

Die Dynamik und die Mehrdeutigkeit in der Sprache ist eine grosse Herausforderung bei der Wissensextrahierung und automatischen Sinnes- und Bedeutungsauswertung.

Ein Beispiel der Mehrdeutigkeit und Komplexität: Der Satz, „Die USA hat die fortschrittlichste Armee und kontrolliert damit die Weltreserven der Ölvorkommen" wird als positiv und richtig angesehen, wenn er in den USA anlässlich eines Vortrages der Regierung verwendet wird. Der gleiche Satz, gesprochen von einem Taliban in Kabul wird hingegen aus Sicht der Amerikaner als negativ und als mögliche Bedrohung aufgefasst.

Eine optimale, Computer unterstützte Lösung muss wie der Mensch die Fähigkeit haben, die unterschiedlichen Bedeutungen in Texten selbständig zu erkennen. Neuromorphische Ansätze[1] bieten die Möglichkeit, sprachneutral inhaltliche Auswertungen in Texten zu machen. Mit wenigen Befehlen kann ein Text, Paragraph, Artikel, ein ganzes Dokument, ein Blog oder Tweet auf seine Inhaltsbedeutung, Wichtigkeit, Sinn und positive oder negative Bedeutung untersucht werden.

In diesem Artikel wird aufgezeigt, wie die Firma ai-one die Herausforderung der Dynamik und Mehrdeutigkeit technologisch gelöst hat. Er erklärt, wie einfach diese Lösungsansätze in bestehende und neue Applikationen eingebaut werden können. Es wird ebenfalls dargestellt, welche erweiterten Möglichkeiten bestehen, um intelligentere Software herzustellen. Computer und Roboter sollen sich zukünftig über Dialoge mit Menschen und anderen Computern und Robotern verständigen können. Dazu trägt ai-one mit dem Ansatz ‚Biologisch Inspirierte Intel-

1 **Neuromorphic Engineering** ist eine neue interdisziplinäre Richtung biologisch inspirierter Physik, Mathematik, Informatik und Ingenieurwissenschaften zur Entwicklung Neuraler Systeme und der Verbesserung der Künstlichen Intelligenz. Dies dient der Entwicklung von Anwendungen wie dem maschinellen Sehen, „head-eye systems", maschinellen Hörverstehen, sowie autonomen Robotern.

ligenz (BII)[2]' bei, einer neuen Generation von neuronaler Technologie. BII basiert auf einem holosemantischen Data Space[3], einem zellulären Raum, welcher sich vollständig selbst organisiert, eine innere Motivationsunruhe hat und zugleich selbstlernend ist. Für Sprache bedeutet dies, dass die inhärente Semantik und alle semiotischen Muster in einer Sprache, welche z.B. in Text-Form (PDF, Mail; Brief etc.) vorliegen, erkannt werden.

Neue Wege in der Wissenserkennung und Computerlinguistik

Um eine vollständige Sinndeutung machen zu können, ist es notwendig, den Kontext zu kennen und die Einbettung der jeweiligen Textpassage zu berücksichtigen.

Das Problem der Mehrdeutigkeit und Dynamik in der Anwendung von Sprache ist die wichtigste Herausforderung, welche ein sogenanntes semantisches System lösen muss. Gelöst wird es bisher, indem für jede Sprache die bekannten abgeleiteten Sprachregeln zum Einsatz kommen. Daraus werden dann Ontologie und Thesauri gefertigt, welche stetig der aktuellen Sprache und den Themen nachgeführt werden müssen.

Semiotik und Semantik

In der Literatur wird immer mehr von Semantik und semantischen Lösungen, dem Semantik Web, Web3.0 geschrieben. Dahinter steht die Grundidee, Wissen über das Internet zu vermitteln, aber auch automatisch Wissen aus dem Inter-

---

2 **Biologisch inspirierte Intelligenz**, wie Künstliche Intelligenz (KI, englisch artifical intelligence) ein Teilgebiet der Informatik, welches versucht, Daten analog dem menschlichen Hirn in einem Computer zu organisieren. BII arbeitet vollständig ohne Statistik oder vordefinierte Gewichte und Regeln. Das Konzept der BII (Biologisch inspirierter Intelligenz) wurde erstmals von Manfred Hoffleisch, Head of R&D von ai-one ag 2003 vorgestellt.

3 **Holosemantischer Data Space**, (**HSDS**) wird ein binärer Speicher-Raum bezeichnet, welcher heterarchische Strukturen abbilden kann. Die Strukturen werden mittels Zellen und Synapsen aufgebaut. Wenn Daten in dieses Netz eingespeichert werden, wiederspiegelt es automatisch und spontan alle assoziativen Verbindungen zwischen den Daten. Durch eine Motivationsunruhe versucht der HSDS sich ständig zu optimieren, unnötige Verbindungen zu löschen und wichtige Verbindungen zu verstärken. Das Netz organisiert sich mittels autonomer Selbstorganisation und lernt spontan und inkrementell durch die Kommunikation mit dem Nutzer.

net zu generieren sowie Inhalte und Bedeutung zu erkennen und zu beurteilen. Eigentlich sind fast alle Informationen im Internet oder in elektronisch verfügbaren Daten vorhanden, wir müssen diese nur finden und verstehen.

Semantik ist die Lehre der Bedeutung von Zeichen. Die Zeichen bilden Worte in der Sprache und diese Worte bilden Sätze. Mit den Sätzen wird eine Bedeutung gebildet. Man kann die Sätze in drei unterschiedliche Typen unterteilen: Fragen, Befehle oder Aussagen.

Natürlich ist die Vollständigkeit und Klarheit eines Satzes wichtig, damit ein Empfänger die Informationen versteht. Die Bedeutung eines Satzes ist durch die inhaltliche Information, auch innewohnende Semantik (auch intrinsische oder inhärente Semantik) definiert Die semantische Analyse eines Satzes führt demnach über die Bedeutung der Worte und deren Anordnung im Satz zu einer semantischen, inhaltlichen Aussage im Satz.

Weil die Sätze in der Regel einen Bezug auf zusätzliches Wissen und Informationen haben und niemals ganz selbsterklärend sind, muss dieses fehlende Wissen zusätzlich bei der semantischen Analyse eingefügt werden. Dieses fehlende Wissen vervollständigt die Analyse, um eine bessere Qualität und um höhere Genauigkeit zu erzielen. Dies wird über Modelle oder Umweltmodelle ergänzt.

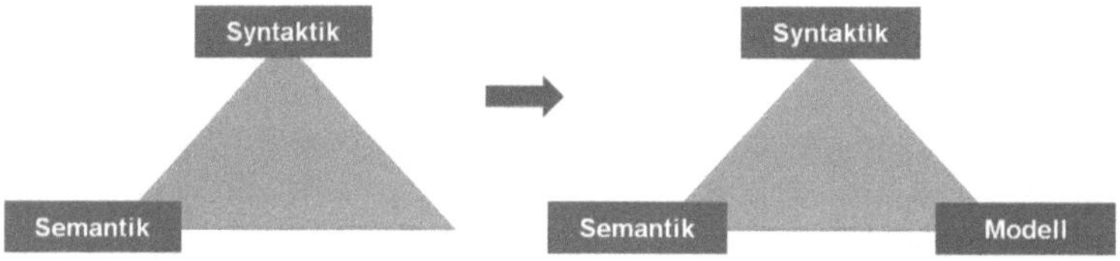

Abb. 1: Semantik und Syntaktik.

Diese werden von Menschen erstellt und in Form von Regelwerken, Ontologie und Thesauri oder Listen zur Verfügung gestellt. Die Qualität des Resultats ist so gut, wie es die zugeführten Informationen zulassen. Sie sind statisch und müssen stetig manuell nachgeführt werden.

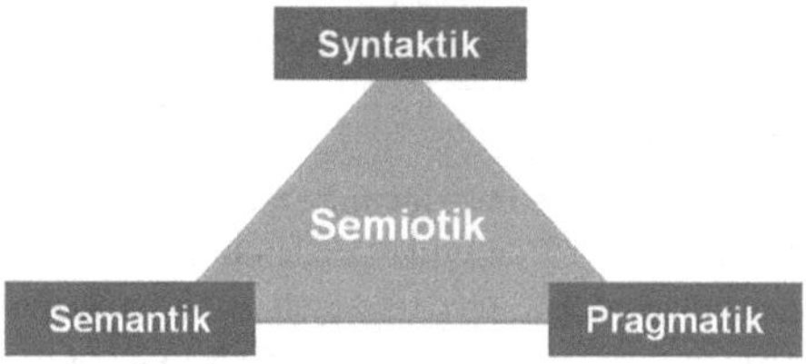

Abb. 2: Die drei Dimensionen von Semiotik.

Ein vollständiges Umweltmodell-Konzept sollte Syntax, Semantik und Pragmatik (Realwelt) abbilden, also die sogenannte Semiotik darstellen. Damit ist das System fähig, dynamisch auf Inhalte und Bedeutungen zu reagieren. Die Pragmatik fügt der Semantik und der Syntaktik Ort und Zeit hinzu. So ist es möglich, die Bedeutung im Kontext (Worte, Sätze, Artikel) besser zu verstehen.

Erkennen von dynamischen Mustern

Zur Erkennung von dynamischen Mustern ist es notwendig, neben der Bedeutung der Worte im näheren Text-Umfeld auch die relationalen Assoziationen der Worte zwischen einzelnen Texten und Artikeln zu erkennen. Das System muss erkennen können, ob ein Wort generell mit wichtigen, unwichtigen, negativ oder positiv benutzten Worten assoziiert ist und wie häufig es benutzt wird.

Abb. 3: Semantischer Fingerprint.

Die Kombination aus der Wichtigkeit im Satz oder Text und der relationalen Verwandtschaft wird semantischer Fingerprint genannt.

Vorteile von automatischem Erkennen der Schlüsselworte

Oft bestehen wenig genaue Anhaltspunkte, welche Begriffe in eine aufzubauende Ontologie hineingehören (z.B. im Falle semantischer Suchmaschinen). Ein menschlicher Experte hat Mühe, diese zusammen zu stellen. Ein automatisches Lernen von Ontologien aus Texten liefert genau die benötigte Basis mit Begriffen und ihren Assoziationen.

In vielen Anwendungsszenarien müssen sich die Ontologien dynamisch an verändernde Bedingungen anpassen (z.B. an neue Benutzerbedürfnisse und -profile, Erweiterung der Domäne, neue Begrifflichkeiten in der Domäne). Hierfür wäre eine manuelle Anpassung zu langsam, zu teuer und den Lernalgorithmen qualitativ unterlegen.

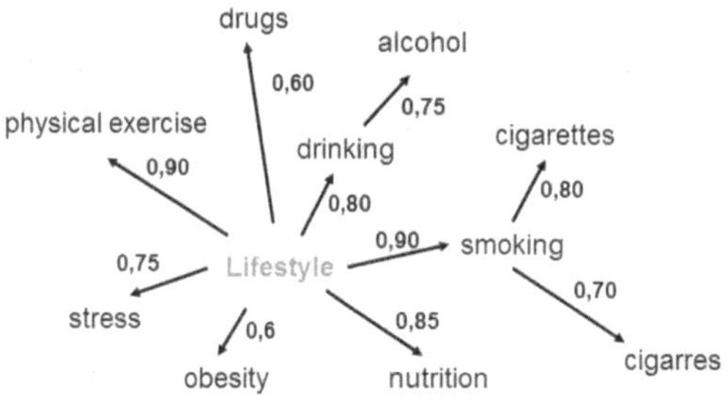

Abb. 4: Erkennen von Schlüsselworten.

Inhaltliche Muster finden

Um inhaltliche Muster in unbekannten Texten finden zu können müssen die dynamischen Zusammenhänge erkannt werden. Dies wird erreicht durch die Identifikation der Schlüsselworte mit ihren Assoziationen. Die Assoziation eines Wortes offenbart die Verflechtung des Wortes in einem Text. Oftmals ist diese Assoziation über mehrere Sätze oder Paragraphen, ja sogar unterschiedliche Dokumente verteilt.

Mit dem Wort ‚Gold' assoziiert sind zum Beispiel: Wertvoll, gelb, Zahlungsmittel, Rohstoff, Wertstoff, weich, Geld, Absicherung, Wertanlage, Fluchtmittel, etc...

Damit alle Personen, welche die Worte wertvoll, gelb, Zahlungsmittel, Rohstoff, Wertstoff, weich, Geld, Absicherung, Wertanlage, Fluchtmittel lesen, an das gleiche denken, nämlich an „Gold", bedingt es die Voraussetzung, dass alle Leser das gleiche Wissen haben. Unterschiedliches Wissen und individuelle Erfahrungen würden zu divergierenden Antworten führen.

Abb. 5: Inhaltliche Muster finden.

Mit der Möglichkeit, unscharfe Muster zu vergleichen und einander zuzuordnen, können vollständige oder ähnliche Muster, wenn zum Beispiel 2 oder 3 Worte fehlen oder anders geschrieben sind, erkannt und einander zugeordnet werden.

Semiotische Mustererkennung für bessere Resultate

Jeder Text enthält die intrinsische semantische Aussage des Schreibers. Der Text wurde in einer bestimmten Sprache nach deren Sprachregeln geschrieben.

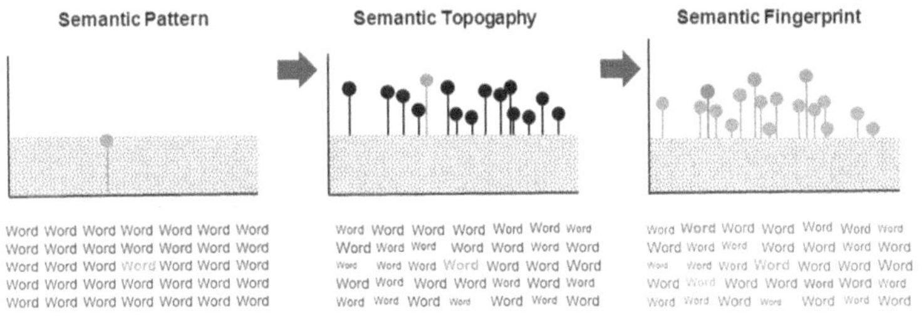

Abb. 6: Semiotische Mustererkennung.

Die Worte und die Syntax der Worte sind nicht zufällig gewählt worden. Jedes Wort hat seinen Platz und eine Beziehung mit anderen Worten. Im gesamten Text ergibt sich so für die einzelnen Worte eine unterschiedliche Wichtigkeit. Wie beim Gehirn des Menschen wird so die Topographie des Wortmusters erkannt.

Speicherung von Daten

Die gefundenen Informationsstrukturen, resp. Muster als auch die innenwohnenden Informationskonzepte müssen Faksimile in Form von Informations-Strukturen gespeichert werden. Dies kann in Form eines holosemantischen Data Spaces geschehen. Dieser kann das Netz n-Dimensionen abbilden inklusive der Raum-Zeit. So ist es möglich, heterarchische[4] Informations-Strukturen, wie sie in der Realität vorkommen, ohne Veränderung abzuspeichern und zugänglich zu machen.

---

4 In einer **Heterarchie** stehen die Organisationseinheiten nicht in einem Über- und Unterordnungsverhältnis, sondern mehr oder weniger gleichberechtigt nebeneinander. Heterarchie steht für Selbststeuerung und Selbstbestimmung und betont dezentrale und Bottom-up-Entscheidungen. Jeder Teilnehmer bzw. jede Organisationseinheit einer heterarchischen Organisation ist also zugleich Manager bzw. Steuerungseinheit dieser Organisation.

Polysemie[5]

Die Mehrdeutigkeit in Sätzen und die Synonyme bei Worten stammen einerseits aus der Vermischung von Sprache und Dialekt und andererseits durch die zeitliche Evolution der Sprache selbst. Hinzu kommen fachlicher Bezug, Trendeinflüsse und vieles mehr. Das bedeutet, es muss ein Weg gefunden werden, welcher den Bezug zur Realwelt (Pragmatik) über eine automatische Kontext-Analyse herstellt, so dass dieser Prozess realitätsnah und stetig nachgeführt wird. Das Eingangsbeispiel vermittelt optimal, wie der Einfluss von Zeit und Ort die Bedeutung eines Satzes enorm verändern kann.

Einsatz von Ontologien

Obwohl Ontologien in vielen Anwendungsszenarien vorteilhaft sind, ist ihr Einsatz beschränkt. Der Grund liegt im nicht geringen (manuellen!) Aufwand, Ontologien zu erstellen und nachzuführen.

	Light Weight Ontology (LWO)	Full Fledged Ontology (FFO)
Basis	Automatisches Generieren/Lernen (Unsupervised Learning)	Manuelles oder begleitetes Lernen (Supervised Learning)
Qualität	Applikation der tatsächlichen Ontologie des Inhalts (Semantik)	Applikation der tatsächlichen Ontologie des Inhalts (Semantik)
Sprache	Sprachunabhängig	Müssen für verschiedene Sprachen einzeln erstellt werden
Indizierung	Minuten und Stunden	Tage oder Wochen
Erweiterung	Jederzeit inkrementell erweiterbar	Keine inkrementelle Erweiterung möglich
	LWOs eigenen sich bestens in Anwendungen bei denen der Kontext schnell und stetig ändert	FFOs eigenen sich für eher statische Inhalte ohne kurzfristige Änderungen im Kontext

Abb. 7: Unterschied LWO – FFO.

Eine Alternative dazu sind ‚Light-Weight-Ontologien' (LWO). Diese unterscheiden sich in einem Punkt grundsätzlich von allen anderen Ontologie indem sie sich

5 **Polysem** (von griechisch *πολύς* ‚viel' oder ‚mehrere' und *σῆμα* ‚Zeichen') bezeichnet in den Sprachwissenschaften ein Wort oder ein sprachliches Zeichen, welches – ähnlich wie die Mehrdeutigkeit – für verschiedene Begriffe (Bedeutungsinhalte) steht. Die Eigenschaft eines solchen Wortes oder Zeichens heißt **Polysemie.**

selbständig aufgrund aller verfügbaren Inhalte generieren. Eine manuelle Bearbeitung entfällt. Dabei erfüllen sie trotz ihrer geringeren Ausdrucksmächtigkeit in vielen Anwendungsszenarien den gleichen Zweck wie übliche Ontologien.

Von jedem Wort sind alle assoziativen Verbindungen ermittelt und mit einem Wert der semantischen Stärke zwischen den Worten bewertet. Das ergibt ein konzeptionelles Muster über welches jedes Wort zu seiner Beziehung in dem einen Text, aber auch zu allen anderen Texten abgefragt werden kann. Dieses Muster wird in einen Vergleichswert überführt (semantisch-/assoziierter Threshold), mittels dem grosse Texte oder Dokumente indexiert und verglichen werden können. Bei dem Vergleich wird automatisch festgestellt, ob bestimmte Worte (Syntax) an unterschiedlichen Orten und zu gleicher Zeit, oder zu unterschiedlicher Zeit sinngleich eingesetzt und verstanden werden.

Kontext-Analyse anhand des Beispielsatzes aus der Einleitung

‚*Die USA hat die fortschrittlichste Armee und kontrolliert damit die Weltreserven der Ölvorkommen*' Die Qualität der Quelle ist wichtig, aber genauso massgebend ist auch die Frage, auf welchem bereits vorhandenem Wissen eine Kontext-Analyse basiert. Ohne Basiswissen kann es sein, dass wir einen Satz oder Artikel nur rudimentär analysieren können, weil der Satz selbst zu wenig Information transportiert. Das kann zum Beispiel bei Abkürzungen wichtig sein, denn oft werden diese nicht im Text erklärt, weil der Schreiber davon ausgeht, dass jeder Leser diese Abkürzungen kennt. Bei unserem Beispiel zu Anfang, ist es auch sehr wichtig den Kontext zu kennen, in welchem der Satz steht.

In diesem Satz stehen folgende wichtige Aussagen:

Die USA hat die fortschrittlichste Armee	Eine Behauptung, welche im Raume steht ohne nähere Begründung oder Beweis.
kontrolliert damit die Weltreserven der Ölvorkommen	Eine Folgebehauptung aufbauend auf der ersten Behauptung
kontrolliert damit die Weltreserven der Ölvorkommen	Wird das Wort damit gestrichen, hat der Satz zwar formal die gleiche Behauptung aber die Begründung ist weg.
	... Indirekt steht auch, dass alle Ölreserven bekannt sind.

Der Beispielsatz klingt zwar einfach, kann aber zu komplexen Rückschlüssen führen. Umso wesentlicher ist es, zu wissen, ob davor und danach weitere Sätze stehen, oder ob in Zusammenhang stehende Texte und verwandte Themen gleichzeitig und am selben Ort diskutiert wurden. Je mehr Text zu einem Thema vorhanden ist, desto differenzierter können Muster für Analysen aufgebaut werden. Enthält der Text sowohl positive wie negative Inhalte und Beschreibungsrichtungen können diese automatisch aufgezeigt werden. Dies bedeutet, dass aus jedem beliebigen Text immer die vorhandene Semantik aufgezeigt werden kann.

Fehlende Informationen mittels Hintergrundwissen ausgleichen

Vielfach ist ein Text nicht allumfassend und selbsterklärend. Menschen ergänzen fehlende Inhalte in den Texten beim Lesen mit ihrem Vorwissen. Genau das gleiche wird bei einem intelligenten System versucht. Dazu stehen verschiedene Möglichkeiten offen. Die heute bekannten Ontologien (Full Fledged Ontologies) ermöglichen es, mit allen in der Ontologie abgebildeten Begriffen den einen Text besser zu verstehen. Fehlt ein Begriff, so wird selbstverständlich kein Match erzielt.

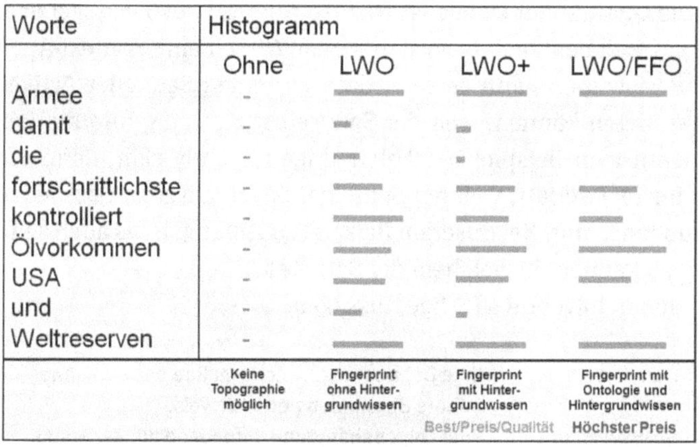

Abb. 8: Anwendung von unterschiedlichen Methoden.

Lightweight Ontologien (LWO) sind Ontologien, welche selbständig aus einem Text generiert werden. Ein inhaltlich vollständiger und grammatikalisch gut geschriebener Text erzielt eine sehr hohe LWO Qualität. Stehen nur unvollständige Sätze zur Verfügung, so können für eine Analyse weitere ähnliche Sätze zur Verfügung gestellt werden. Wie beim Menschen können so die unvollständigen Aussagen durch Erfahrungen komplettiert werden. Diese Methode wird LWO+

genannt. Sie ist wesentlich schneller und kostengünstiger, als die aufwendige Erstellung von Modellen.

Indirekte und unscharfe Inhalte und Bedeutungen finden

Mit Hilfe des gleichen Prinzips können auch verborgene oder verschlüsselte Informationen sichtbar gemacht werden. In der Terrorbekämpfung ist es oft so, dass Mitteilungen im Internet verfügbar sind, jedoch nicht erkannt werden. So steht zum Beispiel der Fokus-Begriff „Gold" nicht im Text, er wird statt dessen mit Worten wie Rohstoff, Zahlungsmittel oder wertvoll umschrieben. Es kann auch sein, dass ein völlig fremdes Wort als Synonym genommen wird, um ein oder mehrere Begriffe zu verschleiern.

Damit werden Schlüsselwort- und Ontologie-Filter ausgetrickst. Die Filter schlagen auf das Wort Gold und vielleicht auf unterschiedliche Schreibweisen dafür an. Fehlt das Wort Gold, obwohl der Text ausschliesslich darum handelt, verpasst eine herkömmliche Untersuchung diesen Text.

Durch die Bestimmung der individuellen assoziativen Werte auf Wort-Ebene können Muster erkannt werden, welche einem Schlüsselwort entsprechen, ohne dass dieses selber im Text geschrieben ist. Als Quelle können ähnliche Texte oder Ontologien und NLP dienen. So können Texte nach Worten gefiltert werden, die gar nicht darin stehen. Unabhängig von der Grösse oder Vollständigkeit der Wortgruppe werden Muster ähnlicher Worte bis zum perfekten Match gefunden.

Handhabung von unterschiedlichen Themen bei der Kontextanalyse

Die bisher beschriebenen Methoden funktionieren hervorragend, so lange das Thema eines Artikels gleich ist. Die Praxis zeigt jedoch, dass in einem Artikel oft mehrere Inhalte hintereinander oder teilweise auch durchmischt vorkommen. Mit Hilfe des semantischen Fingerprints ist es möglich, die semantische Qualität zu visualisieren. So kann maschinell oder auch visuell erkannt werden, wie viel Rauschen in einem Text ist und ob ein Text mutmasslich mehrere Themen beinhaltet.

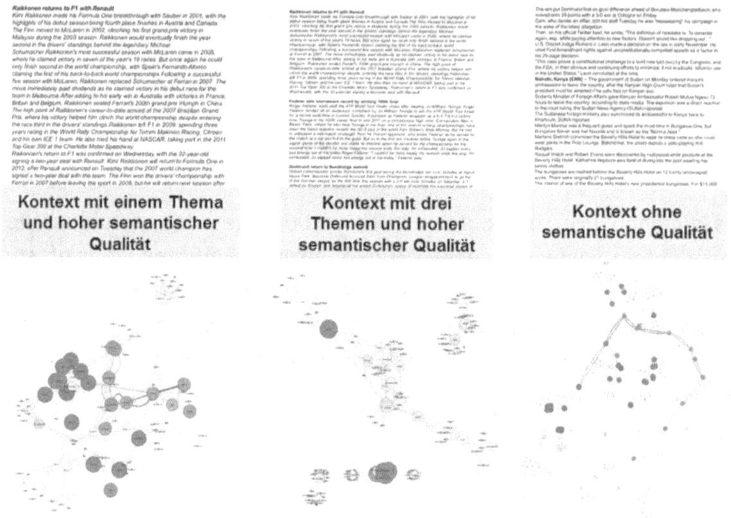

Abb. 9: Semantischer Fingerprint.

Der semantische Fingerprint zeigt Zusammenhänge grafisch auf, ob ein Textkorpus aus einem Inhalt (links), mehreren Themen (mitte), oder aus keinem sinnvollen Inhalt (rechts) besteht. Gleichzeitig zeigt die Grafik an, welche Worte in welcher Wichtigkeit in diesem Artikel verknüpft sind. Ein Fingerprint kann sowohl für kleine Datenmengen (z.B. RSS Feeds) oder für ganze Dokumente erstellt werden.

Erkennen von Aussagen und Inhalten in Textbereichen

Eine einfache Nutzung von semantischen Fingerprints ist das Erkennen der Inhalte aus Texten. Aus einem beliebigen Text, sei es ein Dokument, eine Mappe, ein RSS Feed oder sonst eine Nachricht werden die wichtigsten Schlüsselworte und Assoziationen extrahiert.

Je nach weiterer Verwendung können dann noch Häufungen von Schlüsselworten oder Assoziationen zusammengefasst werden.

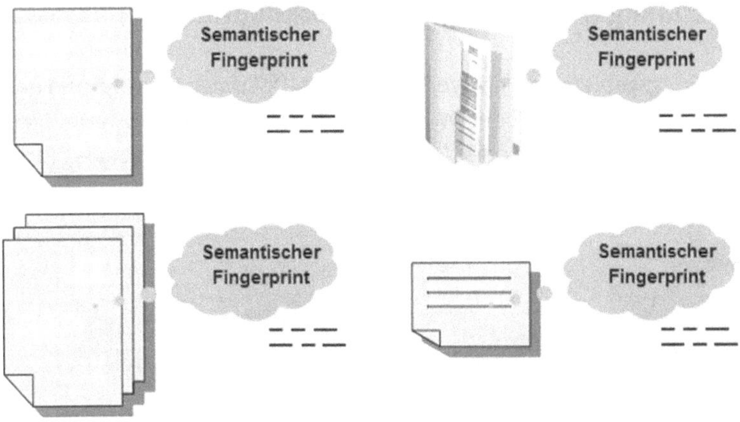

Abb. 10: Erkennen von Aussagen und Inhalten in Textbereichen.

Erkennen von Zusammenhängen und Verknüpfungen

Das Prinzip des semantischen Fingerprints kann auch verwendet werden für das Erkennen von Zusammenhängen und Verknüpfungen von Texten. Basierend auf den Fingerprints können einfach gleiche oder ähnliche Dokumente oder Aussagen gesucht und verglichen werden.

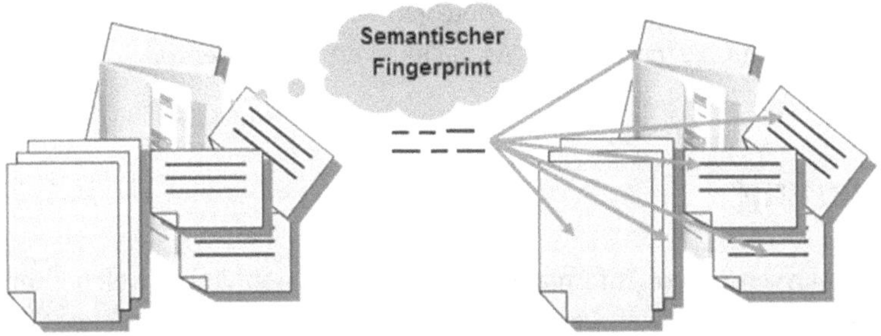

Abb. 11: Erkennen von Zusammenhängen und Verknüpfungen.

Eine konkrete Anwendung ist zum Beispiel das Verknüpfen von Daten bei der Prüfung eines Versicherungsfalles: Aus dem Antrag werden die Schlüsselworte definiert und alle ähnlichen Fälle oder auch ähnliche Anträge des Gesuchsstellers werden sofort gefunden, unabhängig von Speicherort oder Datenformat.

Konzepterkennung in Wordfolgen und Verknüpfungen

Weitere Anwendungsgebiete sind das Verknüpfen von Dokumenten aufgrund des Erkennens ähnlicher Konzepte oder Wortfolgen. Basierend auf den jeweiligen Fingerprints können Dokumente oder Abschnitte von Dokumenten gemäss ihrer semantischen Nähe verglichen werden.

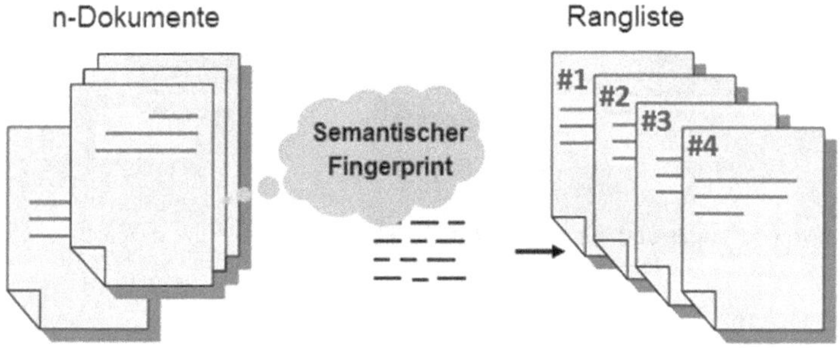

Abb. 12: Konzepterkennung und Verknüpfungen.

Eine konkrete Anwendung ist die Recherche von Gemeinsamkeiten in unbekannten Dokumenten, sei es in der Forensik oder auch im Forschungs- oder Konkurrenzanalysebereich. Aufgrund von zum Teil nicht vollständigen Informationen wird ein Fingerprint erstellt, welcher eigentlich ein Konzept darstellt. Mit diesem können anschliessend verschiedene ähnliche Konzepte gefunden werden. Mit dem Fingerprint kann eine Reihenfolge in Bezug der Ähnlichkeit angezeigt werden.

Visualisierung

Semantische Analysen liefern Informationen und Zusammenhänge, welche der Benutzer teilweise nicht erwartet. Der Grund dafür ist, dass Daten und Informationen oft komplex verschachtelt und nicht einfach im Gesamtzusammenhang lesbar sind. Ein intelligentes System ‚sieht' im Gegensatz zum Mensch immer das gesamte Bild. Daher ist es wichtig, die Resultate grafisch nachvollziehbar darzustellen.

Als Basis für jede Visualisierung wird ein diskreter Datenraum verwendet. Jede Reaktion und jedes Resultat im Holosemantischen Data Space (HSDS) ist nachvollziehbar. Als Resultat werden bewertete Worte, Zahlen und Sätze retourniert. Je nach angewendetem Befehl wird ein Wort mit %-Wert oder mehreren

Werten berechnet. Diese %- oder logarithmische Werte können mit heute bestehenden Grafiktools visualisiert werden.

Je nach Anwendung können einfache Listen, eigene 2-D oder auch 3-D Darstellungen erstellt werden.

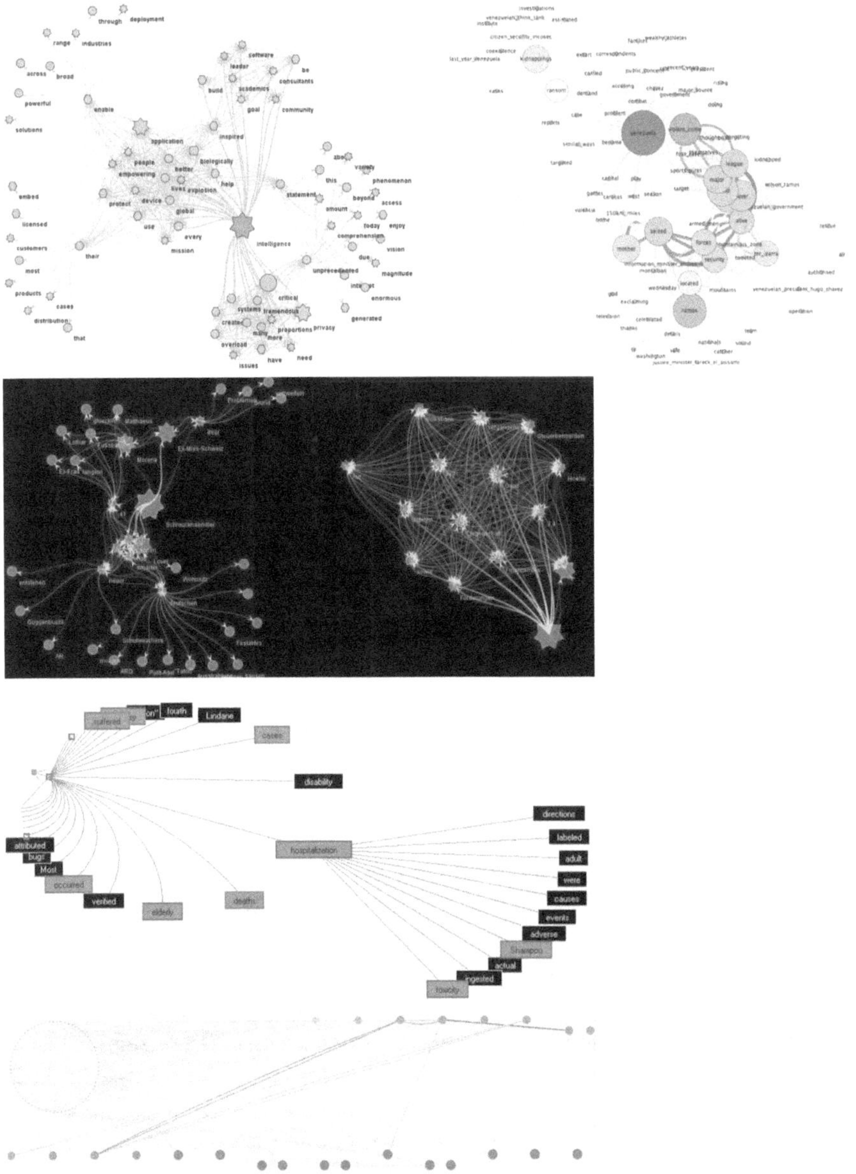

Abb. 13: Beispiele von Visualisierungen.

1. Klassische online Kugeldarstellung. Gut geeignet um 3-D Beziehungen aufzuzeigen.
2. Klassische Darstellung für Papierausdruck. Relationen und Verbindungen werden anschaulich hervorgehoben. Überlagerungen kommen nicht vor und daher geeignet zum Druck. Sehr geeignet für die Fingerprints.
3. Andere Variante für die online Darstellung. Eventuell mit Animationen etc.
4. Diese hyperbolische Version ist sehr gut für forensische und Datenanalyse-Vorgänge geeignet. Die Darstellung ist zwar nicht so spektakulär, kann aber dafür heterarchische Strukturen abbilden.
5. Eine sehr gut geeignete Darstellung um die semantischen Relationen herauszuarbeiten und um Musterbereiche darzustellen. Eine geeignete Darstellung für LWOs und semantische Fingerprints

Umsetzung in der Praxis

Der Startpunkt für Wissensgenerierung ist die Abbildung einer semantischen Topographie aus strukturierten und unstrukturierten Texten. Daraus werden Bedeutungen und Sinn abgeleitet, aus welchen in der Folge Wissen generiert wird.

Zur Generierung der Anfangstopographie in den Texten stehen unterschiedliche Bibliotheken und mathematische Lösungsansätze zur Verfügung. Das Spektrum ist breit und bewegt sich zwischen rein statistischen Methoden, linguistischen Regelwerken bis hin zu neuronalen Netzen. Ein möglicher Lösungsansatz ist die NathanCore Bibliothek.

NathanCore Bibliothek

NathanCore und der holosemantische[6] Data Space (HSDS) bilden die mathematische Grundlage für das Konzept der biologisch inspirierten Intelligenz. NathanCore ist als C-Bibliothek verfügbar und kann direkt in verschiedenste Anwendungen integriert werden. NathanCore beinhaltet ein Set von mathematischen Funktionen über welche assoziative, semantische und semiotische Funktionen als einfache Befehlskommandos ausgeführt werden können. Diese Befehle lösen

6 **Holosemantisch** (von altgr. ὅλος *holos* „ganz, vollständig" und zusammengesetzt mit *-semantisch* von Altgriechisch σημαίνειν *sēmaínein* ‚bezeichnen', ‚zum Zeichen gehörig' Bedeutungslehre): diese Bezeichnung wird verwendet um einen neuartigen binären Speicher- und Logikprozessor für assoziative Mustererkennung zu benennen. **HSDS** (Holosemantischer Data Space).

Stimuli Reaktionen im HSDS aus, welche in Form von bewerteten Worten (bei Text) oder Pixel (bei Bildern) zurück gemeldet werden.

Einbindung NathanCore

Der NathanCore kann direkt über ein API angesprochen werden. Dies bedeutet, dass alle zusätzlich benötigten Funktionen wie Kommunikationsschnittstellen individuell programmiert werden müssen.

Um die Wirkungsweise von NathanCore einfach und effizient testen zu können stellt ai-one eine Plattform zur Verfügung, auf der Softwareentwickler und Studenten die Technologie und die semantischen Befehle ausprobieren können.

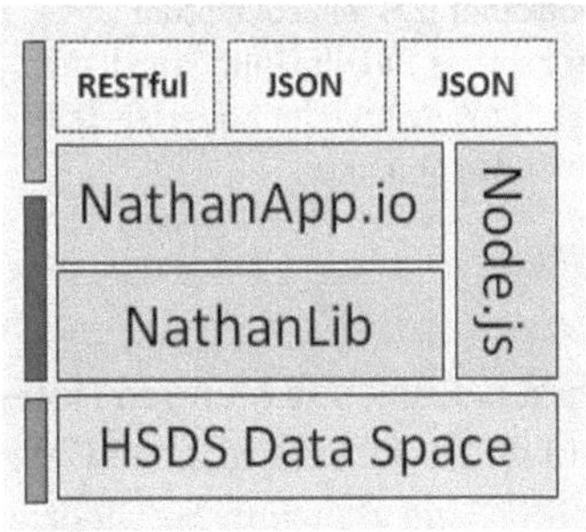

Abb. 14: Aufbau technische Plattform.

- NAP.io: Plattform und Web-Server- Interfaces
- Middleware: NathanLib – Management und Ausführung von allen Befehlen
- Storage: DataSpace – Speicherung aller Daten

Neue semantische Befehle

Die Nutzung des NathanCore stellt ein Set von neuen Befehlen für die semantische Anwendung zur Verfügung. Drei dieser Befehle werden hier kurz vorgestellt:

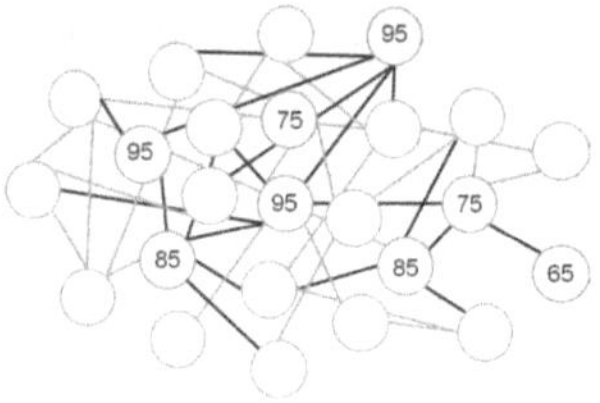

KeyWord
Der Keyword Befehl extrahiert die Schlüsselworte eines Textes. Er zeigt die semantische Topographie eines Textkorpus. Die Topographie wird in Form von einzelnen Worten mit deren semantischen Gewichtung dargestellt

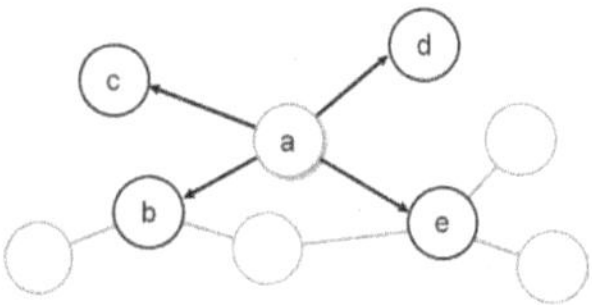

AssoForward
Der AssoForward Befehl liefert die assoziative Verwandtschaft eines oder mehrerer Worte im gesamten Kontext oder nur in einem bestimmten Teil des Kontext.

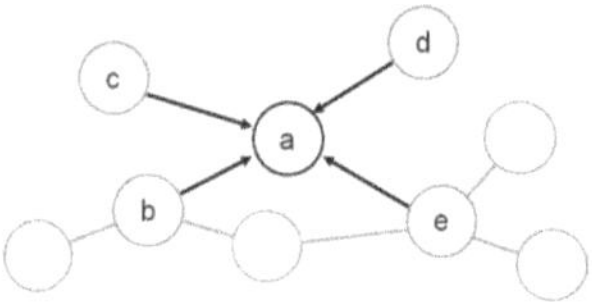

Focus
Der Focus Befehl ist der umgekehrte AssoForward. Sind verschiedene Begriffe bekannt, z.B. eine Symptom Beschreibung, aber der zentrale Begriff fehlt, dann liefert der AssoReverse die richtige Antwort oder Hinweise dafür, abhängig von der Qualität des Kontext.

ai-one

Die Firma ai-one ag hat unter der wissenschaftlichen Leitung von Manfred Hoffleisch (Head of R&D) die Bibliothek NathanCore und den holosemantischen Data Space (HSDS) entwickelt. Diese Bibliothek und der HSDS beruhen auf der Theorie der biologisch inspirierten Intelligenz (BII) von Manfred Hoffleisch. BII ermöglicht selbständiges Erkennen und Lernen von inhärent vorhandenen Mustern in binären Datenräumen.

Der NathanCore ist die mathematische Bibliothek für die neuronalen Kommandos und der HSDS ist die Repräsentations-Umgebung in der die Daten gespeichert und die Kommandos verarbeitet werden.

Zusammenfassung und Ausblick

Die Handhabung der Dynamik und der Polysemie in der Sprache ist eine der grossen Herausforderungen. Die konsequente Umsetzung von Wissenserkennung und Computerlinguistik bringt im täglichen Leben viele Vorteile:

Sinn erkennen	Sprachen und Texte deuten, Inhalte erkennen und klassifizieren
Wissen generieren	Zusammenhänge erkennen, Informationen generieren
Kategorisieren	Inhalte vergleichen, messen, bewerten, z.B. „gut und schlecht“

Entscheidungen treffen	Muster/Voraussetzungen selber erkennen, Entscheidungen vorschlagen
Prozesse steuern	Muster erkennen und Prozesse mit intelligenter Auswertung entscheiden und steuern

Damit diese neue Qualität der Intelligenz in Real-time Anwendungen und Funktionen eingesetzt werden kann, müssen die Systeme noch schneller werden. Darüber hinaus müssen die „BigData“ Datenvolumen schnell und verlässlich verarbeitet werden können. Je grösser das Wissen ist, welches gebildet werden kann, umso schneller wird man die nächste Herausforderung in der Real-time KI lösen können: Sinn, Aktion und Reaktion in der freien Kommunikation zu verstehen um automatisch mit hoher menschlich-logischer Präzision darauf reagieren zu können.

Literatur:

Charles S. Peirce: The order of Nature, Deduction, Induction, and Hypothesis
Donald Hebb: The Organization of Behavior
Warren McCulloch: A Heterarchy of Values Determined by the Topology of Nervous Nets
Hodgkin-Huxley: A quantitative description of membrane current and its application to conduction and excitation in nerve
Manfred Hoffleisch: Konzept der biologisch inspirierten Intelligenz, ai-one Inc.
Ulrich Reimer: Lightweight Ontologies versus Full-Fledged Ontologies FH St. Gallen
ai-one Inc.: Glossar for semantic commands using HSDS & NathanCore
ai-one Inc.: ai-Fingerprint, Konzept & Anwendung
ai-one Inc.: NathanCore Bibliothek & API

Damian Läge, Roland Streule

Der Educational Landscapes Profiler (edulap)

Abstract: Der Educational Landscapes Profiler (edulap) ist eine webbasierte Such- und Orientierungsplattform für E-Learning Produkte. Es werden dort alle elektronischen Ausbildungsangebote in einem Überblickssystem integriert. Das Besondere am System ist eine neue Form der effektiven Suche: Die Suchresultate werden in leicht interpretierbaren „Landkarten" aufgrund ihrer inhaltlichen Ähnlichkeit abgebildet: Je näher zwei Suchresultate (Punkte in der Ergebniskarte) beieinander liegen, desto größer ist die inhaltliche Ähnlichkeit der E-Learning-Angebote. Darüber hinaus können semantische Ähnlichkeitsvergleiche eines Eingabetextes mit den im System erfassten Produkten durchgeführt werden. Auch möglich ist die klassische Suche nach Stichworten oder das Explorieren über vorgegebene Kategorien und das Setzen von Filtern (z.B. Institution, Zielgruppe, Sprache). Entwickelt am Beispiel der Suche nach E-Learning-Produkten im Fach Psychologie, lässt sich die Verfahrenslogik auch auf weitere Gebiete übertragen, in welchen man vorhandenes Wissen und Informationen organisieren und strukturieren möchte.

Unüberschaubare E-Learning-Vielfalt

Der Einsatz von E-Learning im Bildungsbereich und in der Privatwirtschaft hat sich spätestens seit Beginn des neuen Jahrtausends rasant und flächendeckend verbreitet. Fördernd für diese Durchdringung waren die Fortschritte in den Internettechnologien, aber auch die Verfügbarkeit von Endnutzersoftware zur Erstellung von digitalen Lehrmaterialien und Lehrformen für technisch wenig versierte Personen. Das Angebotsspektrum reicht dabei von kleinen (und hinsichtlich der didaktischen und medialen Qualität meist einfach gestrickten Lernobjekten) bis hin zu umfangreichen und professionell produzierten Curricula. Der E-Learning-Begriff in seiner Breite bezeichnet alle Formen von Lernen, bei denen digitale Medien für die Präsentation und Distribution von Lernmaterialien und/oder zur Unterstützung zwischenmenschlicher Kommunikation zum Einsatz kommen.[1]

Auch im universitären Hochschulbereich gehört die Nutzung elektronischer Lernmaterialien und Softwareservices mittlerweile zum festen Bestandteil der

1 vgl. Kerres (2001).

Lehre. Dies spielt sich hauptsächlich im Rahmen eines Blended Learning-Szenarios ab, also in der Mischung von Präsenz- und virtuellem Unterricht. Dabei reicht das Angebot vom einfachen Bereitstellen von Informationsmaterialien wie Stundenplänen über den „elektronischen Handapparat", bestehend aus wissenschaftlichen Artikeln, Präsentationsunterlagen und Vorlesungs-Podcasts bis hin zur Umsetzung von komplexeren methodischen und inhaltlichen Ansätzen, beispielweise unter Zuhilfenahme des Funktionsumfangs eines Learning Management Systems.

Alleine an der Universität Zürich beinhaltet das universitätseigene Learning Management System OLAT[2] 9600 Kurse (Stand: Januar 2013). Im Jahr 2008 waren es noch 1.600 Kurse. Sicherlich bestehen viele diese Kurse nicht aus mediengerecht aufbereiteten Lernmaterialien und beschränken sich auf Skripte oder Präsentationsfolien in Form von herunterladbaren PDF- oder Word-Dateien. Aber immerhin: Es bestehen 9.600 Angebote an allein einer Universität!

Für den Einsatz im Blended Learning lässt sich die „Produktzahl" auch noch anders berechnen. Beispielsweise stellt die Mehrzahl der 112 Projekte, welche im Zeitraum 2000–2007 in der Schweiz unter dem Dach des Swiss Virtual Campus[3] entstanden, ein aus diversen Lektionen bestehendes Curriculum dar. Jede dieser Lektionen lässt sich – mehr oder weniger optimal – auch als solche in den bestehenden Unterricht einbauen und sollte damit idealerweise von Dozierenden als mögliches Unterrichtselement eigenständig entdeckbar und von Studierenden als Lehrmittel aufrufbar sein. Zählt man auch die Inhalte in Learning Management Systemen so, dann erhöht sich die Zahl bestehender E-Learning-Angebote noch einmal beträchtlich.

Betrachtet man, wie vorher genannt, E-Learning Angebote nicht nur aus gesamten Curricula, sondern granularer auf der Ebene eines Lernobjekts, so darf eine weitere Statistik nicht unerwähnt bleiben: Die von den Schweizerischen Universitäten getragene Stiftung SWITCH[4], welche technologische Dienstleistungen und Infrastruktur bietet, hat in den letzten Jahren die SWITCHcollection[5] entwickelt. Die SWITCHcollection ist ein nationales Repositorium für die langfristige Ablage und Speicherung von digitalen Lernmaterialien. Praktisch alle denkbaren Arten von digitalen Daten sind auf diesem System ablegbar, seien es Videos von Vorlesungsaufzeichnungen, Web Based Trainings in Form von Content Packages, SCORM-Module oder Bild- und Grafikdateien genauso wie PDF-, Word- oder SPSS-Dateien. Die SWITCHcollection umfasst derzeit rund 5.400 Einträge (Stand: Januar 2013). Über mangelndes Angebot kann man sich also nicht beklagen.

2 vgl. http://www.olat.org (17.01.2013).
3 vgl. http://swissvirtualcampus.ch (17.01.2013).
4 vgl. http://www.switch.ch (17.01.2013).
5 vgl. https://collection.switch.ch/ (17.01.2013).

Das steigende Angebot führt jedoch, bedingt durch Quantität und verteilte Zugriffsstandorte, zu einer zunehmenden Intransparenz und Unübersichtlichkeit. Wo soll ich suchen? Welche Angebote decken welche Themen ab? Wie passen sie als Blended Learning zu meiner Lehre (Sicht der Dozierenden) bzw. wie kann ich (Sicht der Studierenden) die Lehrveranstaltungen im Selbststudium durch E-Learning ergänzen? Um derartige Fragen beantworten zu können, bedarf es eines geeigneten und zentralen Überblickssystems für E-Learning in ähnlicher Form, wie dies die großen Internetsuchmaschinen für Webinhalte leisten.

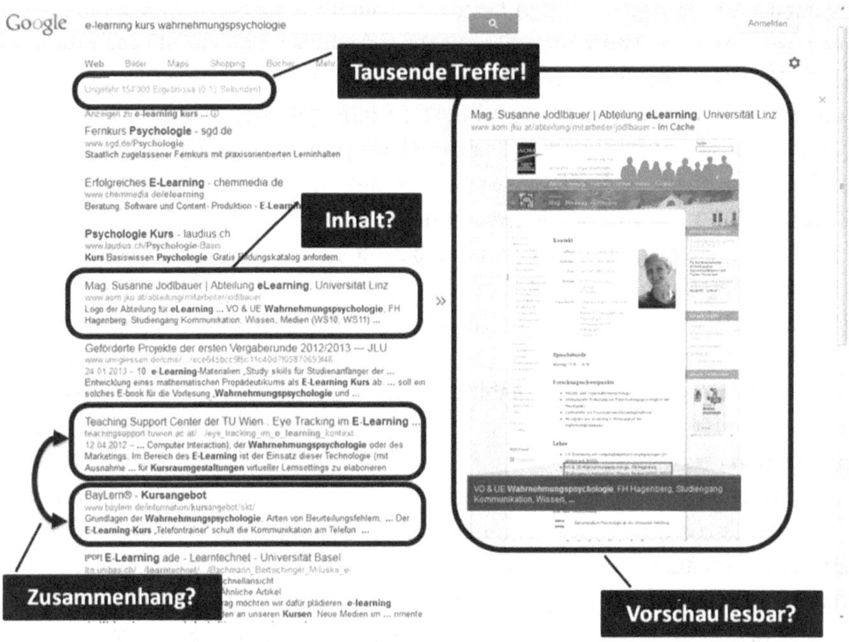

Abb. 1: Problematik bei der Ergebnisdarstellung klassischer Suchmaschinen.

Klassische Suchmaschinen haben zahlreiche Vorteile: Sie indizieren den Großteil an Internetwebseiten, sie sind schnell und schlagen dem Nutzer auch Suchvorschläge vor, indem sie aufgrund des Suchverhaltens anderer Nutzer die individuellen semantischen Suchziele antizipieren. Ebenso erreicht man aus der Resultateliste direkt das Suchresultat. Gleichzeitig gibt es aber auch einige Nachteile, die eine Suche nach E-Learning Produkten erschweren. Auf der Ebene der Ergebnisdarstellung erhält der Nutzer eine geordnete Liste von (tausenden) Treffern inklusive einer Auszugsvorschau des Inhalts. Doch welcher Treffer in der Liste ist für mich – der nach E-Learning Produkten sucht – relevant und wie stehen die

Treffer in der Rangfolge in Beziehung zueinander? Hier bleibt dem Nutzer nichts anderes übrig, als sich durch die Ergebnisse durchzuarbeiten und selbstständig die geeigneten Resultate – meistens mühsam und zeitraubend – herauszufiltern, um bspw. zu unterscheiden, ob ein Resultat ein E-Learning Angebot ist oder nur das Thema E-Learning in irgendeiner Art und Weise beleuchtet.

Ausserdem werden Services, die sich ausschließlich auf E-Learning Angebote beschränken, nicht von den Suchmaschinen indiziert, wie das bei Learning Management Systemen aufgrund von datenschutzrechtlichen Restriktionen meist der Fall ist. Eine weitere Schwierigkeit soll nicht unerwähnt bleiben: Klassische Suchmaschinen liefern nur diejenigen Ergebnisse zurück, welche die eingegebenen Suchbegriffe irgendwo im Inhalt oder den Metadaten enthalten. Synonyme werden dabei ausgeschlossen und fallen durch das Suchnetz. Das heißt letztlich, man wird die gewünschten Dinge im schlechtesten Fall gar nicht finden. Um Missverständnisse zu vermeiden: Internetsuchmaschinen leisten Großartiges und sind bestens geeignet, mit dem unüberschaubaren Universum von Internetinhalten umzugehen. Sie sind aber nicht hilfreich, wenn es um so spezifische Suchanforderungen geht wie eben das Auffinden der für mich optimalen E-Learning-Objekte.

Folgende Anforderungen an ein Überblickssystem für E-Learning Materialien können aus dieser kurzen Darlegung der Ausgangssituation formuliert werden:

a. Sucheinschränkung rein auf E-Learning Produkte
b. Sinnvolle, auf den Lehrbereich abgestimmte Beschreibungen des Produkts
c. Umfassende Suchfunktionalität über Stichworte, Filter und inhaltliche Kategorien
d. Ordnung der Suchresultate nach semantischen Kriterien
e. Intuitive, nutzerfreundliche Darstellung von Resultaten
f. Gewährleistung des elektronischen Zugangs auf das Produkt

Diesem Anspruch stellt sich das im Folgenden vorgestellte, webbasierte System des Educational Landscape Profilers (edulap)[6]. Er möchte einen auf die individuellen Bedürfnisse abgestimmten Überblick über die bestehenden Lehrmittel verschaffen, die Grundlage für eine vertiefte Beschäftigung mit den gefundenen Produkten ermöglichen und gleichzeitig einen direkten Zugriff auf die Inhalte anbieten. Zunächst widmet sich dieser Beitrag den einzelnen Systemkomponen-

6 vgl. http://www.edulap.ch (edulap Projektwebsite) (17.01.2013). edulap wurde zwischen 2008 und 2012 im Rahmen eines interuniversitären Projekts entwickelt, unterstützt von der Schweizerischen Universitätskonferenz. Leading House war die Arbeitsgruppe „Angewandte Kognitionspsychologie“ am Psychologischen Institut der Universität Zürich. Die technische Umsetzung übernahm die Firma frentix GmbH (www.frentix.com).

ten von edulap und weitet gegen Ende hin den Fokus der Systemlogik über den Anwendungsbereich „Suchen und Finden von E-Learning-Produkten“ aus.

Die Datengrundlage: Hilfreiche Meta-Informationen

Die Einschränkung der Suche rein auf E-Learning-Angebote kann, wie vorher dargelegt, (derzeit) nicht oder nur unvollständig automatisiert bewerkstelligt werden. Benötigt wird eine eigene Datenbank, in welcher Meta-Informationen über die E-Learning Angebote verfügbar gemacht werden können (Erfüllung der Anforderung a.). Hierfür sind zwei Herangehensweisen realisierbar: Erstens die automatisierte Übernahme von Metadaten aus einem System mit E-Learning Produkten, bspw. aus einem E-Learning Repositorium oder einem Learning Management System (LMS) und zweitens das Erfassen und Beschreiben eines Produkts per Handarbeit (manuelles Eintragen und Beschreiben eines Angebots in der Datenbank). Beide Varianten sind zwar mit Initialkosten verbunden, führen jedoch zu einem markanten Qualitäts- und Praktikabilitätsgewinn für den Endnutzer. Dieser kann nämlich sicher sein, dass er ausschließlich E-Learning Produkte vorfindet, und er erhält informative und seinen Bedürfnissen gerecht werdende Produktbeschreibungen, welche ihrerseits nötig sind, um die Relevanz von Suchtreffern bewerten zu können, ohne dass jedes einzelne Produkt selbst live getestet und begutachtet werden muss.

Diese Bewertung basiert optimalerweise auf einem Set von Metadaten, welches speziell auf die Lehre und das Lernen abgestimmt ist (Erfüllung der Anforderung b.). edulap verwendet hierfür als Basis den IEEE Learning Objects Metadata (LOM) Standard[7]. Dieser Standard ist in großen Teilen auch deckungsgleich mit dem zweiten, weit verbreiteten Standard, dem Dublin Core[8], welcher nicht nur auf Lernobjekte fokussiert, sondern für die Beschreibung von Dokumenten und anderen Objekten im Internet entwickelt wurde. Damit ist gewährleistet, dass ein allfälliger Abgleich verschiedener Metadatensets relativ einfach umgesetzt werden kann. Der LOM Standard beinhaltet zahlreiche, teils sehr technische Elemente. Dozierende oder Studierende wollen jedoch nicht primär wissen, in welcher Programmiersprache das Produkt vorliegt oder wie viele Megabyte es umfasst, sie wollen vielmehr eine möglichst illustrative inhaltliche Beschreibung oder auch Informationen über die Bearbeitungszeit (Lerndauer) oder für welchen Ausbildungslevel (Schwierig-

---

7 vgl. http://de.wikipedia.org/wiki/Learning_Objects_Metadata (17.01.2013).

8 vgl. http://de.wikipedia.org/wiki/Dublin_Core (17.01.2013).

keitsgrad) das Produkt geeignet ist. Das edulap Metadatenset wurde aus diesem Grund an diese (didaktischen) Bedürfnisse angepasst, wobei gewisse LOM Elemente gestrichen, dafür einige wenige neue Elemente hinzugefügt wurden. Das edulap Metadatenset beinhaltet folgende Elemente:

Tab. 1: Das edulap Metadatenset

Metadatenkategorie	Metadatenelemente
Allgemein	Grundlegende Informationen, die das Produkt im Allgemeinen beschreiben (Titel, Sprache, Schlagwörter, Zuordnung zu einem Fachbereich, inhaltliche Beschreibung/ein Abstract)
Quelle	Informationen zum physischen Standort (URL, DOI, sonstige Angaben)
Didaktik	methodisch-didaktische Informationen (Zielgruppe, Bearbeitungsdauer, Instruktionsmethode)
Rechte	Lizenzform des Produkts (all rights reserved, Creative Commons License)
Kontakt	Kontaktinformationen zum Urheber/Entwickler des Produkts (Name, E-Mail, Adresse, Institutionszugehörigkeit, Mitwirkende)

Nicht alle Metadatenelemente sind zwingend erforderlich, um ein Produkt in edulap zu erfassen. Lediglich der Titel, die Zuordnung zu einem Fachgebiet, eine inhaltliche Beschreibung/ein Abstract, Kontaktname und die Quellenangabe sind verpflichtend. Letztere garantiert, dass ein Nutzer in edulap nicht nur ein E-Learning Produkt findet, d.h. dass er weiß, dass es das Produkt gibt, sondern auch Zugriff auf das Produkt erhält. Selbstverständlich verlangen nicht wenige E-Learning Produkte einen Login und sind nicht offen für jedermann. Über die Kontaktinformationen kann ein Interessent aber direkt den Urheber kontaktieren und nach einem Zugang fragen (Erfüllung der Anforderung f.).

Die Suchfunktionalität: Flexible Exploration und zielgerichtete Suche

Um individuellen Präferenzen bei der Suchstrategie gerecht zu werden, muss ein nützliches System verschiedene Herangehensweisen unterstützen (Erfüllung der Anforderung c.). Die meisten Internetnutzer sind sich gewohnt, in einem Suchfeld Stichworte einzugeben, von denen man denkt, dass sie den Inhalt des Gesuchten bestmöglich beschreiben. Wie eingangs angemerkt, leisten dies klassische Suchmaschinen. Ein gewisser Nachteil besteht allerdings darin, dass über eine Volltextsuche auch Stichworte gefunden werden, die zwar im Produktinhalt enthalten sind, jedoch hinsichtlich ihrer Relevanz eine große Varianz aufweisen. Ein Stichwort, welches in einem E-Learning-Produkt auftaucht und auf einen anderen inhaltlichen Bereich verweist, wird ebenso detektiert wie ein Stichwort, welches im Beschreibungstext enthalten ist. edulap entschärft diese massive Ungenauigkeit, indem die Stichwortsuche auf die Metadatenfelder beschränkt bleibt. Damit kann der Nutzer sicher sein, dass ein Treffer auf jeden Fall seiner Suchanfrage entspricht. Die extrem vielen „false alarms" werden damit vermieden. Diese Logik bedient sowohl Personen, welche noch keine genaue Vorstellung vom Ziel haben und eher explorativ vorgehen möchten als auch solche, die ganz spezifisch nach einem Themengebiet suchen.

Eine zweite Variante ist die Nutzung von vorgefertigten Filtern in edulap. Wichtigster Filter bildet dabei die inhaltliche Kategorie (Fachgebiet). Ein Dozent kann damit effizient aus der gesamten Produktpalette alle Produkte herausfiltern, welche sein Themengebiet abdecken. Werden immer noch viele Treffer gefunden, sind weitere Filter (wie Sprache, Zielgruppe oder Lizenzbestimmung) anwendbar. Alle diese Filter sind sowohl für ein exploratives Vorgehen als auch bei der zielgerichteten Suche hilfreich.

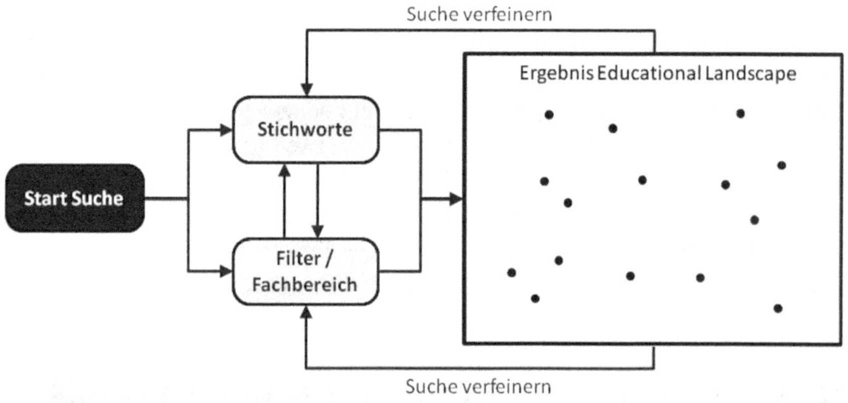

Abb. 2: Schematische Darstellung der Suchlogik in edulap. Über die Stichwortsuche generiert edulap eine Trefferkarte, welche über das anschließende Setzen von Filtern noch weiter verfeinert werden kann. Der umgekehrte Weg des Setzens von Filtern und der nachfolgenden Eingabe von Stichworten ist ebenfalls möglich.

Beide Varianten lassen sich in edulap miteinander kombinieren. Über die Kategorienauswahl schränkt man den Suchbereich bereits ein und kann über die nachträgliche Eingabe von Stichworten weitere Unterthemen herausfiltern. Umgekehrt leistet die Stichwortsuche eine Vorauswahl von Treffern und das anschließende Anwenden eines Filters verfeinert die Suchstrategie noch weiter (vgl. Abbildung 2).

Die Ergebnisdarstellung: Produktlandkarten

Jede Leserin und jeder Leser hat sich mit Sicherheit schon über die langen Trefferlisten bei Internetsuchmaschinen geärgert. Sie sind abstrakt, eindimensional, und es ist oft schwierig, die Relevanz eines Treffers ausschließlich anhand des Titels und der kurzen, zweizeiligen Inhaltsvorschau zu beurteilen. Zwar ermöglichen die Suchmaschinen auch die Anzeige einer Seitenvorschau, diese ist jedoch so klein, dass man die Inhalte auf einem herkömmlichen Computerbildschirm fast nicht lesen kann.

edulap folgt hier einer völlig anderen Grundidee:[9] Lehrmittel werden auf inhaltliche Ähnlichkeiten hin paarweise überprüft und dann in ihren Ähnlichkeitsbeziehungen dargestellt (Erfüllung der Anforderung d. und e.). Unterschiede in der Größe der Ähnlichkeiten ergeben eine Struktur der Produkte, die sich in Form von „Landkarten" abbilden lässt: Benachbarte Lehrmittel haben die höchsten fachlichen Überschneidungen, während weit entfernte Lehrmittel wenig miteinander zu tun haben. Dieses Grundprinzip der Educational Landscape ist in Abbildung 3 illustriert. Die Karte basiert dabei auf Nonmetrischer Multidimensionaler Skalierung, durch die eine Matrix von Ähnlichkeitswerten zwischen den Angeboten in einem Raum so repräsentiert wird, dass das Gefüge der Ähnlichkeitsrelationen zwischen den als Punkten platzierten Lehrmitteln optimal erhalten bleibt.[10]

Grundlage für die paarweise Ähnlichkeitsbeurteilung je zweier E-Learning-Produkte ist dabei ein automatisierter, semantischer Vergleich von Inhaltszusammenfassungen (Abstracts; ein zwingendes Metadatenelement in edulap). edulap wendet hierfür einen Stichwortvergleich auf der Basis der Hofmethode[11] an. Dabei wird die semantische Umgebung für je zwei gemeinsam auftretende Schlüsselwörter in Abstract-Texten auf gemeinsam auftretende Begriffe vor und nach dem Schlüsselwort hin untersucht (vgl. Abbildung 4). Die Hofmethode löscht zunächst semantisch indifferente Worte und Elemente aus den Abstracts (Präpositionen, Füllwörter, Interpunktionen u.ä.) und definiert in jedem Abstract die Stichworte (meist Substantive). Im nächsten Schritt zerlegt die Hofmethode die Worte vor und

9 In edulap können die Treffer immer auch noch als „traditionelle" Liste angezeigt werden. Somit kann ein Nutzer, dem listenartige Darstellungen besser entsprechen, weiterhin nach seiner präferierten und gewohnten Art und Weise suchen und explorieren.

10 vgl. Läge, Daub, Bosia, Jäger & Ryf, 2005.

11 vgl. Michel und Läge (2006, 2009), Michel (2012) und Michel und Läge (in diesem Band).

nach einem Stichwort in N-Gramme (Buchstabenkombinationen). Findet sich in zwei Texten nun dasselbe Stichwort, überprüft die Hofmethode, ob vor und nach diesem Stichwort gleiche oder unterschiedliche N-Gramme vorkommen. Je höher die Anzahl gemeinsamer Schlüsselwörter in den zwei Texten und je ähnlicher der sprachliche Kontext, in welchem diese Schlüsselwörter verwendet werden (also die Anzahl gleicher N-Gramme), umso höher der Ähnlichkeitswert.[12] Das diesem Verfahren zugrundliegende Modell basiert auf der (empirisch nachweisbaren) Annahme, dass sich die Semantik eines Begriffs erst durch seine Verwendung, d.h., den Kontext, in welchem der Begriff verwendet wird, ergibt. Der Kontext ist im Fall der Hofmethode konkret die das Schlüsselwort umfassenden Begriffe.

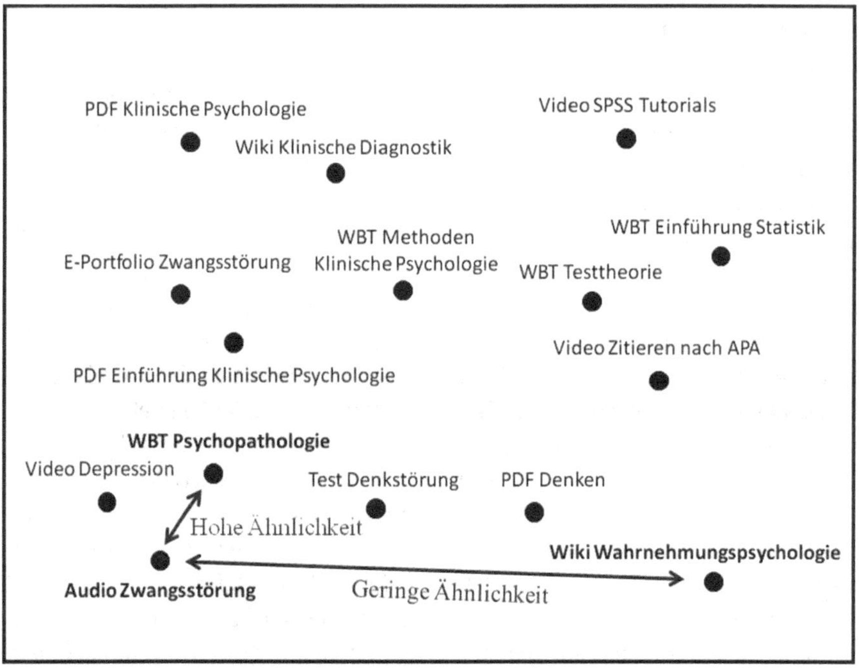

Abb. 3: Das Lehrmittel-Angebot als Ähnlichkeitskarte am Inhaltsbeispiel „Psychologie" (fiktives Beispiel). Nah zueinander positionierte Lehrmittel weisen eine höhere fachliche Übereinstimmung auf (z.B. *Audiospur Zwangsstörung* und *Web Based Training (WBT) Psychopathologie*), weit entfernt positionierte haben weniger gemeinsam (z.B. *Audio Zwangsstörung* und *Wiki Wahrnehmungspsychologie*).

12 Aufgrund dieser Hofmtehode ist in edulap die Eingabe einer inhaltlichen Zusammenfassung auch ein zwingendes Metadatenelement.

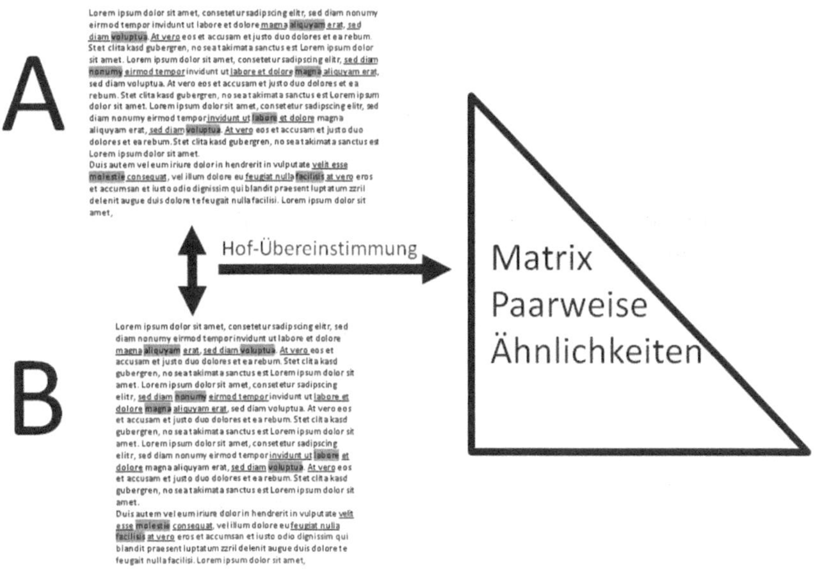

Abb. 4: Logik des automatisierten, semantischen Textvergleichs mittels der Hofmethode. Je zwei Texte werden auf inhaltliche Ähnlichkeit hin überprüft. Daraus resultiert eine Matrix mit allen paarweisen Ähnlichkeitswerten.

Das Erstellen der Educational Landscapes ist dabei ein stark individualisierter Prozess: Durch Eingabe von Stichworten und dem Anwenden von weiteren Filtern (siehe Abschnitt „Die Suchfunktionalität: Flexible Exploration und zielgerichtete Suche“) wählt das System diejenigen Produkte aus, die der Suchanfrage des Nutzers entsprechen. Für diese Vorauswahl stellt das System dann die Ähnlichkeitsmatrix zusammen und berechnet eine zweidimensionale Landkarte mit allen gefundenen Produkten (vgl. Abbildung 5).[13]

Der Nutzer kann nun in dieser Landkarte effizient und semantisch unterstützt explorieren. Er erkennt sogleich, wie die inhaltlichen Beziehungen zwischen den Produkten sind, d.h., welche sehr ähnlich und welche nicht so ähnlich zueinander sind. Per Mouse-over auf einem Punkt in der Karte wird eine Vorschau der Metadaten eines Produkts angezeigt. Um die vollständigen Metadaten

13 Für technisch interessierte Leserinnen und Leser: edulap basiert auf Java J2EE Servlet API, Tomcat Application Server und MySQL. Die Stichwortsuche verwendet den Lucene Suchindex. Backend (Server) ist Java, Frontend (Client) ist Javascript mit den Libraries ExtJS 4 der Firma Sencha, beide verbunden mit REST API.

aufzurufen, klickt der Nutzer auf ein Produkt und eine Overlay-Box erscheint. Um die Übersichtlichkeit zu wahren, beschränkt edulap die Anzahl an Treffern in der Karte auf maximal 60 Produkte. Es werden dabei diejenigen Produkte ausgewählt, die der Suchanfrage am besten entsprechen (Basistreffer). Liefert die Stichwortsuche und Filtersetzung weniger als 60 Treffer, wird die Karte aktiv mit weiteren Produkten erweitert und zwar mit denjenigen, die zu den Basistreffern eine hohe Ähnlichkeit aufweisen (unter Berücksichtigung der Werte in der Ähnlichkeitsmatrix, vgl. Abbildung 4). Auf diese Weise stößt der Benutzer sogar auf Treffer, die er aufgrund seiner Suchanfrage verpasst hätte.

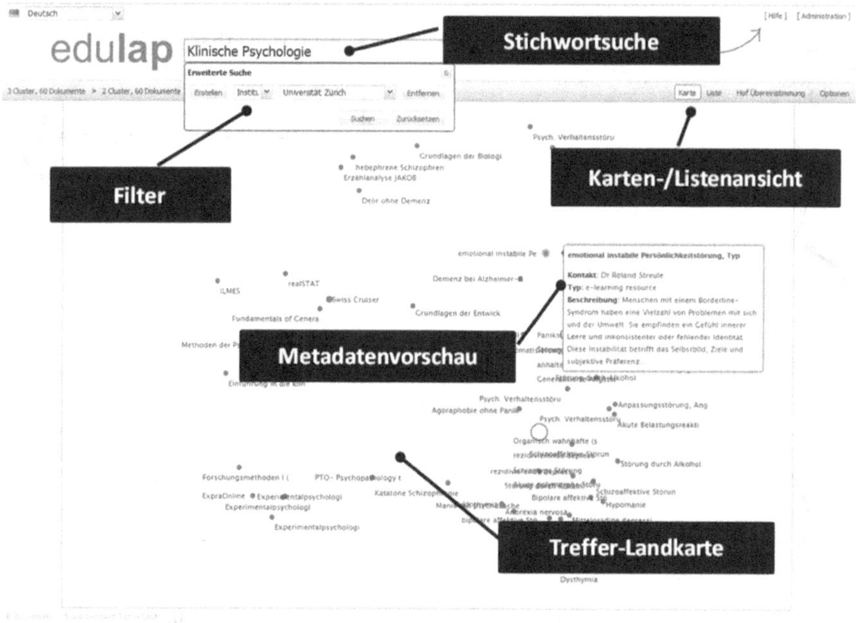

Abb. 5: Screenshot des edulap-Systems. Oben können Stichworte in das Suchfeld eingegeben und weitere Filter gesetzt werden. In der Ergebniskarte sind die Produkte enthalten, die der Suchanfrage entsprechen (als Punkte dargestellt). Ebenfalls sichtbar ist die Metadatenvorschau zu einem Produkt.

Wenn der Benutzer zusätzlich seine Bedürfnisse spezifiziert (z.B. durch „paste-in" des Abstracts einer Lehrveranstaltung, innerhalb derer E-Learning als Blended Learning eingesetzt werden soll), dann wird die Passung seiner eigenen Bedürfnisse zu allen Lehrmitteln in dieser Karte zusätzlich eingezeichnet. Dies geschieht in Anlehnung an das Distribution-Based Colouring (DBC-Verfahren[14]): Hier wird für jedes Produkt in der Karte berechnet (wiederum mittels der Hofmethode), wie hoch die Passung zwischen dem Eingabetext und den Abstracts der Produkte in der Karte ist. Der Radius des eingefärbten Kreises illustriert die Höhe der Ähnlichkeit (größerer Radius = höhere Ähnlichkeit; kleinerer Radius = geringere Ähnlichkeit). Abbildung 6 illustriert dieses Prinzip einer individualisierten Educational Landscape.

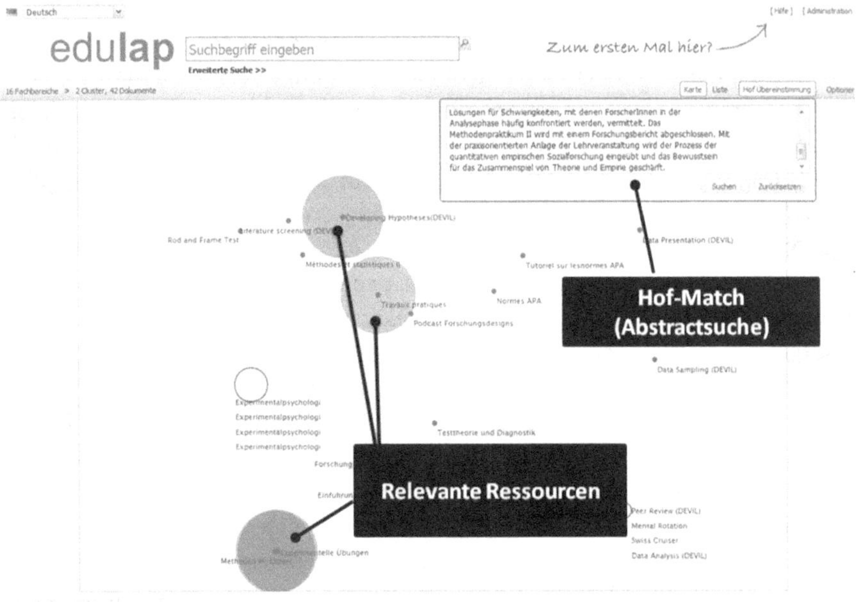

Abb. 6: Screenshot einer eingefärbten Ergebnislandkarte. Nachdem der Nutzer eine Ergebnislandkarte erstellt hat, wurde rechts oben in das Dialogfeld ein Abstract eingefügt. edulap berechnet die Ähnlichkeit des Eingabeabstracts mit den Produkten in der Landkarte und färbt diejenigen Produkte ein, welche eine hohe Ähnlichkeit zum Abstract aufweisen.

Der Vorteil solch einer grafisch aufbereiteten Ergebnisdarstellung liegt auf der Hand: Der Anwender erfasst mit einem Blick den gesamten und bereits nach Relevanz vorsortierten Ergebnisraum und kann nun (ohne zu scrollen oder zwischen mehreren Seiten zu wechseln) die einzelnen Produkte genauer anschauen. Bereits der Titel eines Produkts gibt einen ersten Hinweis auf die Relevanz (analog

14 vgl. Ryf und Läge (2008).

des Website-Titels bei klassischen Suchmaschinen). Die Metadatenvorschau beinhaltet einen Auszug aus der inhaltlichen Beschreibung und ermöglicht es, eine differenziertere Vorstellung zur inhaltlichen Ausrichtung des Produkts zu entwickeln (diese erscheint bei Mouse-over über einen Punkt in der Karte). Somit kann in einem ersten Schritt innert kürzester Zeit die gesamte Karte nach geeigneten „Rosinen" durchforstet werden (und wenn man dies nicht von Hand und sequentiell machen möchte, kopiert man einfach sein eigenes Abstract in das Hof-Match-Feld ein und edulap markiert die „Rosinen" grafisch über die roten Kreise).

Hat man einen Kartenbereich detektiert, in welchem die passendsten Produkte enthalten sind, muss auch nicht mehr die ganze Karte exploriert werden. Man beschränkt sich vielmehr auf diesen Ausschnitt (wobei es sich in vielen Fällen natürlich lohnt, auch die anderen Produkte anzuschauen. Man findet vielfach Dinge, die interessant sind, aber zu Beginn der Suche gar nicht antizipiert wurde). Die vollständige Metadatendarstellung ermöglicht es, noch weiter in die Details des Produkts einzutauchen (diese wird über den Mausklick auf dem Punkt aufgerufen). Wenn der Nutzer ein passendes Produkt gefunden hat, kann er über den URL-Link in den Metadaten direkt auf das Produkt zugreifen – sofern natürlich keine Zugangsrestriktionen vorliegen und falls doch, besteht die Möglichkeit, direkt mit dem Urheber des Produkts in Kontakt zu treten.

Die Suche beschränkt sich auch nicht auf eine bestimmte Sprache. In das System können Produkte unterschiedlicher Sprachherkunft eingetragen werden. edulap ist in der Lage, die inhaltlichen Beziehungen bspw. zwischen einem französischsprachigen Produkt (mit französischen Metadaten) und einem deutschsprachigen Produkt (mit deutschen Metadaten) zu berechnen. Dabei hilft eine automatische Online-Übersetzung bei der Berechnung der paarweisen Ähnlichkeit zwischen zwei Produkten in Deutsch, Englisch, Französisch, Italienisch und Spanisch. Dies ist ein unschätzbarer Vorteil gerade für zweisprachige Bildungsinstitutionen wie das in der Schweiz bspw. an der Universität Fribourg der Fall ist. Aber nicht nur, denn im tertiären Bildungssektor gehört Englisch zum festen Bestandteil der Ausbildung und viele Lehrmittel sind in englischer Sprache abgefasst. Ein Student, der für seine Prüfungsvorbereitung ein geeignetes E-Learning-Produkt sucht, kann damit in seiner gewohnten Sprache die Suchanfrage starten und erhält auch Produkte in den anderen genannten Sprachen. Und falls er dies nicht möchte, filtert er die Produkte ganz einfach auf nur eine bestimmte Sprache.

Wichtig zu erwähnen ist noch Folgendes: Weiter oben wurde als einer der Nachteile klassischer Suchmaschinen genannt, dass ein Treffer nur dann ausgewählt wird, wenn das Suchwort im Produktinhalt mit enthalten ist. Synonyme Begriffe fallen normalerweise durch das Suchnetz. Da edulap aber nicht nur Treffer zurückliefert, die das eingegeben Stichwort enthalten (Basistreffer), sondern eine Ergebniskarte mit Produkten „auffüllt", die zu den Basistreffern eine gewisse Ähnlichkeit aufweisen, findet man auch Produkte, deren Schlagworte man in seiner Suchanfrage „verpasst" hat. Hier geht edulap über klassische Suchalgorithmen hinaus und simuliert in gewissem Maße einen menschlichen Berater, der nicht nur mechanistisch eine gestellte Frage und nur diese beantwortet, sondern der „über den Tellerrand" hinauszuschauen in der Lage ist. edulap „versteht" bis zu einem gewissen Grad die Semantik einer Suchanfrage mittels Stichworten und „denkt" mit. Zur Erinnerung, der in edulap implementierte semantische Vergleich von inhaltlichen Zusammenfassungstexten über die Hofmethode detektiert nicht nur die Suchstichworte, sondern berücksichtigt darüber hinaus den Kontext, in welchem die Stichworte eingebunden sind. Ein einfaches Beispiel: Gibt ein Nutzer im Suchfeld „Bank" ein, dann liefert eine einfache Volltextsuche Resultate zurück, in welcher das Wort „Bank" vorkommt. Dabei ist es egal, ob mit „Bank" ein Geldinstitut, eine Sitzgelegenheit oder ein Strandabschnitt gemeint ist. Der sprachliche Kontext, in welchem „Bank" verwendet wird, unterscheidet sich aber im Finanzwesen oder beim Sitzplatz (z.B. „Ich habe ein Sparkonto bei der Bank XY." versus „Gerne setze ich mich auf einer Bank hin."). edulap würde nun zwar ebenfalls alle Produkte in der Ergebniskarte liefern, die „Bank" enthalten, edulap sortiert aber die Produkte so, dass die Finanzbanken, die Holzbänke und die Sandbänke in Clustern kategorisiert werden (= Punktewolken in der Ergebnislandkarte), weil die Wahrscheinlichkeit, dass beim Geldinstitut „Bank" vor und nach dem Begriff ähnliche N-Gramme in zwei Texten auftauchen, viel höher ist als bei der Sitzgelegenheit. Findet der Nutzer das richtige Cluster, muss er nur noch dort weitersuchen.

Der Transfer: Ausweitung der Systemlogik auf weitere Anwendungsgebiete

Die oben dargestellte Verfahrens- und Systemlogik beschränkt sich natürlich nicht nur auf den Bereich von E-Learning-Produkten. Genauso wie edulap nicht nur im Hochschulbereich und dort im Fach Psychologie eingesetzt werden kann, im Rahmen dessen der Proof-of-Concept erbracht wurde. Im Prinzip lässt sich edulap auf jedes Anwendungsgebiet übertragen, in welchem die Herausforderung besteht, einen Überblick über viele Dokumente oder Objekte zu ermöglichen. Im Bereich der Bildung sind hier bspw. Bibliotheken und im Speziellen die Literatursuchmaschinen angesprochen, bei welchen sich oft dieselbe oder eine ähnliche Problematik stellt wie bei klassischen Internetsuchmaschinen. Optimal nutzbar und die Qualität der Ähnlichkeitsbestimmung steigernd sind die bereits vorhandenen, professionellen Verschlagwortungen von Monographien, Sammelbänden oder wissenschaftlichen Artikeln, die von Bibliothekaren geleistet werden. Je besser, sprich präziser die inhaltliche Beschreibung eines Produkts, desto besser die semantische Ähnlichkeitsberechnung. Je besser die Ähnlichkeitsberechnung, desto höher die Wahrscheinlichkeit des Findens eines geeigneten Dokuments.

Aber auch im privatwirtschaftlichen Sektor sind zahlreiche Einsatzgebiete denkbar. Gerade mittlere und größere Unternehmen nehmen einen enormen Aufwand auf sich, das unternehmensspezifische Wissen intern zu strukturieren und bereitzustellen: Lehrmittel und Handbücher für Produkt- und Vertriebsschulungen, Richtlinien für Compliance oder Sicherheit im Unternehmen, Verhaltenscodizes der HR-Abteilung oder rechtliche Bestimmungen. Die Zahl an Dokumenten ist auch hier schnell unüberschaubar und unterliegt vor allem auch einem stetigen Wandel – gar nicht davon zu sprechen, dass die Dokumente auch in mehreren Sprachversionen vorliegen: Hier leistet edulap mit seiner sprachübergreifenden Ähnlichkeitsbestimmung unschätzbare Dienste. Da die Mitarbeiter meist wenig Zeit für die Beschäftigung mit diesen Unterlagen und noch viel weniger Zeit für die Recherche nach diesen besitzen, kommt einer effizienten und zielgerichteten Such- und Orientierungsfunktionalität eine ungleich höhere Relevanz zu.

edulap kann selbstverständlich nicht in der derzeitigen technischen und strukturellen Umsetzung generisch auf alle denkbaren Anwendungsfälle übertragen werden. Der konzeptionell zu leistende Aufwand beschränkt sich jedoch auf die Anpassung der Metadatenstruktur (die in vielen Fällen sicherlich bereits in irgendeiner Art und Weise vorliegt) und auf das Erfassen der Metadaten (die ebenfalls meist vorliegen). Eine allfällige Integration bzw. ein Anbinden des Systems an bestehende technische Infrastrukturen ist über geeignete Schnittstellen mit verhältnismäßig wenig Aufwand erreicht. Berücksichtigt man die Zeit, die man bislang für das Suchen und Beurteilen von Dokumenten oder Lehrmitteln aufgewendet hat und die nun über edulap eingespart wird, sind solche Initialkosten umgehend amortisiert.

Literatur

Kerres, M. (2001): Multimediale und telemediale Lernumgebungen. Konzeption und Entwicklung (2. Aufl.), München: Oldenbourg.

Läge D., Daub S., Bosia L., Jäger C. und Ryf S. (2005): Die Behandlung ausreißer-behafteter Datensätze in der Nonmetrischen Multidimensionalen Skalierung – Relevanz, Problemanalyse und Lösungsvorschlag (AKZ-Forschungsbericht Nr. 21). Zürich: Psychologisches Institut, Angewandte Kognitionspsychologie.

Michel, O. (2012): Die Hofmethode in der Praxis. Unveröffentlichte Dissertation der Philosophischen Fakultät der Universität Zürich. Zürich: Zentralstelle der Studentenschaft.

Michel O. und Läge D. (2006): Die Hofmethode: Auf dem Weg zum maschinellen Textverständnis. In G. Kempter & P. von Hellberg (Hrsg.), Information nutzbar machen (S. 163–166). Lengerich: Pabst.

Michel, O. and Läge, D. (2009): The Hofmethode: Computing semantic similarities between e-learning products. International Journal of Emerging Technologies in Learning, 4, 36–39.

Michel, O. und Läge, D. (2013): Semantic Mapper – Orientierung bei wissenschaftlichen Grossveranstaltungen. (In diesem Band).

Ryf, S. und Läge, D. (2008): DBC-Maps: Berechnung und Visualisierung von Verteilungen in NMDS-Karten am Beispiel des Musik- und Getränkemarktes. In J. Reineke und C. Tarnai (Hrsg.), Klassifikationsanalysen in Theorie und Praxis (S. 43–56). Münster: Waxmann.

Reinhard Keil

Wissensintegrationsprozesse und verteilte Wissensorganisation

Einführung

Aus dem Blickwinkel der Informatik lassen sich zwei komplementäre Strategien für die Entwicklung digitaler Medien zum Umgang mit Wissen unterscheiden. Die eine – das ist die vorherrschende Strategie – zielt darauf, den Bereich des algorithmisch Bearbeitbaren und damit Automatisierbaren immer weiter voranzutreiben. Für eine solche maschinelle Verarbeitung von Wissen muss dieses formal modelliert werden, um Schlussfolgerungen und Ableitungen automatisch ziehen zu können. Diese Strategie manifestiert sich in der Implementierung intelligenter tutorieller Systeme ebenso wie in dem Ansatz, mit Hilfe von Ontologien Wissensbestände suchmaschinentauglich zu gestalten. Im Bereich der Lehr- und Lernprozesse geht es bei dieser Strategie letztlich immer darum, den Aufwand für Lehrprozesse durch Bereitstellung „intelligenter" Systeme zu reduzieren und damit auf den Lernenden zu verlagern. Lehrkapazität soll eingespart bzw. zumindest partiell ersetzt werden.

Die zweite Strategie zielt nicht auf Ersetzung, sondern auf Unterstützung und zwar – entscheidend bei dieser Strategie – sowohl der Lehrenden als auch der Lernenden. Hier geht es nicht um die Modellierung des Wissens oder menschlicher Denk- und Lernprozesse, sondern um die Frage, wie die Prozesse der Wissensarbeit durch grundlegende technische Funktionen unterstützt werden können. Insofern erfordert die Umsetzung dieser Strategie eine deutliche Trennung zwischen dem, was man als Wissensarbeit des Menschen bezeichnen kann, und der automatisierten Verarbeitung von (formalisierbarem) Wissen, denn nur so lassen sich adäquate Unterstützungsfunktionen identifizieren.

Ausgehend von dem Begriff der Wissensarbeit werden deshalb zunächst die wesentlichen Anforderungen zur Unterstützung von Wissensarbeit charakterisiert und anschließend mit Hilfe des Konzepts der MediArena die Mehrwerte digitaler Medien gegenüber traditionellen Printmedien (Gutenberg-Galaxis) verdeutlicht.[1] Vor diesem Hintergrund wird die Entwicklung verschiedener Dienste zur Unterstützung der Wissensarbeit beim E-Learning beschrieben und anhand einer zwanzigjährigen Forschungs- und Entwicklungsarbeit an lernförderlichen Infrastrukturen kritisch reflektiert.

---

1 Zum Konzept vgl. Keil (2007) sowie spätere Erweiterungen in Keil (2010).

Lernen ist Wissensarbeit

Bei einem fertigen Softwaresystem ist das Verhalten vollständig durch die Eingabe determiniert, denn in einem formalen Zeichensystem sind die Verarbeitungsschritte nur von der Form und Anordnung der eingegebenen Zeichen abhängig, nicht aber davon, wofür sie stehen (vgl. Krämer 1988). Rechenregeln beispielsweise sind korrekte Verknüpfungen der Zeichen. Ob man aber zwei Äpfel und drei Birnen – auch wenn der Volksmund sie für nicht vergleichbar hält – additiv zu fünf Stücken Obst zusammenfassen kann oder zwei chemische Stoffe sich nicht additiv zu einem explosiven Gemisch vereinigen, ist nicht Sache des Formalismus, sondern seiner richtigen Anwendung im jeweiligen Kontext. Software kann als mathematisches Objekt aufgefasst werden, bei dem jeder Verarbeitungsschritt nur von der Form und der Anordnung der Zeichen abhängt, nicht aber davon, wofür sie stehen. Damit also ein Prozess erfolgreich in die Maschine verlagert werden kann, müssen die Entwickler sicherstellen, dass für alle möglichen Verarbeitungskonstellationen ein der Modellbildung entsprechendes Ergebnis erzielt wird.

Damit sind jedoch alle kognitiven Prozesse ausgeschlossen, in denen etwas Neues, Kreatives erdacht oder von einem bekannten Weg abgewichen wird, um ein Problem zu lösen, denn für diese Bereiche gibt es kein vollständiges Modell.

Genau dies ist aber seit den 1960er Jahren auch typisch für eine wachsende Zahl von Arbeitsprozessen, bei denen Routinetätigkeiten und schematisierte Abläufe durch eigenständige schöpferische Leistung ergänzt oder besser in sie eingebettet werden. Mit dem Konzept der Wissensarbeit verwies Peter Drucker bereits 1959 darauf, dass Selbstständigkeit und Eigenverantwortlichkeit charakteristisch für diese Prozesse sind (Drucker 1959). Es geht nicht nur um die Anwendung von Wissen, sondern um die Erarbeitung flexibler und bedarfsgerechter Lösungen und die Fähigkeit und Bereitschaft, neues Wissen zu erschließen, wenn die Aufgabe dieses erfordert. Drucker verweist darauf, dass es bei der Wissensarbeit darauf ankommt, Wissen aus verschiedenen Quellen vor dem Hintergrund eigener Erfahrungen so miteinander in Beziehung zu setzen, dass damit die anstehenden Aufgaben gelöst werden können (Drucker 1991). Für Drucker ging es darum zu zeigen, dass die Wissensarbeit in Unternehmen und Organisationen einen zunehmend wichtigeren Stellenwert einnimmt, insbesondere in Anbetracht der sich schnell wandelnden Märkte und der eingesetzten Technologien in Unternehmen.

Wissensarbeit setzt Reflexivität voraus, d. h. die Fähigkeit zur bewussten Anpassung an veränderte Umweltbedingungen und der (selbst-)kritischen Reflexion dieses Verhaltens. Versuch und Irrtum, Konditionierung und Nachahmung mögen wichtige Elemente beim Lernen sein, sind aber ohne Reflexivität nicht ausreichend. Dies zeigt sich sowohl im individuellen als auch im organisatorischen Lernen, wo man aufgrund unzureichender Formalisierbarkeit versucht, wenigstens „best practices“ zu identifizieren und zur Nachahmung zu empfehlen. Eine Politik, die auch im Bereich E-Learning vielfach verfolgt wird und dort, wie Keil, Schild und Winkelnkemper (2012) aufzeigen, ebenso wenig erfolgreich ist wie in der Wirtschaft. Moldaschl (2007, S. 35) verweist beispielsweise auf die Klon-Nebenkosten, die beim Kopieren von „best practices“ meist unterschätzt werden, da sie eher zu blinder Anwendung oder Nachahmung und nicht zu einer erprobenden reflexiven Anwendung einlüden, in der die jeweiligen Kontextbezüge und die innewohnenden Widersprüchlichkeiten vor dem Hintergrund eigener Erfahrungen und Praxen reflexiv erschlossen würden. Kurz gefasst bedeutet Reflexivität als Gestaltungsprinzip dagegen nicht, Akteure zum Nachdenken anzuhalten, sondern Kontingenz abzubilden, die Vielfalt möglicher Optionen bewusst zu machen bzw. offen zu halten und Nebenfolgen zu beobachten.[2] Betrachtet man diese Charakterisierung aus dem Blickwinkel des Lernens, so fällt auf, dass Lernen ebenso wie Forschen und Lehren in hohem Maße wissensintensive Prozesse sind, die als Wissensarbeit bezeichnet werden können. In diesem Sinne ist Lernen Wissensarbeit und umgekehrt jede Art von Wissensarbeit mit Lernen verbunden.

Der Begriff der Wissensarbeit wurde hier gegenüber dem Begriff des Konstruktivismus bevorzugt, da es nicht um die Abgrenzung eines bestimmten pädagogischen bzw. didaktischen Paradigmas geht, sondern die grundsätzlichen Rahmenbedingungen charakterisiert werden sollen, für die es gilt, die technisch-medialen Unterstützungsfunktionen zu entwickeln. Betont wird damit nicht eine spezifische Sicht auf kognitive Prozesse, sondern die Notwendigkeit der Analyse des Kontextes, in dem Lernen bzw. Wissensarbeit stattfindet.

Eine kontextorientierte Gestaltung lenkt den Blick somit auf die (physische) Umgebung, in der kognitive Prozesse stattfinden, und untersucht die allgemeinen Unterstützungsfunktionen medialer Artefakte unabhängig vom jeweiligen inhaltlichen Bezug. Für die Identifizierung von Unterstützungsfunktionen ist es deshalb erforderlich, den Blick von den mentalen Verarbeitungsprozessen weg und hin zur physischen Umgebung zu lenken, in der diese Prozesse stattfinden.[3] Diese Betrachtung muss zugleich durch einen Blick auf die Alltagspraxis des Medieneinsatzes ergänzt werden, denn nur so gelangen der Aspekt der Anschlussfähigkeit mentaler Prozesse und das Problem der Medienbrüche ins Blickfeld. Dies soll im nächsten Abschnitt exemplarisch an der Bestimmung medialer Mehrwerte illustriert werden.

---

2 Für eine ausführliche Darstellung siehe z. B. Moldaschl (2006 und 2010).

3 Ein Ansatz hierzu ist die Betrachtung von Medien als Denkzeug (Keil 2003 und 2012).

Mehrwerte digitaler Medien

Nur allzu häufig begegnet man in der Fachliteratur Aussagen, die als wesentlichen Mehrwert digitaler Medien beim Lernen die Zeit- und Ortsunabhängigkeit herausstellten. Eine genauere Betrachtung dieser Aussage offenbart schnell, dass diese Aussage in Bezug auf den Alltag von Lernenden wie Lehrenden nicht gestaltungsleitend ist, weil sie Lernen ebenso wie Lehren nur unter einem isolierten individuellen Gesichtspunkt betrachtet.

Die Unabhängigkeit von Zeit und Ort gilt für jede Form der Aufzeichnung, bei der Zeichen in ein persistentes Trägermaterial eingeschrieben werden (Inschriften). Mechanische (Keilschrift), chemische (Druck, Film) oder magnetische (Ton, Video) Verfahren werden genutzt, um die Zeichen auf dem Trägermaterial zu fixieren, sodass sie unabhängig vom Ort und dem Zeitpunkt des Einschreibprozesses rezipiert werden können. Mit Hilfe weiterer technischer Mittel können solche Inschriften sowohl vervielfältigt als auch übertragen werden. Ein wesentlicher Fortschritt des Buchdrucks bestand beispielsweise darin, dass die Vervielfältigung partiell in maschinelle Prozesse verlagert wurde, wodurch der Aufwand für die Vervielfältigung enorm gesenkt werden konnte. Jeder Rezipient konnte potenziell ein persönliches Exemplar erwerben und dieses zu einem beliebigen Zeitpunkt an einem beliebigen Ort nutzen, vorausgesetzt, das Trägermaterial ebenso wie eventuell erforderliche Abspielgeräte waren transportabel und handhabbar. Zeit- und Ortsunabhängigkeit verkörpern somit Potenziale, die bereits traditionelle Inschriften verkörpern, unabhängig davon, ob es sich dabei um Text, Zeichnungen, Bilder oder auch um Tonaufnahmen und Video oder Film handelt.

Mit den entsprechenden analogen Einschreibprozessen geht jedoch eine wichtige Einschränkung einher. Ein Zeichenarrangement, einmal eingeschrieben, kann nicht mehr verändert werden, da es mit technischen Mitteln immer nur möglich ist, den Zeichenträger zu bearbeiten, nicht aber die Zeichen selbst. Zwar kann man bei manchen Trägermaterialien etwas hinzufügen oder auch Bereiche überschreiben bzw. löschen, doch ist die Anzahl dieser Vorgänge sowohl physikalisch als auch im Hinblick auf die Erkennbarkeit bzw. Lesbarkeit sehr beschränkt.

Genau hier setzen die Qualitäten digitaler Medien an. Zwar werden auch im Computer Zeichen in ein Trägermaterial eingeschrieben, doch wertet ein Prozessor das Zeichenarrangement aus und gibt zeitnahe Rückmeldung (Responsivität). Dadurch ist es möglich, die von einem Autor erzeugte (Re-) Präsentation durch den Prozess der Benutzung zu ergänzen, zu modifizieren oder auszuwerten. Ein typisches Beispiel hierfür ist die Rechtschreibkontrolle, bei der im Verlauf der Einschreibung eine Überprüfung stattfindet und durch entsprechende Markierungen das Ergebnis angezeigt wird. Ein anderes Beispiel ist eine Datenbank- oder Suchmaschinenabfrage, bei der über die Formulierung der Suchkriterien das Ergebnis der Ausgabe aus einem Gesamtvorrat möglicher Ergebnisse eingeschränkt bzw. selektiert wird.

Ein weiterer wichtiger Mehrwert ist die Objektorientierung. Bei analogen Einschreibtechnologien wird das Trägermaterial technisch bearbeitet. Die einzelnen Zeichen oder Zeichenkombinationen, die die Einheit der Wahrnehmung bilden, können selbst nicht bearbeitet werden. Am Computer jedoch können Zeichen auf einem Bildschirm bewegt, eingefügt oder verändert werden. Die dabei erfolgenden Lösch- und Einschreibprozesse sind einerseits reversibel und erfolgen andererseits so schnell, dass sie nicht mehr wahrnehmbar und damit bewusstseinswichtig sind. Das erspart dem Kopf eine Fülle feinmotorischer Steuerungsprozesse und setzt entsprechend Kapazitäten für die eigentliche Wissensarbeit frei. Darüber hinaus können einzelne Zeichen zu Gruppen kombiniert und danach wie ein einziges Zeichen manipuliert werden. Daraus haben sich in den letzten Jahren vielfältige Möglichkeiten der objektbezogenen Interaktion ergeben.

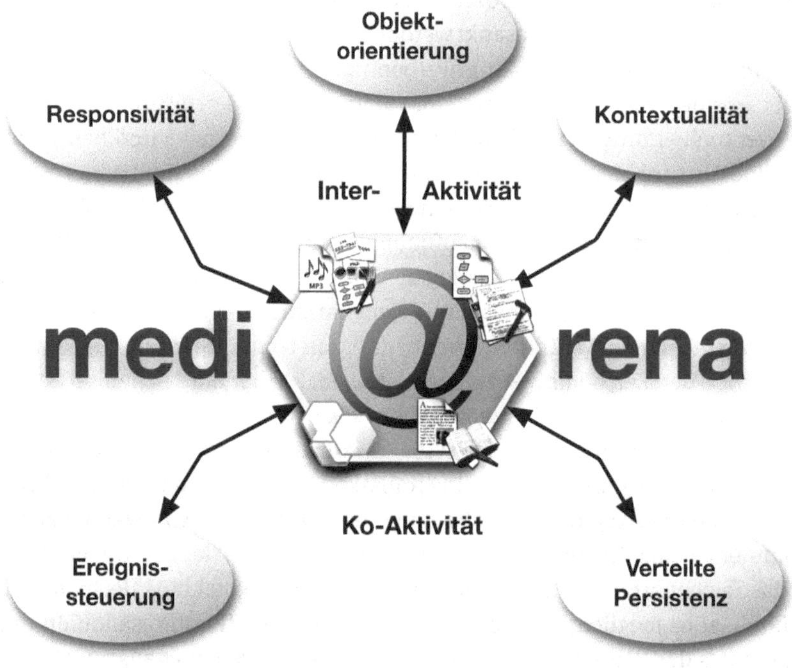

Abb. 1: MediArena – ein Modell der Mehrwerte digitaler Medien.

Ein dritter Mehrwert ergibt sich daraus, dass heute eingesetzte Geräte wie z. B. Tablets und Smartphones nicht nur einen hohen Grad an Mobilität aufweisen, sondern auch mit Aktoren und Sensoren ausgestattet sind, die es zum Beispiel ermöglichen, Informationen ortsbezogen abzurufen, ohne dass der Nutzer in den entsprechenden Wissensbeständen aufwändig navigieren muss. Was er auf dem Display sieht, ist ein Ergebnis vorheriger Einschreibungen in Kombination mit seinen expliziten Eingaben und den implizit über die Gerätesensoren erfolgten Eingaben. Umgekehrt kann die Ausgabe eines Geräts sich mit dem realen Blickfeld überlagern (Augmented Reality). Eine solche Überlagerung erfolgt sowohl bei der Eingabe als auch bei der Ausgabe nicht explizit durch Benutzereingaben, sondern implizit durch die Erfassung von Körperbewegungen, die Position des Geräts oder ähnliche Mechanismen. Diese impliziten Eingaben sind nicht bewusstseinspflichtig. Es entsteht dadurch ein Mehrwert, der nicht nur die mentalen Prozesse entlastet, sondern zusätzliche situative und individuelle Wahrnehmungserfahrungen ermöglicht. Diese drei basalen Qualitäten werden im Konzept der *MediArena* unter Inter-Aktivität zusammengefasst (vgl. Abb. 1).

Neben diesen inter-aktiven Qualitäten lassen sich zwei weitere Mehrwerte angeben, die in Abbildung 1 unter dem Begriff Ko-Aktivität zusammengefasst sind und sich auf Aspekte der kontinuierlichen bzw. durchgängigen Vernetzung beziehen.

Da wäre zunächst der Mehrwert der verteilten Persistenz zu nennen. Durch die mehr oder weniger kontinuierliche Vernetzung der Geräte untereinander ist es möglich, gemeinsame Handlungs- und Wahrnehmungsräume aufzubauen, bei denen die Möglichkeiten der Interaktivität, d. h. des Anreicherns, Veränderns oder auch Löschens von Zeichen, anderer Akteure möglich ist. Mit geeigneten Mechanismen zur Verwaltung von Berechtigungen lässt sich so die Inter-Aktivität zwischen Mensch und Maschine zur Ko-Aktivität, dem Austausch zwischen Menschen über die Maschine, erweitern. Verteilte Persistenz stellt eine umfassende Qualität dar, da durch das geeignete Setzen von Lese- und Schreib-Berechtigungen beispielsweise auch die Datenübertragung von einem Nutzer zu einem anderen abgebildet werden kann. In Kombination mit der Objektorientierung ist es beispielsweise möglich, Szenarien zu modellieren, in denen Dokumente eines anderen Autors nicht nur überarbeitet, sondern nur referenziert, annotiert oder bewertet werden können. Ko-Aktivität verweist auf die jeweils unterschiedlichen Formen wechselseitig verzahnter Einschreibprozesse. Entscheidend ist, dass ein solcher verteilter Handlungs- und Wahrnehmungsraum mit analogen Einschreibtechnologien nicht realisiert werden kann.

Des Weiteren ermöglichen heutige netzbasierte Dienste die Erfassung und Übermittlung von Gewärtigkeitsinformationen (Awareness), die zur impliziten und expliziten Koordinierung von Aktivitäten benötigt werden (Ereignissteuerung). Bei der impliziten Koordinierung handelt es sich um die automatische Erfassung von Informationen, die durch einen Akteur ausgelöst werden. Das kann z. B. die Darstellung seines Erreichbarkeitsstatus sein, das Anzeigen seiner momentanen Handlung oder auch das Übermitteln von neuen Nachrichten aufgrund spezifizierter Ereignisse wie z. B. eine neue Mitteilung in einem Forum, alle Äußerungen einer bestimmten Person oder der Hinweis auf in der Nähe befindliche Personen aus dem Freundeskreis.

Die in dem Konzept der MediArena aufgeführten Mehrwerte digitaler Einschreibtechnologien sind allesamt nur mit Hilfe von Computern realisierbar. Sie verdeutlichen grundsätzliche Vorteile des Einsatzes digitaler Medien, die für eine Verbesserung der Wissensarbeit essenziell sind, insbesondere wenn man sich dabei auf Alltagsprozesse und damit die Anschlussfähigkeit dieser Prozesse hinsichtlich ihrer jeweiligen vor- und nachgelagerten Aktivitäten bezieht. Die jeweiligen Mehrwerte werden nicht aus einer Analyse kognitiver Prozesse abgeleitet, sondern aus der Beobachtung der manuelle, geistige Prozesse begleitenden Aktivitäten und zwar sowohl in individueller als auch kulturhistorischer Perspektive.[4]

Wichtig ist dabei, technische Potenziale und tatsächliche Nutzungsformen nicht gleichzusetzen. Wenn Person A Person B ein Datum per E-Mail übermittelt, kann man sozial von einer koordinierenden Aktivität sprechen, aber nicht von einer technischen Koordinierungsfunktion, denn bei der Übermittlung der Nachricht wurde technisch eine Kommunikationsfunktion genutzt, um beliebige Inhalte zu transportieren. Wie die beteiligten Akteure den Inhalt interpretieren, ist Teil ihrer sozialen Sphäre. Anders verhält es sich, wenn ein System zusätzlich Ereignisse verwaltet, um z. B. bei Änderungen an einem Dokument automatisch eine Benachrichtigung an eine Person oder Personengruppe zu verschicken.

Diese Unterscheidung ist wichtig, um klar zwischen der Modellierung geistiger Prozesse und der Modellierung der sie begleitenden Aktivitäten im Umgang mit persistenten Medien bzw. Zeichensystemen zu unterscheiden, da nur so auf der Basis der analysierten Mehrwerte im Prozess der Gestaltung Hypothesen über Unterstützungspotenziale aufgestellt und später im Prozess der Nutzung überprüft werden können. Das ermöglicht dann auch auf der Grundlage der gewonnenen Einsichten, das Konzept der MediArena als konzeptuelles Rahmenwerk für eine hypothesengeleitete Technikgestaltung weiter zu entwickeln. Entsprechend sind die unter diesem Begriff zusammengefassten Mehrwerte sowohl „top-down“, aus konzeptuellen Überlegungen heraus, als auch „bottom-up“, aus denen Evaluationen lernförderlicher Infrastrukturen gewonnen werden. Insofern

4 Der Kulturanthropologe André Leroi-Gourhan (1988, S. 262) verweist darauf, dass die Evolution des menschlichen Geistes im Wesentlichen die seiner Ausdruckmittel sei. Vgl. in Bezug auf die Übertragung in den Bereich E-Learning Keil-Slawik, Selke (1998).

verkörpert dieses Konzept einen möglichen Ansatz, um Unterstützungsfunktionen für die kooperative Wissensarbeit hypothesengeleitet zu entwickeln, und zum anderen, empirische Befunde und Erfahrungen im Einsatz solcher Technologien hinsichtlich der Tauglichkeit des dahinter stehenden theoretischen Rahmenwerks einzuordnen. Als konzeptuelles Rahmenwerk dient es dazu – ähnlich wie Gestaltungsmuster (Patterns)[5] –, Gestaltungswissen zu aggregieren und es übertragbar und lehrbar zu machen.

Dienste-Infrastrukturen

Bis Mitte der 1990er Jahre war das Gebiet E-Learning durch die Entwicklung von einzelnen Anwendungen für spezielle Betriebssysteme gekennzeichnet. Im Vordergrund dieser Anwendungen standen neben Konzepten zur programmierten Unterweisung die Verknüpfung von Wissensartefakten über Verweise (Hypertext) und die Zusammenführung unterschiedlicher Kodierungsformen wie Text, Grafik, Bild, Audio, Video etc. zu Multimedia bzw. Hypermedia. Mit dem Einsatz dieser medialen Techniken ging in der Regel die Schaffung von Hightech-Inseln einher, denn multimediale Datenträger konnten technisch und rechtlich (Urheberschutz) nur lokal genutzt werden. Dies galt auch für plattformspezifische Applikationen, die jeweils auf lokal bereitgestellten Geräten installiert waren.

Im Bereich der von Bildungsinstitutionen curricular strukturierten Bildung führte dies jedoch zu einer Vielzahl von Medienbrüchen, da sich Lernprozesse – und damit zugleich die Lehrprozesse – über einen längeren Zeitraum und über unterschiedliche Lernorte verteilt erstreckten. Entsprechend waren kollaborative Lernprozesse – sieht man einmal von speziellen und recht teuren Videokonferenzsystemen ab – mit digitaler Technik nicht alltagstauglich umsetzbar.

Erst mit dem Siegeszug des World Wide Web und der damit einhergehenden plattformübergreifenden Browser-Technologie setzte sich allmählich der Gedanke durch, dass der Mehrwert digitaler Medien nicht in der Zeit- und Ortsunabhängigkeit liegt, sondern in der zeit- und ortsübergreifenden Integration, denn ein wesentlicher Aspekt zeitlich und räumlich verteilter Wissensarbeit besteht darin, die Anschlussfähigkeit der jeweiligen Prozesse zu sichern. Ted Nelson hatte schon 1965 den Begriff Hypertext geprägt und mit seinem Projekt „Xanadu" eine verteilt nutzbare Weltbibliothek konzipiert, doch waren die meisten bis dahin entwickelten und eingesetzten Hypertextsysteme lokal installierte Systeme, bei

5 Convertino et al. (2007), Roussev et al. (2000) und Schümmer et al. (2005).

denen häufig nur die Autoren Referenzen setzen konnten.[6] Zwar war auch die Nutzung des World Wide Web der ersten Generation im Wesentlichen als mediale Einbahnstraße konzipiert (Produzenten stellen bereit – Rezipienten können Lesen, aber nicht die bereitgestellten Materialien bearbeiten), doch entstanden mit der Zeit neue Formen der kooperativen verteilten Nutzung von Dokumenten (Web 2.0).

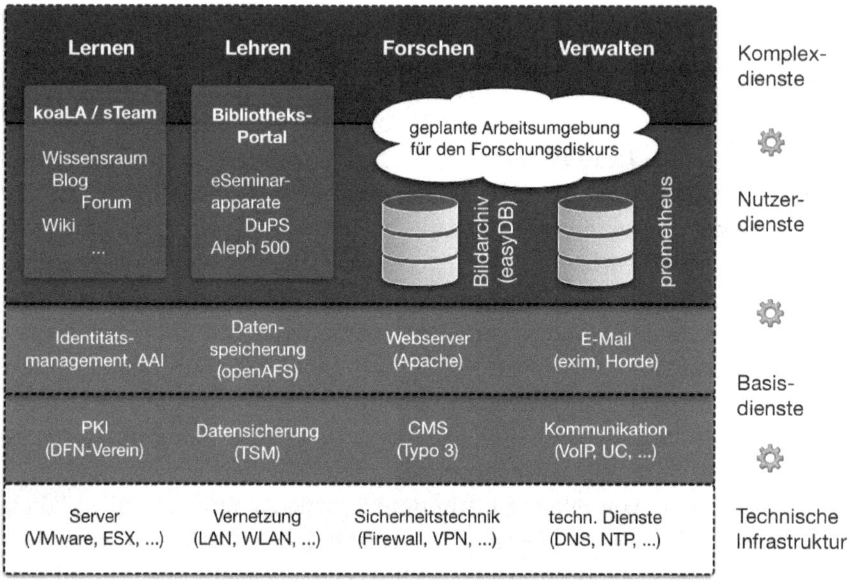

Abb. 2: Beispiel für eine universitäre Dienste-Infrastruktur.

Mit der zunehmenden Vernetzung wurden multimediale Applikationen durch netzgestützte Dienste angereichert bzw. ersetzt. Dienste können dabei prinzipiell alle Aufgaben übernehmen und werden heute meist browsergestützt bereitgestellt oder von anderen Diensten jeweils im Hintergrund genutzt. Eine Dienste-Infrastruktur stellt eine Reihe von Diensten auf unterschiedlichen Komplexitätsstufen zur Verfügung, die für eine bestimmte Anwendung dann orchestriert und erweitert werden können (siehe Abb. 2).

Die entscheidende Herausforderung besteht deshalb darin, eine Architektur zu entwickeln, die flexibel an die sich schnell ändernden und erweiternden Dienste angepasst werden kann. Eine E-Learning-Plattform kann einen solchen Dienst verkörpern. Soweit eine solche Plattform jedoch im Wesentlichen als Ins-

6 Vgl. hierzu Nelson (1987), die Übersicht in Conklin (1987) und in Keil-Slawik (2002).

trument konzipiert wird, das es gestattet, Dokumente bereitzustellen und herunterzuladen, bleibt sie in denselben Strukturen verhaftet, die schon für analoge Einschreibtechnologien charakteristisch waren. Die Lehrenden produzieren und die Lernenden werden zu bloßen Rezipienten degradiert. Zwar lassen sich solche Plattformen um funktionelle Bereiche erweitern (wie z. B. ein Wiki oder einen Blog), doch werden damit die technischen Potenziale digitaler Medien nicht ausgeschöpft, da solche Erweiterungen meist mit erheblichen Medienbrüchen einhergehen.

Hier bietet sich das Rahmenwerk der MediArena an, um z. B. mit Hilfe einer Alltagsmatrix systematisch Szenarien durchzuspielen und dabei potenzielle Medienbrüche zu erkennen, die dann mit entsprechenden Funktionen beseitigt werden.[7] Doch auch die hinter der MediArena stehende grundlegende Idee der Schaffung gemeinsamer Handlungs- und Wahrnehmungsbereiche durch die geeignete Kopplung verschiedener Mehrwerte bildet eine gute Ausgangshypothese, denn die Gestaltung einer Dienste-Infrastruktur braucht auf der Ebene der Komplexdienste (siehe Abb. 2) eine Architektur, die es gestattet, flexibel unterschiedliche Lernszenarien zu realisieren.

Ein Ansatz hierzu stellt das Konzept des virtuellen Wissensraums dar, das an der Universität Paderborn den konzeptuellen Kern der E-Learning-Plattform koaLA bildet und für die beteiligten Akteure einen solchen gemeinsamen Handlungs- und Wahrnehmungsraum verkörpert. Statt also Dokumente durch Transport (Upload, Download) zu bewegen, werden sie in einem gemeinsamen Bereich zur Verfügung gestellt und verteilt bearbeitet. Über das Setzen von Zugriffsrechten können unterschiedliche Formen der ko-aktiven Bearbeitung realisiert werden. Ko-aktiv umfasst dabei eine Vielzahl unterschiedlicher kooperativer Bearbeitungsmechanismen, die von der Kommunikation über die Koordination und die gemeinsame Bearbeitung von Dokumenten (Kollaboration) reichen. Die technische Form der Kommunikation kann beispielsweise abgebildet werden, indem Dozenten Schreib-, Studierende nur Leserechte haben. Gegenüber tradierten Diensten zur Kommunikation, die einen gedächtnislosen Kanal nutzen, unterstützt ein solcher Raum die Ausprägung eines gemeinsamen Wahrnehmungsraums, in dem die Beteiligten sehen, welche Dokumente zur Verfügung stehen, wann sie eingestellt worden sind und eventuell auch wann und in welchem Umfang auf sie zugegriffen worden ist. Dies ist eine Fülle von zusätzlichen Informationen, die die Koordination von Handlungen der Akteure unterstützen (Gewärtigkeit).

---

7 Vgl. hierzu Kühnel (2012).

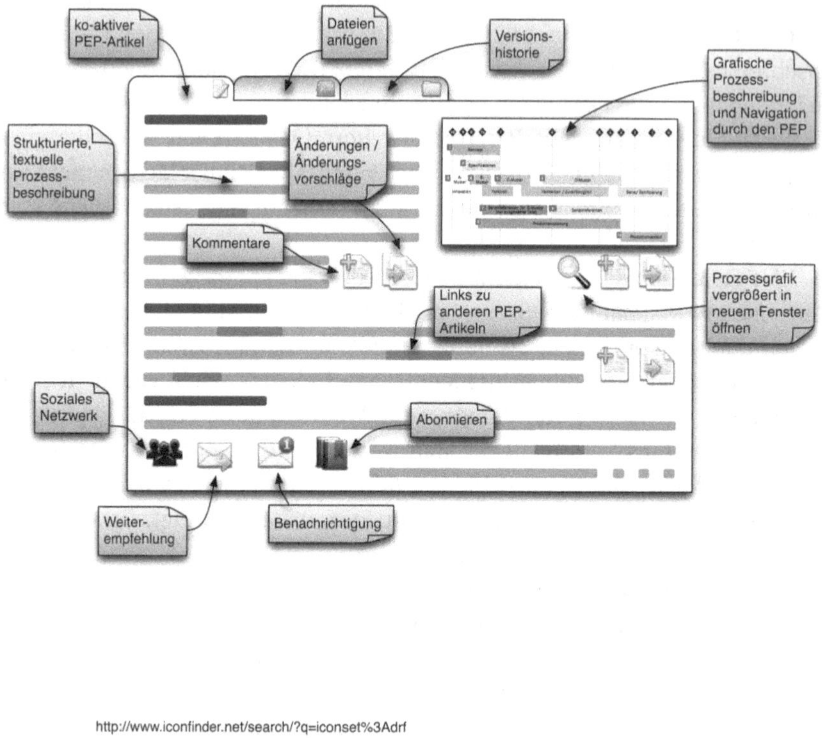

Abb. 3: Beispiel für eine Wiki-orientierte Gestaltung eines Handlungs- und Wahrnehmungsraums für einen kooperativen Produktentwicklungsplan PEP (Grafik Oberhoff).

Eine zentrale Herausforderung stellt dabei auch die Frage der Objektgranularität dar, d. h. inwieweit sind z. B. einzelne Texte als eigenständige Objekte durchgängig und in verschiedenen Konstellationen nutzbar. Gängige Web-2.0-Anwendungen wie z. B. Wikis oder Blogs gehen von einem strukturierten Konzept aus, das den Nutzern kaum Möglichkeiten gibt zu entscheiden, in welcher Form Personen, Funktionen, Arbeitsobjekte und soziale Beziehungen in einem gemeinsamen Handlungs- und Wahrnehmungsraum abgebildet werden sollen. Abbildung 3 veranschaulicht ein Beispiel für einen gemeinsamen Handlungs- und Wahrnehmungsraum, der sich zwar an die grundsätzliche Struktur eines Wikis anlehnt, tatsächlich aber sehr viele unterschiedliche Objekte und Funktionen zur Bearbeitung bereitstellt. Ein Produktentwicklungsplan wird traditionell in einer Datenbank gespeichert und ist deshalb in dieser Form nicht für eine ko-aktive Bearbeitung geeignet. Um diese zu ermöglichen, muss u. a. entschieden werden, in welcher Form einzelne Prozessschritte und Unterprozesse als bearbeitbare Objekte aufbereitet werden sollen.[8]

Grundsätzlich sollte eine Architektur immer so gewählt sein, dass sich unter Ausnutzung der zuvor charakterisierten Mehrwerte sehr viele, differenziertere Konzepte orchestrieren lassen. Dies soll für den Bereich der universitären Prozessen an zwei Beispielen kurz skizziert werden.

Szenarien ko-aktiver Wissensarbeit

Betrachtet man universitäre Prozesse der Wissensarbeit, fällt auf, dass auf die zu bearbeitenden Objekte zu unterschiedlichen Zeitpunkten und an verschiedenen Orten Bezug genommen wird. Dieses ist nicht nur charakteristisch für die universitäre Lehre, sondern auch für viele Forschungsprozesse. Zwei Beispiele sollen die grundsätzlichen Überlegungen zur Ausgestaltung eines Komplexdienstes illustrieren. Ein wichtiger Gesichtspunkt ist dabei, dass die entwickelten Lösungsansätze möglichst weitgehend versuchen, auf gemeinsame Konzepte aufzusetzen und damit Ressourcen und Entwicklungsaufwand zu minimieren. Zugleich fördert eine solche Strategie auch die Wiedererkennbarkeit der vorhandenen Funktionen und Nutzungsmöglichkeiten und erleichtert damit verschiedenen Nutzergruppen die Einarbeitung.

Beim ersten Beispiel, der Pyramidendiskussion, geht es um die Umsetzung eines spezifischen didaktischen Konzepts, bei dem der reflexive Umgang mit Wissensvielfalt im Vordergrund steht. Das zweite Beispiel, das responsive Positionieren, verdeutlicht dagegen eine Entwicklung, die sowohl auf innovative Lernszenarien als auch auf die Unterstützung des Forschungsdiskurses abzielt.

Diskursstrukturierung

Neben dem Thesen-Kritik-Replik-Verfahren stellt die Pyramidendiskussion einen grundlegenden Mechanismus zur Diskursstrukturierung und der reflexiven Analyse des erreichten Vorgehens dar.[9] Im Wesentlichen geht es darum, ausgehend von einer vorgegebenen Problemstellung zunächst möglichst viele unterschiedliche Sichten auf die gestellte Problematik zu kreieren, um dann zu sehen, ob und in welcher Weise diese sich unterscheiden oder sie vergleichbar sind.

8 Vgl. die ausführliche Aufbereitung von Gestaltungsszenarien in Holzweißig (2011).
9 Siehe hierzu u. a. Blanck, Schmidt (2005) und Blanck (2006).

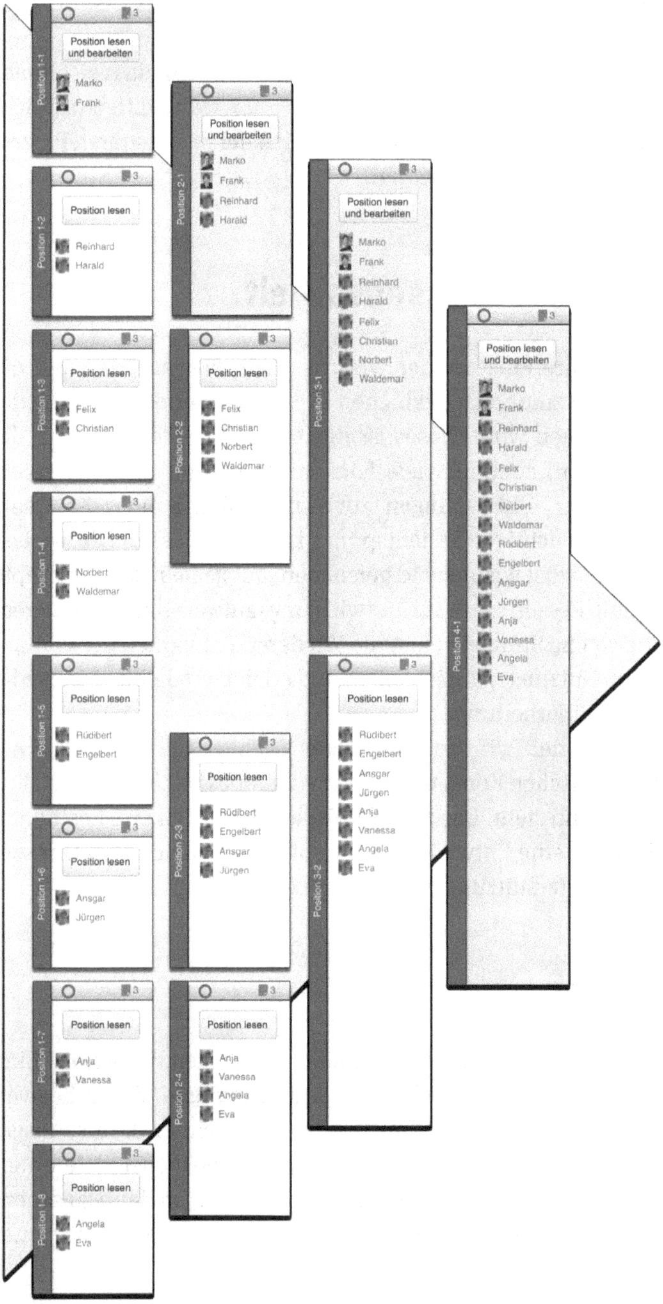

Abb. 4: Beispiel einer Pyramidendiskussion in koaLA.

Dabei sollen die Teilnehmenden jeweils ihre Position in einem Browserfenster eingeben. Die Positionen der anderen Teilnehmenden werden erst sichtbar, wenn eine eigene Position formuliert worden ist, um so die Gefahr der vorzeitigen Verengung der möglichen Perspektiven auf dem Problembereich zu reduzieren. Anschließend sollen Gruppen gebildet werden, deren Aufgabe es jeweils ist, die Positionen der Gruppenmitglieder zu diskutieren und festzustellen, inwieweit sie zusammengeführt werden können. Im Idealfall entsteht in einem mehrstufigen Prozess eine Pyramide, die es gestattet, vom Schlussdokument, das an der Spitze der Pyramide steht (siehe Abb. 4), jeweils zurückzuverfolgen, auf welchem Weg es mit welchen Argumenten und Perspektiven zustande gekommen ist. Ein solches Verfahren kann weder mit einem Wiki noch mit einem Blog realisiert werden, stellt aber technisch betrachtet letztlich nichts anderes dar als eine etwas modifizierte Form des wechselseitigen Schreibens und Bearbeitens von Dokumenten. Trotzdem werden dadurch die Möglichkeiten eines auch visuell strukturierten Handlungs- und Wahrnehmungsraums weitaus vielfältiger ausgeschöpft und für die Wissensarbeit genutzt.

Responsives Positionieren

Bei den zuvor angesprochenen Verfahren zur Diskursstrukturierung ist das visuelle Arrangement wie in den meisten browserbasierten Diensten fest vorgegeben. Will man nicht nur zeichnen und malen, sondern auch Wissensobjekte beliebiger Art arrangieren und zueinander positionieren, stößt man in der Regel an die Grenzen gängiger Plattformen. Zwar gibt es auch hier vielfältige Dienste, die beispielsweise erweiterte Funktionen für verteilte interaktive Tafeln zur Verfügung stellen (Shared Whiteboard), doch ohne den Hintergrund eines virtuellen Wissensraums sind auch hier wieder Medienbrüche zwischen der Nutzung eines Objekts an der Tafel und demselben Objekt im Dokument vorhanden. Unter Ausnutzung der Objektorientierung lässt sich dieses Problem umgehen, indem die jeweiligen Wissensobjekte als Attribute nicht nur Namen, Entstehungszeitpunkt, Größe usw. enthalten, sondern auch ein Attribut, das ihre Position in einem jeweiligen Kontext markiert.

Dadurch ist es möglich, ähnlich wie auf einem Desktop Wissensobjekte beliebig anzuordnen. Ein zusätzlicher Mehrwert ergibt sich daraus, dass die Position eines Objekts im jeweiligen Kontext ausgewertet werden kann. Abbildung 5 zeigt die Konzeption einer Forschungsumgebung, in der es möglich ist, Objekte wie z. B. historische Dokumente mal in einem Zeitbezug, mal mit Bezug auf den Fundort und ein weiteres Mal mit Bezug auf ihre Administrierung unterschiedlich anzuordnen. Auf diese Weise soll das Erkennen von Strukturen (Verteilungen,

Häufungen) aus unterschiedlichen Blickwinkeln unterstützt werden, wobei der jeweils dargestellte Wissensraum keine eigenständig generierte Visualisierung darstellt, sondern die Anordnung der Objekte selbst das visuelle Abbild ergibt. Durch Verschieben der Objekte können unterschiedliche Auswertungsfunktionen ausgelöst werden (Responsivität), die von der Zuweisung bzw. Aktualisierung des entsprechenden Attributs über die Anzeige der korrekten oder nicht korrekten Platzierung bis hin zur Auslösung von Vergleichs- und Suchoperationen gehen können.

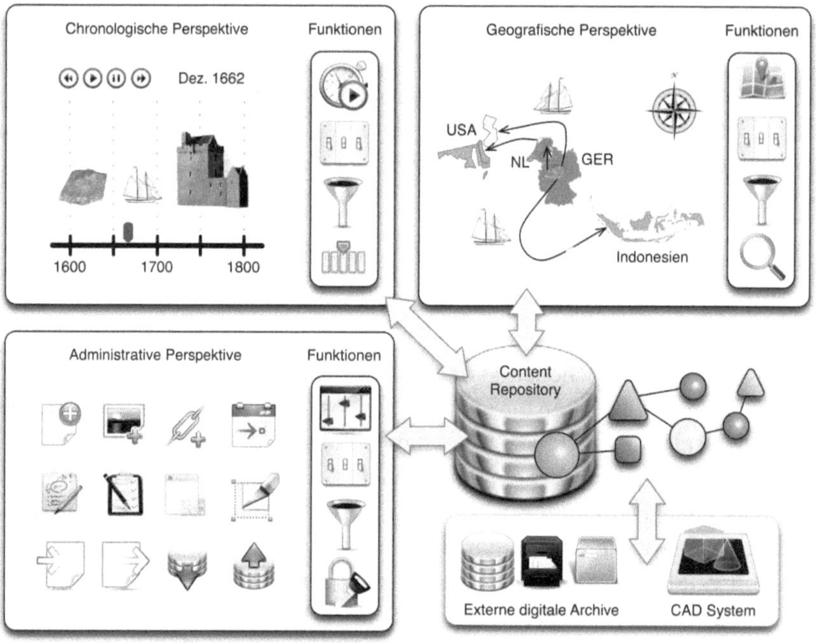

Abb. 5: Konzeption einer virtuellen Forschungsumgebung.

Dies eröffnet ungeahnte Möglichkeiten der ko-aktiven verteilten Interaktion. Ein System kann beispielsweise überprüfen, ob historische Dokumente auf einem Zeitstrahl richtig (in Bezug auf den historischen Kontext) positioniert worden sind. Umgekehrt ist es möglich, Dokumenten durch die Positionierung auf diesem Zeitstrahl das entsprechende Zeitattribut zuzuweisen. Entscheidend ist hier, dass es sich immer um ein und dasselbe Objekt des Wissensraums handelt, das durch die Anordnung nicht verändert, wohl aber in einen bestimmten Kontext gestellt bzw. ausgewertet wird.

Ein anderes Beispiel hierfür könnte auch die Zuordnung verschiedener fremdsprachlicher Begriffe zur bildhaften Darstellung sein. Das System würde dabei überprüfen, ob der jeweilige fremdsprachliche Begriff tatsächlich für das abgebildete Objekt steht.

Natürlich ist auch für diese Umsetzung ein gewisser Implementierungsaufwand notwendig. Entscheidend ist jedoch, dass es letztendlich immer ein und derselbe Wissensraum ist, in dem die Wissensartefakte verwaltet, bearbeitet und erschlossen werden und die damit für die beteiligten Akteure einen gemeinsamen Handlungs- und Wahrnehmungsraum bilden. Ein solcher Handlungs- und Wahrnehmungsraum ermöglicht es, über die Zeit und räumlich verteilte Handlungen an Wissensobjekten zusammenzuführen und damit die Anschlussfähigkeit der einzelnen Wissensarbeitsprozesse zu sichern.

Zusammenfassung und Ausblick

Der hier vorgestellte Ansatz ist einer von mehreren Möglichkeiten Dienste-Infrastrukturen aufzubauen, um Lehr-/Lernszenarien zu entwickeln und umzusetzen. Es geht nicht darum, dass bestimmte Ergebnisse nur mit der hier vorgestellten Perspektive erreichbar sind. Vielmehr soll der Ansatz verdeutlichen, dass erst unter Einbeziehung einer erweiterten Sicht auf die Frage, was denn Unterstützungsfunktionen für die menschliche Wissensarbeit sein könnten, die gegenwärtig vielleicht noch nicht oder prinzipiell nicht einer Automatisierung zugänglich sind. Sie bietet damit zugleich eine konzeptuelle Grundlage nicht nur für die Ausgestaltung einzelner konkreter Dienste, sondern für eine hypothesengeleitete Technikgestaltung, die darauf abzielt, mit der Entwicklung und Evaluierung der jeweiligen Dienste zugleich auch die dabei zugrunde gelegten Gestaltungsannahmen zum einen zu explizieren, zum anderen aber auch zu überprüfen und weiterzuentwickeln.

Dabei wird deutlich, dass mit einer isolierten Betrachtung bzw. der isolierten Entwicklung einzelner voneinander unabhängiger Dienste allein eine solche Qualität nicht erreichbar ist. Spätestens auf der Ebene der Komplexdienste, also da, wo verschiedene einfache(re) Dienste zusammengeführt werden müssen, ist es erforderlich, eine langfristige Entwicklungsstrategie zu verfolgen. Nur auf einer solchen Grundlage können flexible Architekturen konzipiert werden, die erweiterbar und offen für zukünftige Anforderungen sind.

Das Konzept der MediArena erhebt dabei nicht den Anspruch, Realität zu modellieren oder generell Anforderungen an Dienste und Dienste-Infrastrukturen auf die einzig mögliche Art zu sammeln. Vielmehr ist es selbst in seiner

Konstruktion vergleichbar mit einer Forschungshypothese, die es erlauben soll, Annahmen über Unterstützungspotenziale explizit zu formulieren und im Rahmen der Umsetzung zu überprüfen, um so Gestaltungswissen zu erarbeiten und akkumulieren zu können.

Mit neuen technischen Innovationen wird es erforderlich sein, jeweils die MediArena entsprechend zu erweitern bzw. zu modifizieren, denn eins bleibt gewiss: Solche Konzepte ebenso wie formale Systeme und damit auch digitale Dienste und Plattformen können immer nur Ausdruck eines momentanen Kenntnisstandes der Entwicklung sein. Die Konzipierung von Dienste-Infrastrukturen muss selbst als kontinuierlicher und langfristiger Lernprozess verstanden werden.

Literatur

Blanck, Bettina: Diskutieren mit der Methode der „erwägungsorientierten Pyramidendiskussion" – ein Beispiel für computerunterstütztes erwägendes Lernen. In: Zukunftswerkstatt Lehrerbildung: Neues Lehren und Lernen durch E-Learning. Der didaktische Mehrwert von E-Learning-Konzepten in der Lehrerbildung. ZfL-Texte Nr. 14. Hrsg. von Detlef Berntzen, Marcus Gehl u. Margit Hempel. Münster: Zentrum für Lehrerbildung 2006. S. 70–98.

Blanck, Bettina u. Christiane Schmidt: „Erwägungsorientierte Pyramidendiskussionen" im virtuellen Wissensraum opensTeam. In: Auf zu neuen Ufern! E-Learning heute und morgen. Hrsg. von Djamshid Tavangarian u. Kristin Nölting. Münster: Waxmann 2005. S. 67–76.

Conklin, Jeff: Hypertext: An Introduction and Survey. In: IEEE Computer (1987) Bd. 20 H. 9. S. 17–41.

Convertino, Gregorio, Thomas P. Moran u. Barton A. Smith: Studying activity patterns in CSCW. Tagungsband Extended Abstracts on Human Factors in Computing Systems (CHI EA '07). ACM, New York, NY, 2007. S. 2339–2344.

Drucker, Peter F.: The Landmarks of Tomorrow. New York: Harper & Row 1957.

Drucker, Peter F.: New Productivity Challenge. In: Harvard Business Review (1991) Bd. 69 H. 6. S. 69–79.

Dueck, Gunter: Bluepedia. In: Informatik Spektrum (2008) Bd. 31 H. 3. S. 262–269.

Holzweißig, Kai: Ein koaktiver Unterstützungsansatz für Prozesse sozialer Wirklichkeitskonstruktion in Produktentstehungsprozessen. Dissertation, Universität Paderborn, 2011. urn:nbn:de:hbz:466:2-8368.

Keil, Reinhard: Medienqualitäten beim eLearning: Vom Transport zur Transformation von Wissen. Bibliothek Forschung und Praxis (2007) Bd. 31 H. 1. S. 41–50.

Keil, Reinhard: E-Learning 2.0 vom Kopf auf die Füße gestellt. In: Jahrbuch Medienpädagogik 8. Medienkompetenz und Web 2.0. Hrsg. von Bardo Herzig, Dorothee M. Meister, Heinz Moser u. Horst Niesyto. Wiesbaden: VS Verlag für Sozialwissenschaften 2010. S. 121–146.

Keil, Reinhard: Der Computer als Medium – Medien als Denkzeug des Geistes. In: Per Anhalter durch die Turing-Galaxis. Münster: MV-Wissenschaft 2012. S. 147–152.

Keil, Reinhard, Michael Kerres u. Rolf Schulmeister (Hrsg.): eUniversity. Update Bologna. Education quality forum 2006. München, Berlin: Waxmann 2007.
Keil, Reinhard, Christian Schild u. Felix Winkelnkemper: E-Learning-Strategien: Best Practice oder behutsame Strukturerneuerung? In: Grundfragen multimedialen Lernens. Von der Innovation zur Nachhaltigkeit. Hrsg. von Nicolas Apostolopoulos, Ulrike Mußmann, Wolfgang Coy u. Andreas Schwill. Waxmann: Münster 2012. S. 137–155.
Keil-Slawik, Reinhard: Denkmedien – Mediendenken: Zum Verhältnis von Technik und Didaktik. In: it+ti Informationstechnik und Technische Informatik (2002) Bd. 4 H. 4. S. 181–186.
Keil-Slawik, Reinhard: Technik als Denkzeug: Lerngewebe und Bildungsinfrastrukturen. In: Wirkungen und Wirksamkeit neuer Medien in der Bildung. Education Quality Forum, Bd. 1. Hrsg. von Reinhard Keil-Slawik u. Michael Kerres. Münster: Waxmann 2003. S. 13–29.
Keil-Slawik, Reinhard u. Harald Selke: Forschungsstand und Forschungsperspektiven zum virtuellen Lernen von Erwachsenen. In: Kompetenzentwicklung´98 – Forschungsstand und Forschungsperspektiven. Hrsg. von der Arbeitsgemeinschaft Qualifikations-Entwicklungs-Management. Berlin, Münster: Waxmann 1998. S. 165–208.
Krämer, Sybille: Symbolische Maschinen. Die Idee der Formalisierung in geschichtlichem Abriß. Darmstadt: Wissenschaftliche Buchgesellschaft 1988.
Kühnel, Birger: Kontextuelles Tagging in der koaktiven Wissensorganisation. Dissertation. Universität Paderborn 2012. urn:nbn:de:hbz:466:2-10515.
Leroi-Gourhan, André: Hand und Wort. Die Evolution von Technik, Sprache und Kunst. Frankfurt: Suhrkamp 1988.
Moldaschl, Manfred: Innovationsfähigkeit, Zukunftsfähigkeit, Dynamic Capabilities. In: Managementforschung (2006). H. 16 S. 1–36.
Moldaschl, Manfred: Veränderungsrhetorik und Wettbewahren. Indikatoren für die Fähigkeit von Organisationen, sich zu erneuern. In: OrganisationsEntwicklung (2007). H. 4 S. 34–43.
Nelson, Ted: Computer Lib. Dream Machines. Redmond: Tempus-Books of Microsoft 1987 (urspr. Fassung 1983, ohne Verlagsangabe).
Roussev, Vassil, Prasun Dewan u. Vibhor Jain: Composable collaboration infrastructures based on programming patterns. Tagungsband Conference on Computer Supported Cooperative Work 2000. ACM, New York, NY, USA, S. 117–126.
Schümmer, Till, Alejandro Fernandez u. Mika Myller: Patterns for Virtual Places. Tagungsband 10. European Conference On Pattern Languages of Programs 2005. S. 75–108.

Brian Lavoie, Constance Malpas, J.D. Shipengrover

Print management at "mega-scale" – a regional perspective on print book collections in North America

Introduction

A recently published OCLC Research Report[1] considers the prospects for shifting the locus of print book management models from local collections to regionally-consolidated shared collections, and concludes that while the necessary policy and technical infrastructures have yet to be developed, a "system-wide reorganization of collections and services that maximize the business value of print as a cooperative resource is both feasible and capable of producing great benefit to the academic library community."[2] The present paper builds on Malpas (2011) by exploring a scenario in which the library system is reconfigured to maximize system-wide efficiencies by leveraging the distinctive assets of regional collections.

Investigating the characteristics of a system of regionally-consolidated shared print book collections requires two elements: a model of regional consolidation, and data to support analysis of collections within that framework. This paper employs the mega-regions framework for the first, and the WorldCat bibliographic database for the second. Mega-regions are geographical regions defined on the basis of economic integration and other forms of interdependence. The mega-regions framework has the benefit of basing consolidation on a substantive underpinning of shared traditions, mutual interests, and the needs of an overlapping constituency.

Our study explores what US and Canadian print book holdings would look like, if they were consolidated shared regional collections based on the mega-regions framework. Analysis of the regional collections is synthesized into a set of stylized facts describing their salient characteristics, as well as key cross-regional relationships among the collections. From these facts, we derive a number of key implications related to library access, management and preservation of print books, viewed as regional resources embedded in a larger library system.

---

1 Malpas (2011).

2 Ibid, p. 64.

Context

The findings of Malpas (2011) highlight the opportunity for reducing duplication and lowering the cost of managing print collections through collaboration and increased reliance on distributed infrastructure. That analysis focused on print collections held in academic research libraries and assumed that a growing share of institutional collections would be physically combined into shared collections distributed across a network of trusted print repositories. This is one approach to print consolidation, explicitly modeled on shared digital repositories; however, other approaches may be as good or even better fits for management of monographic collections. A balance must be struck between the efficiency gains of managing print inventory on a regional or system-wide scale and the imperative, still strong in many academic and public libraries, to manage print collections locally.

In this paper, we depart from the assumptions of Malpas (2011) in several ways. We take a broader view of the aggregate print book resource by including the holdings of public libraries and other non-academic institutions; furthermore, rather than supposing physical consolidation, we assume local print collections remain local, but are virtually consolidated at the regional level through a layer of services such as a shared discovery environment and fulfillment system. Virtual consolidation is a recurring theme in current discussions of cooperative print book management; the view is that print books in library collections are intended to be accessed and used, rather than serve merely as back-ups. Moreover, there is little indication that institutions are willing to dispense entirely with their local print collections, although there is strong interest in making print collection management more efficient and less costly. In a model of virtual consolidation, access is the primary service offering, with print materials "flowing" through the network of participating institutions to wherever needed. A well-functioning model of virtual print consolidation facilitates the movement of print materials from various points of supply (local collections) to the point of need (users anywhere within the network).

Mega-regions: a framework for consolidation

Our analysis examines consolidation at the regional level. Regions tend to be bound together by ties that can both motivate and facilitate interaction between organizations within the region, such as geographical proximity, shared infrastructure, and economic interdependencies. These ties are well-suited to support a print consolidation model based on virtual consolidation and flows of materials around the system. The logistics of supporting such a model of print consolidation would likely be simpler and more efficient within a region, in comparison to a grouping of geographically dispersed and disconnected institutions.

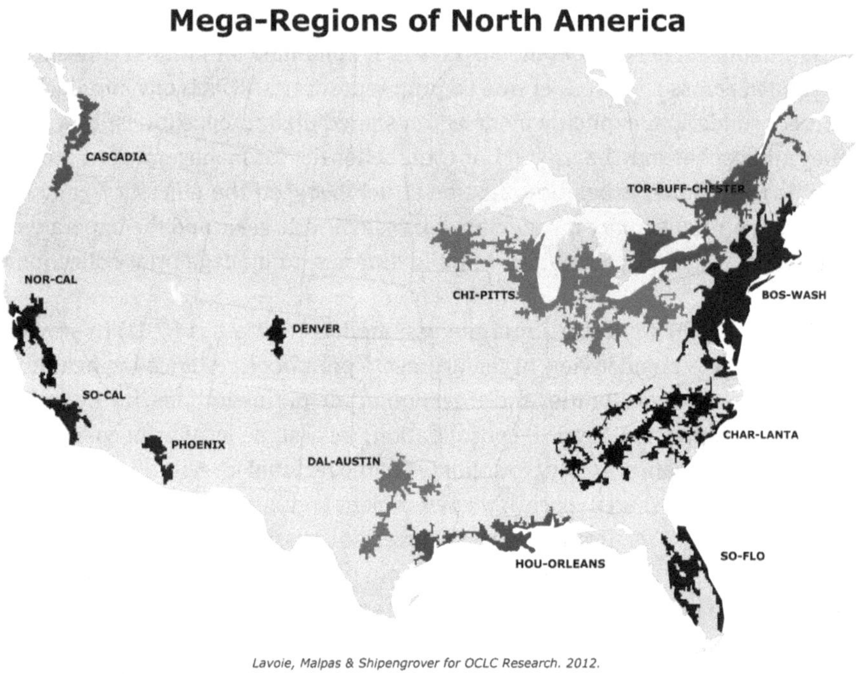

Fig. 1: Mega-regions of North America.[3]

We operationalize the concept of a region by adopting the mega-regions framework described by Florida, et al. (2008).[4] A mega-region is a geographical concentration of population and economic activity, generally subsuming multiple metropolitan areas and their surrounding hinterlands, and linked together through a complex connective tissue of economic interdependency, shared infrastructure, a common cultural history, and other mutual interests. Florida and his colleagues

3 This visualization of the North American mega-regions, used here and in other graphics in this article, is based on Figure 5 in Florida, et al. (2008), p. 470. Florida and his colleagues identify one mega-region in Mexico, centered around the Mexico City area. While Mexico is also part of North America, we exclude the Mexican mega-region from our analysis, because it is not clear that coverage of Mexican print book holdings in WorldCat is sufficiently representative of the actual Mexican print book collection.

4 Florida, Gulden and Mellander (2008). See also Florida (2008b).

used satellite imagery capturing night-time clusters of lights around the globe to identify twelve mega-regions in the US and Canada (Figure 1). "... [T]he mega-region," the researchers note, "has emerged as the new 'natural' economic unit. The mega-region is not an artifact of artificial political boundaries, like the nation state or even its provinces, but the product of concentrations of centres of innovation, production, and consumer markets."[5]

The extent of a mega-region is not limited by political boundaries, but rather by economic and cultural interdependency and mutual interests, which can occur in population centers that straddle state, provincial, or even international borders. Three of the North American mega-regions extend over international boundaries: CASCADIA, CHI-PITTS, and TOR-BUFF-CHESTER.

Mega-regions offer a compelling framework to explore a regional virtual consolidation of print book collections aimed at encouraging a flow of materials around the region. Mega-regions encompass existing networks of integration and mutual interest that could potentially absorb and support a new network of cooperative print management and shared use. In addition, mega-regions represent clusters of activity – research, innovation, learning, arts, and commerce – that library collections support. Therefore, it is useful to align clusters of library resources with clusters of activities that make use of these resources.

Some definitions

The following terminology is used throughout this report:

- Print book: a book[6] manifested in printed form. We exclude from the analysis materials explicitly cataloged as theses, dissertations, or government documents, as well as books in non-print formats such as e-books.
- Publication: a distinct edition or imprint of a work. For example, *Walking Ollie, or Winning the Love of a Difficult Dog* is a work – a distinct intellectual creation – by the author Stephen Foster. This work has appeared as several different publications, two of which are shown below.

5 Florida, et al. (2008), p. 461.

6 More specifically, we equate a "book" with a language-based monograph.

Foster, Stephen. 2008. *Walking Ollie, or, Winning the love of a difficult dog*. New York, N.Y.: Perigee Books.

Foster, Stephen. 2007. *Walking Ollie or, Winning the love of a difficult dog*. London: Short.

These would be counted as two distinct print book publications in our analysis.
- Holding: an indicator that a particular institution (a library or some other organization) holds at least one copy of a particular publication in its collection. Note that a holding says nothing about the number of physical copies owned by the institution, other than at least one copy is available. For example, according to their catalog, the Dallas Public Library owns three copies of the Perigee Books publication of Walking Ollie. All three copies would be represented in WorldCat by a single holding associated with the Dallas Public Library.
- Collective collection: the combined holdings of a group of institutions, with duplicate holdings (i.e., those pertaining to the same publication) removed.

The North American and mega-regional print book collections

The WorldCat bibliographic database is the closest approximation available of the global collective collection – the combined holdings of libraries and other institutions worldwide. While WorldCat data has certain limitations regarding coverage and interpretation of holdings information, it is nevertheless the best data source available for analysis of aggregate information resources such as regional print book collections. In January 2011, WorldCat contained 214.6 million bibliographic records representing information resources of all descriptions; these information resources accounted for nearly 1.7 billion holdings distributed across institutions all over the world.

Table 1 deconstructs WorldCat into the North American print book collection.

Table 1: North American print book collection in WorldCat (January 2011)

	Publications	Holdings
WorldCat	214.6 million	1.7 billion
Print books in WorldCat	128.1 million	1.2 billion
Print books in North America	45.7 million	889.5 million
US	40.9 million	840.0 million
Canada	14.2 million	49.4 million

An important caveat to note in regard to Table 1, as well as other results presented in this paper, is that they reflect institutional collections as they are cataloged and represented in WorldCat. The accuracy of holdings data in WorldCat may be lessened by the presence of duplicate records, cataloging errors, incomplete registration of collections, and other sources of inconsistency.

Of the 128.1 million distinct print book publications represented in WorldCat, 45.7 million are held by at least one institution located in either the US or Canada. This constitutes the North American print book collection: the collective collection of print book publications held by North American institutions. Richard Florida and his colleagues generously provided lists of the US ZIP codes and Canadian postal codes associated with each of the twelve mega-regions defined in their 2008 paper.[7] These ZIP and postal codes were compared to location information associated with each of the nearly 1.7 billion holdings in WorldCat, which established the set of print book holdings associated with each of the twelve North American mega-regions (Table 2).

BOS-WASH is the largest regional print book collection, in terms of both distinct publications and total holdings. PHOENIX is the smallest, with only 15 percent as many publications, and 4 percent as many holdings, as BOS-WASH.

7 The authors thank Michelle Alexopoulos of the University of Toronto for arranging the provision of the mega-region ZIP/postal code data for our work.

The median regional collection size is 8.4 million distinct publications, and 31.3 million total holdings.

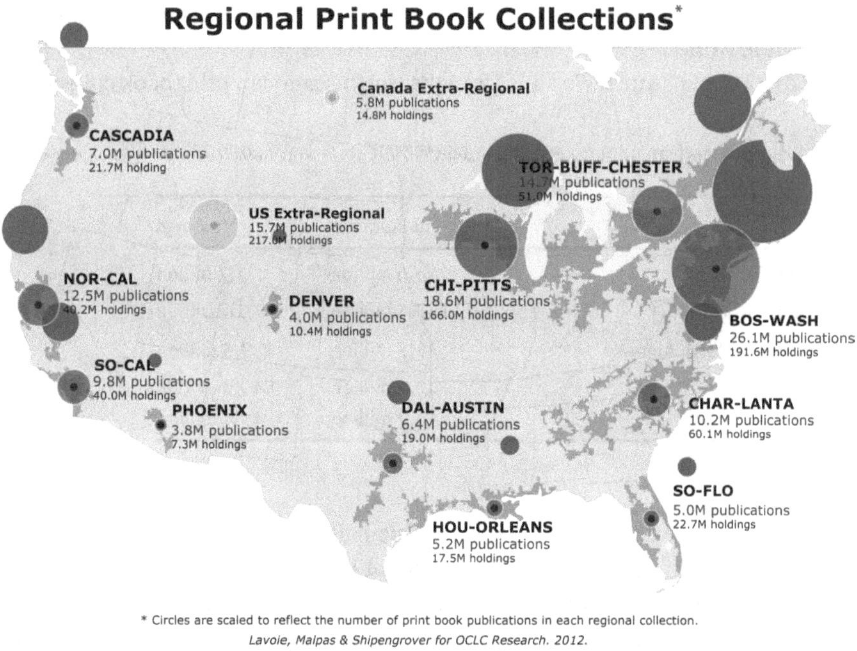

Fig. 2: Sizes of the North American mega-regional print book collections.

The ratio of holdings to publications indicates the degree to which a region's collection of distinct print book publications is "amplified" into total print book holdings around the region. Higher ratios suggest higher levels of duplication – or from an access perspective, greater levels of availability – within a region, while lower ratios suggest the opposite. Table 2 reports the holdings to publications ratio for each of the twelve regional collections.

Table 2: Holdings to publications ratio, by regional collection

Mega-region	Holdings to publications ratio
BOS-WASH	7.34
CASCADIA	3.11
CHAR-LANTA	5.92
CHI-PITTS	8.94
DAL-AUSTIN	2.98
DENVER	2.58
HOU-ORLEANS	3.39
NOR-CAL	3.22
PHOENIX	1.91
SO-CAL	4.09
SO-FLO	4.53
TOR-BUFF-CHESTER	3.47

The holdings to publications ratio varied widely across the regions, with CHI-PITTS exhibiting the highest value (8.94), and PHOENIX the smallest (1.91). The results suggest that duplication of print book publications is, on average, relatively low within the regions: even the highest ratio (CHI-PITTS) suggests that on average only about nine institutions hold a given print book publication in their collections, despite the geographical extent of the region and the many institutions it contains.

Table 3 quantifies the percentage coverage of the overall North American print book collection for each of the twelve regional collections.

Table 3: Regional coverage of the North American print book collection.

Mega-region	Coverage of North American collection
BOS-WASH	57 percent
CASCADIA	15 percent
CHAR-LANTA	22 percent
CHI-PITTS	41 percent
DAL-AUSTIN	14 percent
DENVER	9 percent
HOU-ORLEANS	11 percent
NOR-CAL	27 percent
PHOENIX	8 percent
SO-CAL	21 percent
SO-FLO	11 percent
TOR-BUFF-CHESTER	32 percent

The BOS-WASH region alone can account for nearly 60 percent of the entire North American print book collection. Other large regions, such as CHI-PITTS and TOR-BUFF-CHESTER, also exhibit significant coverage. Most regions, however, can only account for less than a quarter of the North American collection; for each of these regions, the vast majority of the print book publications available in North America are to be found outside the region.

It is important to note that a substantial part of the North American print book collection cannot be mapped to existing mega-regions. In the US, these "extra-regional" print book holdings account for more than 217 million holdings on 15.7 million print book publications, and in Canada, 14.8 million holdings on 5.8 million publications. The extra-regional collections in the US and Canada constitute important collections in their own right, representing rich collections of print book publications with significant uniqueness vis-à-vis other regional collections. However, these collections are dispersed over a considerable geographic area with no natural framework within which to consolidate them into a single virtual collection. The present study focuses exclusively on that part of the print book resource that is co-extensive with the twelve established mega-regions of North America. For the remainder of this paper, we will focus on analysis of the regional collections.

Stylized facts

A detailed analysis of each of the twelve mega-region print book collections was undertaken using WorldCat bibliographic and holdings data. We synthesized our analysis into a set of stylized facts – a set of broad observations based on empirical findings. The stylized facts constitute a general description of the North American mega-region print book collections, from which a number of implications regarding access, management, and preservation can be derived.

Academic institutions are the custodians of the majority of system-wide print book inventory

The success of a regionally-based cooperative model of print collection management depends on engaging institutions that control significant portions of the region-wide print book inventory. As Figure 3 shows, the majority of the print book inventory in every region is managed by academic institutions.

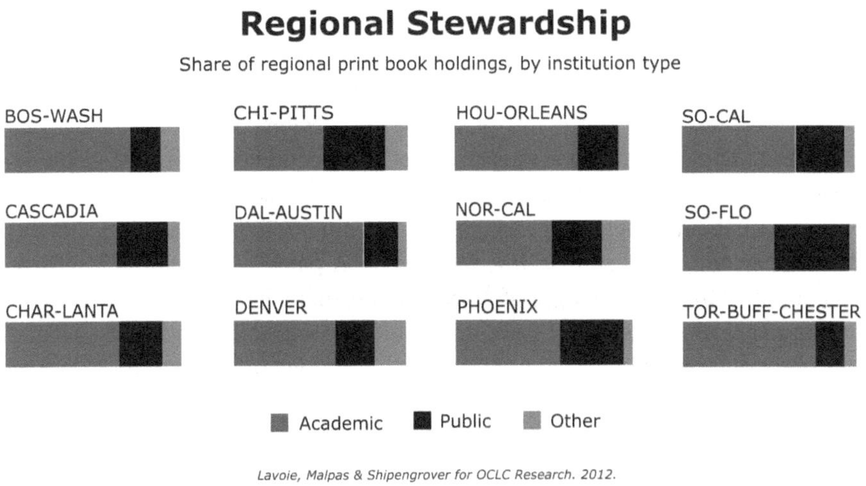

Fig. 3: Share of regional print book holdings, by institution type.

More than half of the regional print book inventory in every region is in the hands of academic institutions – and in some regions, considerably more than half. We are aware that many public library holdings are not represented in WorldCat, and this will tend to amplify the relative presence of academic institutions in regional print book collections. But even taking this coverage gap into account would not serve, in our judgment, to overturn the conclusion that most print book inventory in the regional collections belongs to academic institutions, given the wide gap between the relative shares of each institution type.

The fact that most regional print book inventory is managed by academic institutions suggests that regional print book collections are, on average, geared toward the needs of faculty and students in higher education. This is further evidenced by the relatively low percentage of print book holdings belonging to public libraries in most regions (see Figure 5): in half the regions, the share of public libraries is below a quarter, and in several regions the share is particularly low (BOS-WASH and TOR-BUFF-CHESTER, both at 17 percent). However, a few regions do exhibit relatively high percentages of public library print book holdings: SO-FLO (43 percent); CHI-PITTS (36 percent); and PHOENIX (35 percent). These regional collections would seem to be better positioned, vis-à-vis other regions, to serve the needs of general users.

Rareness is common within and across regional collections

WorldCat holdings data suggests that a significant share of print book inventory is relatively scarce both within regions and across regions. At least three quarters of the print book publications in each regional collection can be found at five or fewer institutions in the region. In some regions, the percentage of print book publications held by five or fewer institutions is particularly high: in DENVER, it is 89 percent, and in PHOENIX, 95 percent. A partial explanation for these exceptionally high percentages of "rare"[8] publications might be found in a correspondingly high fraction of print book holdings within the region associated with members of the Association of Research Libraries (ARL), an elite cohort of very large libraries associated with major research institutions in North America. The largest research libraries are likely to possess relatively unique print book collections vis-à-vis other institutions. In fact, the percentage of rare publications in a region and the share of print book holdings belonging to ARL institutions do exhibit a moderate degree of positive correlation[9], indicating that regions with a relatively heavy ARL presence tend to have higher shares of rare materials.

The apparent "lack of abundance" of many print book publications within regional collections suggests both opportunity and challenges. Low levels of duplication correspond to high levels of uniqueness within a regional collection, which in turn suggests that a regionally-consolidated collection would represent a significantly richer information resource, in terms of scope and depth, than what is available at any single institution. However, the ability to translate this uniqueness into benefits for regional users will depend on the geographic size of the region and the robustness of its inter-lending infrastructure. Potential benefits will also be scaled to the extent that aggregate regional demand for a particular print book publication exceeds local demand at the institution or institutions where the publication is held.

Rareness is also common across regional collections. Forty-nine percent of the publications in the North American print book collection are only available in one regional collection, or in the US or Canadian "extra-regional" collections. Eighty percent of the publications are available in five or fewer regions.[10] Signif-

8 It should be noted that a print book publication's "rareness" – i.e., the fact that it is held by only a few institutions – does not necessarily imply that it is an exceptionally valuable contribution to the regional or system-wide print book resource. For example, its scarcity may owe to the obsolescence or low quality of its content.

9 The Pearson correlation coefficient is 0.46 for the twelve regions.

10 The US and Canadian extra-regional collections are counted as "regions" in this result. For example, if a particular publication was available in BOS-WASH, CASCADIA, and several US locations outside the mega-regions, this would be counted as three "regions".

icant portions of several regional collections are unique to their regions: a third of the BOS-WASH collection, and a quarter of the TOR-BUFF-CHESTER collection, can be found in no other region.

As Figure 4 shows, scarcity or uniqueness within a region does not seem to be a predictor of scarcity or uniqueness across regions. In fact, the relationship appears to be weakly negative: regions with higher levels of intra-regional uniqueness tend to have relatively fewer materials unique to the region. This counter-intuitive relationship seems to be driven by regional size. Regions located to the upper left on the chart tend to be smaller, while regions located toward the lower right tend to be larger. A possible explanation for this pattern is that smaller regions tend to have fewer institutions, which may act both to reduce rates of duplication within the region, and increase rates of duplication across regions.

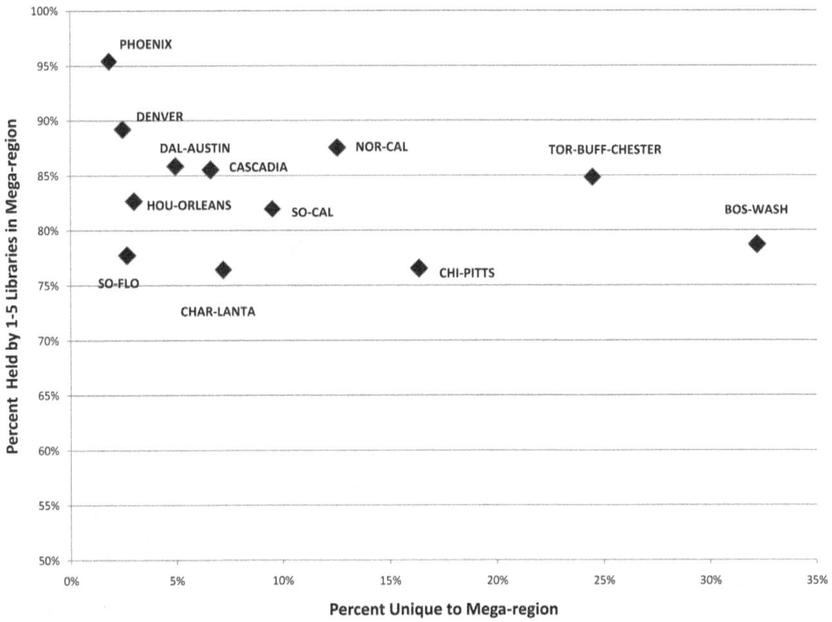

Fig. 4: "Rareness" at the intra-region and inter-region levels.

Analysis of overlap within and across regions indicates that considerable distinctiveness attaches to the regional collections at several levels. Consolidation at the regional level yields an aggregate print book resource that is richer in scope and depth than any single local collection. But distinctiveness also manifests at the inter-regional level, where a significant portion of the overall North American print book collection is available in only a few or even a single region. It is worth noting that no regional collection is completely subsumed within another regional collection, or can be entirely duplicated through the combined holdings of a group of regions. All regional collections have a store of print book publications that are unique to that region. Even the smallest regional collection – PHOENIX – contains a fraction of materials (2 percent, or nearly 70,000 distinct print book publications) that are only available in that region.

Regional collections are globally diverse and exhibit similar collecting patterns across broad subject areas

Global diversity is a characteristic common across all regional collections, measured by the presence of non-English language materials and books published outside North America. Figure 5 shows that non-North American and non-English print book publications account for significant portions of each regional collection.

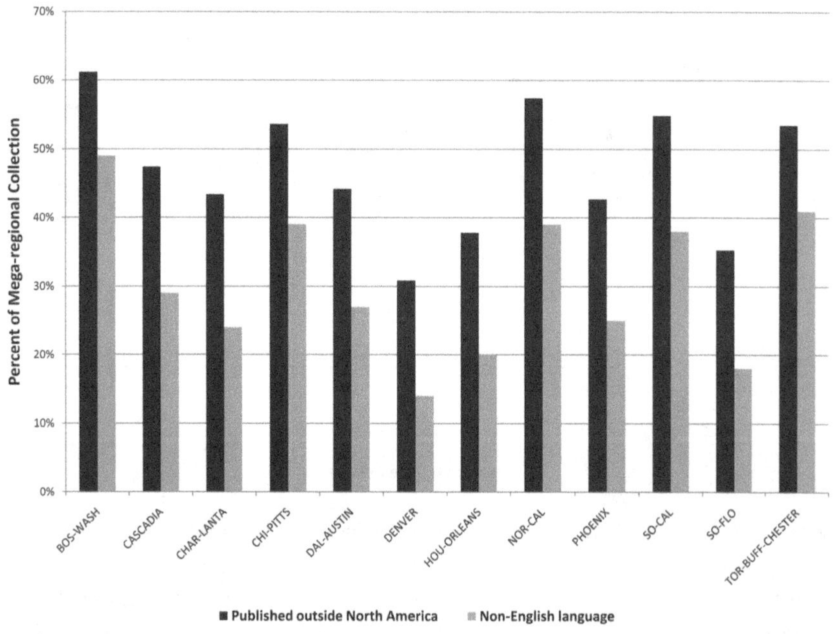

Fig. 5: Global diversity in regional collections.

The mega-regional print book collections display considerable similarity in regard to their topical coverage. A detailed subject analysis of the twelve collections could fill another paper; we limit ourselves to a few rough but indicative measures, based on analyses using the OCLC Conspectus[11] and FAST[12] topical subject headings in WorldCat records. All of the regional collections had "Language, Linguistics, and Literature" as the most frequently assigned Conspectus division, with "History and Auxiliary Sciences" ranking second. Ten of the twelve regions had "Philosophy and Religion" as the third most frequently occurring division. "Business and Economics" and either "Art and Architecture" or "Engineering and Technology" generally rounded out the top five Conspectus headings for the regional collections. The top five most frequently occurring divisions accounted for anywhere from 45 percent (BOS-WASH) to 60 percent (DAL-AUSTIN) of print books with Conspectus headings assigned. With the exception of BOS-WASH, the top five divisions accounted for more than half of the publications in the regional collections, suggesting a "long tail" shape to the distribution across Conspectus divisions in each region.

A more granular analysis using subject headings indicates that the subject composition of regional collections tends to have a regional flavor. FAST subject facet distributions show that regional collections collect relatively heavily in subject areas related to the region itself, pertaining to geography, local history, local events, and so on. For example, in DAL-AUSTIN, books about Texas and the Mexican War (1846–1848) figure prominently relative to other regions; similarly, in SO-FLO, relatively heavy concentrations of books can be found about Florida and Cuba. So while all regions seem to collect materials in the same general topical areas, each seems to specialize in books about region-specific subjects.

While all the regional collections have similar subject distributions, they also display a significant degree of distinctiveness in terms of specific publications within subject areas. The mega-regions framework helps to reveal synergies between distinctive but related regional resources that are otherwise difficult to detect. Our subject analysis indicates that even without explicit coordination, libraries in different mega-regions are building collections that are complementary and add richness to the system-wide resource.

---

11 The OCLC Conspectus is a subject hierarchy, ranging from broad to specific subject descriptions. The analysis focuses on Conspectus divisions, which are broad disciplines of knowledge. Our analysis is confined to print book publications in WorldCat that have an assigned Conspectus division, which includes the majority of the publications in each regional collection. For more information, see: http://www.oclc.org/us/en/support/documentation/collectionanalysis/using/introduction/introduction.htm#conspectus_WCA

12 FAST (Faceted Application of Subject Terminology) is a streamlined, simplified version of the Library of Congress Subject Headings schema. For more information, see: http://www.oclc.org/research/activities/fast/

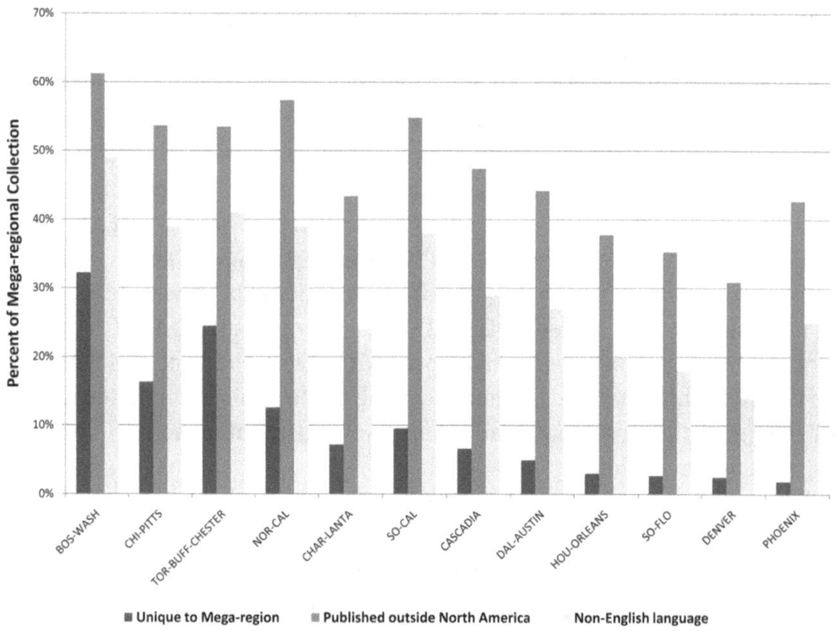

Fig. 6: Uniqueness and global diversity as percentages of regional collections.

The largest regional collections can serve as rough substitutes for smaller regional collections

Although each regional collection has a distinctive contribution to make to a North American network of consolidated regional collections, a pair-wise overlap comparison across regional collections reveals that the largest regional collections subsume most – but not all – of the print book publications available in the smaller regional collections. In this sense, the largest collections closely approximate, and therefore could serve as reasonable substitutes for, the smaller collections. Figure 7 illustrates this in the context of the three smallest regional collections: PHOENIX, DENVER, and SO-FLO. Eighty percent or more of the PHOENIX collection is duplicated within six other regional collections; 80 percent or more of the DENVER collection is duplicated within five other regional collections (and 93 percent within BOS-WASH alone); 80 percent or more of the SO-FLO collection is duplicated within four other regional collections. Significantly, each of the three small regions is geographically near to at least one other region that overlaps with at least 80 percent of its collection. This would likely ease the logistical challenges involved with one of the small regions partnering with a larger neighbor to meet some part of its print book management and access needs.

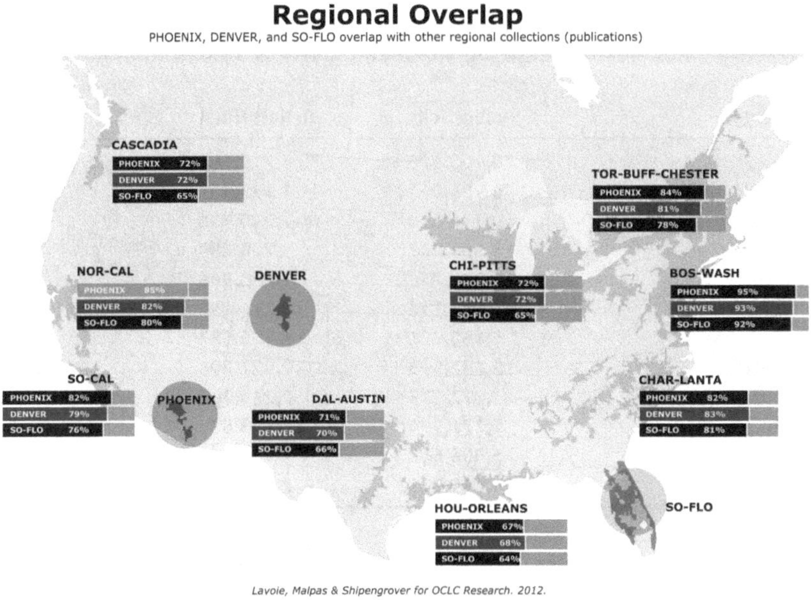

Fig. 7: PHOENIX, DENVER, and SO-FLO overlap with other regional collections.

An important implication from this analysis is that all of the regional collections can be paired with another collection that overlaps significantly with the first collection's holdings. But it is equally important to note again that none of the smaller regional collections is completely subsumed within a larger collection. Each collection includes a slice that is found nowhere else, and therefore represents a unique contribution to the North American print book collection.

Digital surrogates are available for significant portions of the regional collections

Strategies chosen for managing legacy print collections will depend in part on the availability of digital surrogates for print book publications. Reliable access to digital surrogates creates a strong incentive to reduce the scale of print book inventory managed locally. HathiTrust is a digital archiving service that manages digitized materials on behalf of more than sixty partner institutions (primarily American universities). As of March 2012, HathiTrust reports its collection to include about 5.4 million digitized book titles.[13] Table 4 shows HathiTrust's coverage of each of the twelve regional print book collections.

Table 4: HathiTrust coverage of regional print book collections.

Mega-region	Publications	In HathiTrust	Share of Regional Collection
BOS-WASH	26,105,425	3,719,184	0.14
CASCADIA	6,987,064	1,977,901	0.28
CHAR-LANTA	10,156,810	2,240,706	0.22
CHI-PITTS	18,558,201	3,700,089	0.20
DAL-AUSTIN	6,383,756	1,790,966	0.28
DENVER	4,047,196	1,216,497	0.30
HOU-ORLEANS	5,162,621	1,470,582	0.28
NOR-CAL	12,481,999	2,927,296	0.23
PHOENIX	3,827,173	1,258,297	0.33
SO-CAL	9,771,974	2,433,638	0.25
SO-FLO	5,008,657	1,286,838	0.26
TOR-BUFF-CHESTER	14,699,921	2,827,021	0.19

The HathiTrust corpus accounts for a significant portion of each regional collection. The PHOENIX and DENVER regions stand out in this regard, with about a third of their respective collections represented in HathiTrust. Seven of the twelve regions have a quarter or more of their collections in HathiTrust, while all except two regions have at least 20 percent. The outlier is BOS-WASH at 14 percent, although this result is primarily due to the size of the BOS-WASH collection; in absolute terms, BOS-WASH has the largest number of publications with digital surrogates in HathiTrust.

Digitized texts offer a range of features and conveniences to readers in comparison to print, and could support a transformation of library operating models, enabling broader access to the collective resource while also reducing costs associated with managing redundant physical inventory. The current state of HathiTrust coverage of the twelve mega-regional print book collections suggests that significant progress has been made in this regard.

13 OCLC Research periodically compares digitized book titles in the HathiTrust collection to print book titles in WorldCat. An analysis of the HathiTrust collection as of late February 2012 identified about 4.9 million discrete book titles that could be mapped to print book titles (and holdings) in WorldCat.

Key implications

A number of implications for the future of print management emerge from the stylized facts described above.

Stewardship of the North American print book collection will require coordination on a supra-institutional scale

Our study reveals that the geographic distribution of the North American print book collection is remarkably uneven, with the largest regional collections – all located in the eastern half of the US and Canada – accounting for the vast majority of print book publications and holdings in the North American collection. At the same time, we discovered that scarcity of holdings on a regional basis is not a reliable indicator of scarcity elsewhere in the larger library system. Taken together, these facts suggest that effective stewardship of the aggregate resource will require both a supra-institutional view of the system-wide collection and cooperative agreements that transcend organizational and even geographic boundaries.

The appropriate scale of consolidation and cooperative management for regional print book collections will vary across different geographies

To the extent that mega-regions represent a natural unit of economic organization, undergirded by common social, cultural, and economic interests, one can imagine that print stewardships organized at a regional scale might enable better optimization of the aggregate resource than is possible when such efforts are organized on a smaller scale. For example, titles judged to be last copies on a statewide scale may be relatively abundant if evaluated against regional or supra-regional holdings. Management schemes focused on rationalizing collections on a per-state or per-province level risk disrupting supply and demand patterns operating on the broader, mega-region scale. A holistic approach to managing the collective resource would require cooperation across multiple states or provinces. This presents obvious challenges, as the social and technical infrastructure that is needed to support coordinated management of library resources at this scale is relatively limited. Because the nature of the regional print book resource, library infrastructure, and the capacity of cooperative organizations varies significantly, it is reasonable to conclude that the appropriate scale of shared print management will differ across geographies.

Significant bilateral duplication between mega-regional print book collections suggests opportunity for inter-regional cooperation in print management and fulfillment services

Our analysis found high rates of pair-wise overlap between the largest and smallest mega-regional collections. This suggests that smaller regions may find it advantageous to externalize some print management operations to larger regional partners, who can achieve greater economies of scale in preservation and access services. This has important implications for inter-regional shared print agreements. If a robust, inter-regional library logistics infrastructure is available, it is conceivable that regions with relatively high rates of duplication vis-à-vis other regions may source preservation and fulfillment services elsewhere. While it is highly improbable that any region would outsource management of distinctive resources, it is logical to imagine that as fulfillment models continue to diversify, strategies for sourcing commodity content will also change.

A substantial part of each regional print collection has been digitized, creating opportunities for a virtual redistribution of system-wide assets; even so, major challenges for regional print management remain

As more of the material underpinning research and innovation moves online, the infrastructure that supports knowledge creation and information exchange will become less dependent on locally concentrated inventory and more reliant on systems that improve the flow of content, both in print and on-line. Regional inter-lending networks might provide the backbone for a more robust library logistics network, enabling a greater number of libraries to benefit from a diminishing and widely dispersed print book inventory. Regions that successfully implement "flow"-based strategies for print management, with the objective of maximizing the total value of the aggregate print book resource, will likely have an advantage over regions where management of print resources remains fragmented. Of course, a large part of the system-wide print book collection has not yet been digitized. Our analysis suggests that institutions in regions where the total print book collection is very large and the overlap with HathiTrust is relatively low will have fewer preservations options available to them than institutions in smaller regions. This suggests that large-scale, multi-region cooperative preservation strategies may be needed if the aggregate print resource is to be secured for the long term as a collective resource. For example, some coordinated effort across the BOS-WASH, CHI-PITTS and TOR-BUFF-CHESTER regions may be needed to ensure cost-effective stewardship of the 80% of the North American print book collection that is held in the Northeast.

Changes in higher education may have a profound effect on long-term stewardship responsibilities for print books

While the majority of the North American print book inventory is held in academic libraries, the distribution by type of academic library differs from one region to the next. This has important implications for the redistribution of institutional investment in print collections, as colleges and universities with a primary mission of teaching and learning are increasingly focused on cost-effective provisioning of course materials, especially electronic content. Investment and attention that was once directed toward building and maintaining local print collections now has other aims. As a consequence, stewardship responsibility for the aggregate print collection is increasingly concentrated on a relatively small – and unevenly distributed – population of research-intensive institutions. As an increasing number of academic institutions begin to reduce retrospective inventory and purchase fewer print books, a small minority of libraries with a mission-driven commitment to preservation will feel compelled to step into the breach to ensure continuing access to and the long-term survival of the print published record. In some regions, it may prove difficult to identify an entity with a clear responsibility for the regional print resource.

Optimizing print collections on a mega-regional basis will have system-wide impact

As libraries look to optimize the amount of local print inventory, it will be important to balance institutional imperatives to reduce local print book holdings with the core library mission of broadening access to information. Our investigation has revealed that each of the twelve mega-regions hold some distinctive print resources, assets that are not duplicated in any other regional collection and that add richness to the system-wide print book resource. Improving the "flow" or circulation of these resources – whether in print or digital form – will benefit the system as a whole by ensuring that the total value of library investment is effectively leveraged.

Conclusions

In this study we have applied the mega-regions framework to the distribution of the aggregate print book resource in North America, and considered some implications for cooperative approaches to print management. An important corollary to the findings discussed in this report is that existing cooperative infrastructure may not be equal to the task of managing print resources at a mega-regional scale. The absence of a cooperative infrastructure that is fit-to-purpose for achieving an integrated regional print management strategy, or negotiating on behalf of regional partners, represents a significant constraint on the development of a system-wide, multi-regional preservation plan. It remains to be seen if existing organizational structures will adapt to serve the growing need for supra-institutional and supra-regional planning and governance, or if new organizations will be needed to bridge the gap between state- or province-level and larger-scale federal or national approaches to cooperative print management. It also remains to be seen what benefits might be achieved if the scope of cooperative print management schemes were broadened to include a wider range of library types. Our study suggests that unless multi-type partnerships are established, it will be difficult to ensure that the remarkable breadth and diversity of the North American print book collection is preserved for future generations.

We do not claim that consolidation of print resources in North America should be organized at the mega-regional scale; rather, we have used the mega-regions framework to explore what a hypothetical regional consolidation of print resources might look like. Operationalizing a large-scale consolidation of regional print book collections will present many challenges; further study of the nature of these challenges and their potential solutions is needed. We hope this paper will stimulate additional research on the factors that determine the appropriate scale of supra-institutional print management arrangements, as well as the cooperative and logistical infrastructure needed to sustain them.

Acknowledgements: We thank Michelle Alexopoulos, Ivy Anderson, James Bunnelle, Lorcan Dempsey, David Lewis, Rick Lugg, Lars Meyer, Roger Schonfeld, Emily Stambaugh, and Thomas Teper for thoughtful comments on a draft of the report from which the present article was distilled. We also thank Michelle Alexopoulos for her aid in obtaining the ZIP/postal code data used to construct the mega-regional collections analyzed in the report. We gratefully acknowledge the contributions of OCLC colleagues who supported this investigation, notably: Bruce Washburn, for his assistance in producing the Hathi Trust overlap findings; and Lorcan Dempsey, to whom the credit belongs for perceiving the mega-regions framework as a valuable context for exploring library data, and who encouraged us to experiment with its application in reimagining print collection management.

Bibliography

Florida, Richard: Who's your city? How the creative economy is making where to live the most important decision of your life. New York: Basic Books 2008.

Florida, R., T. Gulden, and C. Mellander: The rise of the mega-region. In: Cambridge Journal of Regions, Economy and Society (2008) 1:3 Pp. 459–476.

Malpas, Constance (2011): Cloud-sourcing Research Collections – Managing Print in the Mass-digitized Library Environment. http://www.oclc.org/research/publications/library/2011/2011-01.pdf (16.04.2013).

Wissensorganisation und -repräsentation in Unternehmen

Hans Rudolf Straub

Wissensrepräsentation in der Medizin: Über Semantik zum Code

Einführung: Eine semantische Pipeline für Fallpauschalen

Die vorliegende Arbeit beschäftigt sich mit den theoretischen Grundlagen für ein semantisches Projekt, das unser Team erfolgreich in über 400 Krankenhäusern umgesetzt hat. Wir erstellten ein System, das freitextlich formulierte Diagnose- und Operationsbezeichnungen automatisiert kodieren kann. Dafür entwickelten wir eine regelbasierte, nichtmonotone Inferenzmethode.[1]

Nach einer kurzen Darstellung des situativen Kontextes in den Krankenhäusern und einer Übersicht über mögliche Formen von Computerunterstützung bei der Diagnosekodierung erklärt der vorliegende Text die Charakteristika des entwickelten Inferenzsystems, nämlich die spezielle Form des semantischen Netzes, auf das die medizinischen Ausdrücke abgebildet werden, sowie die Methode, mit der das System regelbasiert und nichtmonoton[2] Schlüsse zieht.

Die stationären Spitalleistungen werden in der Schweiz seit kurzem über das DRG[3]-System[4] abgerechnet. Das bedeutet, dass jeder Aufenthalt eines Patienten in einem Krankenhaus einer bestimmten Fallgruppe zugeordnet wird. Das Krankenhaus erhält dann im Prinzip für jeden Patienten in der gleichen Gruppe die gleiche pauschale Vergütung, unabhängig davon, welche Kosten dem Krankenhaus dafür entstehen. Die Zuweisung zu einer der aktuell[5] rund 1000

---

1 Straub, 2009; Straub, 2010.

2 In klassischer, monotoner Logik dürfen Aussagen ihren Wahrheitswert nicht ändern, wenn neues Wissen hinzukommt. Bei nichtmonotoner Logik ist dies erlaubt. Dies führt zu unterschiedlichem Schlussverhalten. Siehe Diskussion weiter unten im Text.

3 DRG = Diagnosis-Related Groups. Der Name rührt daher, dass vor allem die Diagnose des Patienten massgeblich für die Leistungsvergütung sein soll – und nicht etwa die durchgeführte Behandlung. Dadurch soll das Krankenhaus einen Anreiz erhalten, möglichst effiziente Behandlungen durchzuführen. Aus mehreren Gründen spielen heute allerdings auch die Behandlungen (Operationen, Medikamente usw.) eine zunehmende Rolle im DRG-System.

4 Fischer 1999; SwissDRG 2013.

5 aktuell = Schweiz, 2013.

Fallgruppen erfolgt auf Basis der ICD-10-Codes der Diagnosen[6] und der CHOP-Codes der Prozeduren.[7]

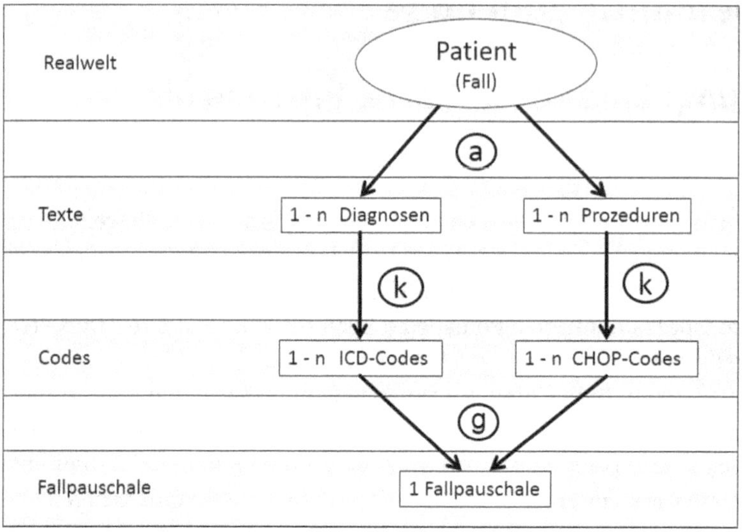

Abb. 1: Informationsfluss bei der Bestimmung der Fallpauschalen
a = Arzt, k = Koder, g = Grouper.

Die zunehmende Abstraktion des Falles bis zur Fallpauschale ist in Abbildung 1 dargestellt. Die Buchstaben a, k und g zeigen, wer für die Informationsverarbeitung jeweils verantwortlich ist. Der Arzt a bestimmt die Diagnosen und hält sie in Textform fest. Pro Fall können eine bis mehrere Dutzend Diagnosen festgehalten werden. Die Kodierung k der Diagnosen kann vom Arzt vorgenommen werden oder von einer eigens dafür geschaffenen, z.T. personalintensiven Abteilung im Krankenhaus. Der letzte Schritt, die Gruppierung g, ist der einfachste und erfolgt durch die Gruppieralgorithmen, die vom Hersteller des Fallpauschalensystems fest vorgegeben sind.

Während Schritt a) sich aktuell nicht automatisieren lässt und Schritt g) bereits vollständig automatisiert ist, stellt sich die Frage, ob Schritt c) sich gegebenenfalls automatisieren lässt. Auf diese Weise könnte die Code-Zuweisung kontrolliert, reproduzierbar und mit hoher Präzision erfolgen. Unser Projekt konnte zeigen, dass die Automatisierung in der Praxis realisierbar ist. In der vorliegenden Arbeit werden die entscheidenden Grundlagen der gewählten Methode erklärt.

6 DIMDI 2013a; WHO 2013.
7 BFS 2013.

Vier alternative Methoden zur Computerunterstützung der Kodierung medizinischer Diagnosen

Stringvergleiche in Thesauren

Oft wird angenommen, dass es eine endliche Anzahl von Formulierungen medizinscher Diagnosen gebe und dass es möglich sei, eine Tabelle (einen Thesaurus) zu erstellen, die in der ersten Spalte jede mögliche Diagnose und in der zweiten den ihr zugehörigen Code enthält. Wegen der kombinatorischen Explosion[8] ist jedoch eine vollständige Aufzählung aller möglichen Diagnosen nicht realistisch und ein solcher Thesaurus wird stets grosse Lücken haben.

Trotzdem funktionieren praktisch alle im deutschen Sprachraum verwendeten digitalen Kodierhilfen auf dieser Basis. Der zu kodierende Text, d.h. die Diagnose in Textform, wird mit den Einträgen im Thesaurus verglichen. Ein Algorithmus berechnet anschliessend die Nähe der gefundenen Thesauruseinträge mit dem Textstring und bringt die besten Hits an die oberste Stelle. Das Resultat mit z.B. zwischen 5 und 500 Hits wird dem menschlichen Kodierer vorgelegt, der nun entscheiden muss, welcher Thesauruseintrag der Diagnose am besten entspricht.

Natürlich handelt es sich bei dieser Methode des Stringvergleichs nicht um eine automatisierte Kodierung, lediglich um eine Kodierunterstützung (Suchhilfe). Trotzdem ist sie weiterhin verbreitet, da leicht zu erstellen.

Kodierung über vorbereitete Kaskaden

Ein kommerzielles Kodiertool, das auf diese Weise funktioniert, ist in den USA weit verbreitet. Die Diagnosen werden in einem System von weit verzweigten und sehr detaillierten Bäumen mit mehreren einfachen Einstiegspunkten gefasst. Der menschliche Kodierer wählt einen Einstiegspunkt und folgt anschliessend der Fragekaskade bis zur genau spezifizierten Diagnose. Der Vorteil dieses Systems ist, dass die Bäume entsprechend den Kodierrichtlinien und unter Berücksichtigung aller Verzweigungen gebaut werden können. Der menschliche Kodierer

---

8 Mehrere Merkmale beschreiben eine Diagnose. Wenn ein Merkmal, z.B. der Erreger, 1000 Ausprägungen erlaubt und ein zweites, z.B. das Organ, 30, dann entstehen mit 1030 (1000+30) Ausdrücken 30'000 (1000*30) unterschiedliche Diagnosetexte. Jedes zusätzliche Merkmal ist ein weiterer multiplizierender Faktor; die Zahl der Kombinationen explodiert. Rector, 1999; Straub 2005a.

folgt dem Pfad anhand der ihm vorliegenden klinischen Unterlagen und erreicht in der Regel einen sehr genauen Code. Der Bau der Kaskaden ist allerdings ausserordentlich aufwendig. Es ist unmöglich, alle Einstiegspunkte in die Kaskaden vorauszusehen. Die Arbeit der Anwender, d.h. der Kodierer der konkreten Fälle, geht über viele Schritte. Ein aufwendiger Versuch, das amerikanische System in Deutschland einzuführen, wurde 2004 vom Hersteller gestoppt, da die Übersetzung der Kaskaden ins Deutsche und die Anpassung der Kaskaden an das deutsche ICD-10 System sich als zu ressourcenintensiv herausstellte.

Code-Zuweisung mit statistischen Methoden

Dieses System wird ebenfalls in den USA verwendet, allerdings vor allem im etwas einfacheren ambulanten und nicht im stationären Bereich. Voraussetzung zur Erstellung des Systems ist ein grosser Korpus von Freitexten, die bereits kodiert sind. Unter der Annahme, dass die Kodierungen korrekt – und konsistent – sind, vergleicht ein stochastischer Algorithmus eine neue Texteingabe mit dem Korpus und liefert den wahrscheinlichsten Code. Im deutschen Sprachraum sind dem Autor keine Systeme von diesem Typ bekannt, die in der Praxis eingesetzt werden. Ein Versuch, ein solches System in einem Schweizer Kantonsspital aufzubauen und für die ICD-10 Kodierung zu verwenden, ist in der Praxis gescheitert.

Kodierung auf Basis einer semantischen Interpretation

Diese Kodierunterstützung ist die elaborierteste und verwendet eine ausgedehnte semantische Regelbasis. Die Kodierung erfolgt nicht direkt, sondern der Diagnosetext wird zuerst in eine semantische Repräsentation gebracht, die anschliessend kodiert wird. Dabei wird ein echtes Autocoding erreicht, d.h. der Vorgang kann vom Text zur Semantik und anschliessend zum Code vollständig automatisiert werden.[9] Unser Team[10] hat eine solche Methode entwickelt, die in über 400 Krankenhäusern in Deutschland, der Schweiz und Österreich im Routineeinsatz ist. Im Folgenden werden die Grundlagen dieses semantischen Kodiersystems vorgestellt.

9 Oertle, 2007.
10 www.semfinder.com

Übersicht über das Kodiersystem

Es handelt sich um ein wissensbasiertes System.[11] Das Krankenhaus erhält die aktuellen Wissensbasen (WB) und ein Programm, das die eingegebenen Texte nach den Regeln der WB semantisch analysiert und kodiert. Die Wissensbasen werden von unserem Team (Ärztinnen und Ärzte) gepflegt. Ihre Arbeit wird von einem schnellen und transparenten Editor unterstützt. Da der Praxiserfolg eines wissensbasierten Systems vor allem von der Wartbarkeit seiner Regeln abhängt, hat die transparente Darstellung der Regeln in den Wissensbasen erste Priorität. Im Editor kann jeder Input schrittweise, d.h. Regel für Regel, abgearbeitet werden. Die Auswirkungen jeder einzelnen Regel sind sofort erkennbar und die Regel kann zielgerichtet angepasst werden.

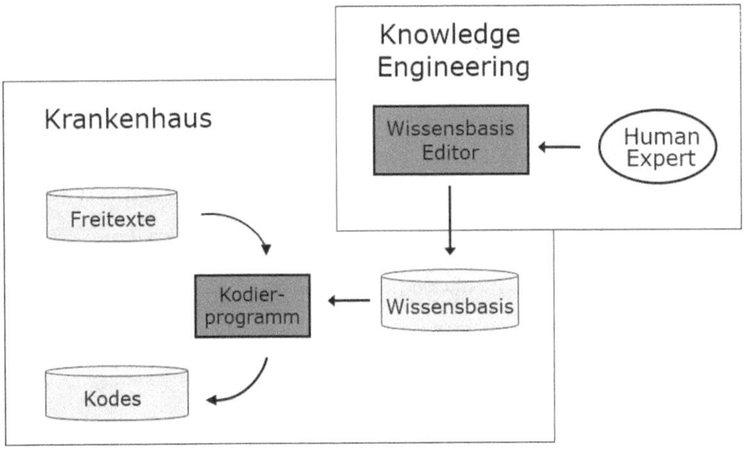

Abb. 2: Komponenten des Kodiersystems.

Der Kern des Systems sind die Algorithmen des Kodierprogramms, welche die Regeln der Wissensbasis auf die Eingabetexte anwenden. Dabei geht es keinesfalls nur um die Zuweisung der Codes. Das Ziel ist vielmehr, alle expliziten und impliziten Informationen, die für den Arzt in den Textdiagnosen erkennbar sind, auch in der semantischen Repräsentation darzustellen – unabhängig davon, ob sie kodierrelevant sind oder nicht. Es handelt sich in der Tat um ein System, das versucht, die gesamte Semantik der medizinischen Diagnosen und Prozeduren in ein formales System zu bringen.

Da eine falsche Kodierung für die Krankenhäuser negative Auswirkungen auf die Erträge haben kann, ist das System bezüglich Ausgabe nicht zutreffender

11 Sowa, 2000.

Codes sehr kritisch, d.h. die Precision muss hoch sein (98–100%). Andererseits darf der Recall tiefer sein, da das System selbstständig erkennt, wenn es ein Wort oder eine Wortkombination nicht einordnen kann und dem Anwender dies mitteilt. Selbstverständlich ist unser Ehrgeiz aber auch hier, einen möglichst hohen Wert zu erzielen.

Obwohl das Gebiet der Medizin sehr ausgedehnt ist, handelt es sich doch um eine Fachsprache, was die Aufgabe erleichtert. Da in Fachsprachen die Wörter in der Regel gut definiert sind, sind Ambiguitäten seltener als in der scheinbar einfacheren Umgangssprache.

Der Erfolg des Systems zeigt, dass eine regelbasierte semantische Interpretation eines grossen Wissensgebietes in einer ausserordentlich hohen Präzision machbar ist. Die verwendete Methode kann auch ausserhalb der Aufgabe Diagnosekodierung von Interesse sein. Zwei Charakteristika zeichnen sie im Vergleich zu Methoden mit ähnlichen Zielen aus:

- die systematische, multidimensional-multifokale Gestaltung des Raumes, in dem die Begriffe repräsentiert sind → *semantischer Raum.*
- die Verwendung von *nichtmonotoner* Logik mit einem dem menschlichen Denken nachempfundenen Match-Algorithmus, der die jeweils anzuwendende Regel sukzessive auf Basis der Eingabe bzw. des aktuell erreichten Interpretationsstandes auswählt → *Inferenzmechanismus.*

Auf diese beiden Themen (semantischer Raum und Inferenzmechanismus) wird in den folgenden Kapiteln eingegangen.

Die Gestaltung des semantischen Raumes

Die Hierarchie

Die Begriffsarchitektur, d.h. die Art, wie die Begriffe zueinander angeordnet sind, ist für die Ausgestaltung der Algorithmen entscheidend. Je nach Architektur sind die Regeln für die semantische Textinterpretation einfacher oder komplizierter zu bauen. Kompliziert gebaute Regeln sind nicht nur schwieriger zu erstellen und zu warten, sondern auch fehleranfälliger. Fazit: Der Erfolg unseres Projektes hing somit entscheidend von der Begriffsarchitektur ab.

Bei Begriffsarchitekturen lassen sich drei grundsätzlich verschiedene, aufeinander aufbauende Typen erkennen:

Als Grundmuster der Begriffsarchitekturen kann der *hierarchische Baum* angesehen werden. Beispielhaft sind die hierarchischen Systematiken von Zoologie und Botanik. Die Vorteile dieser Architektur bezüglich Übersichtlichkeit und ontologischer Ökonomie[12] sind evident: wenn man weiss, dass eine Hauskatze ein Säugetier ist und dass alle Säugetiere vier Extremitäten haben, muss die Extremitätenzahl nicht bei der Katze repräsentiert werden (und auch bei allen anderen Arten nicht), sondern die Information kann von der Klasse Säugetier über alle Hierarchiestufen (Klasse – Überordnung – Ordnung – Überfamilie – Familie – Spezies) bis hinunter zur Hauskatze vererbt werden. Man braucht somit entscheidend weniger Platz bei der konkreten Repräsentation (*ontologische Ökonomie*). Auch laufen die Computerprogramme, deren Algorithmen immer wieder alle Elemente der Ontologie durchsuchen müssen, in einer Hierarchie maximal effizient und sicher.

Diesen evidenten Vorteilen steht ein entscheidender Nachteil entgegen: die Realität ist in der Regel nicht hierarchisch organisiert.[13] Die Voraussetzungen dafür sind nur gegeben, wenn die betrachteten Elemente eine gemeinsame Entstehungsgeschichte haben (zoologische Systematik) oder aber vom Menschen bewusst konstruiert wurden (militärische und andere organisatorische Hierarchien zum Beispiel).

Insbesondere sind die medizinischen Diagnosen nicht hierarchisch organisiert und nicht hierarchisch organisierbar. Hier besteht ein grosses Konfliktpotential, da Systematiker, also die Personen, die Kodiersystematiken erstellen, hierarchische Bäume aus den oben genannten Gründen idealisieren und in den Kodiersystematiken zu realisieren versuchen. So sind die für die Abrechnungen verwendeten medizinischen Klassifikationen (ICD-10, OPS und CHOP)[14] alle hierarchisch strukturiert. Die Struktur entspricht aber in vielen Details nicht der Realität und die Verwendung der Systematiken führt in der Praxis zu vielen logischen Problemen.

Abbildung 3 zeigt eine Übersicht über die Kapitel der ICD-10. Eine Diagnose wie „Streptokokken-Pneumonie" könnte sowohl ins Kapitel A der Infektionskrankheiten (wegen den Infektionserregern Streptokokken) als auch ins Kapitel J der Atmungskrankheiten (Pneumonie) eingeordnet werden. Beides ist logisch korrekt; die Zuordnung ist in jedem Fall arbiträr. Solche Überschneidungen der Kategorien finden sich auf jedem Level der Hierarchie und sie lassen sich

---

12 Ontologische Ökonomie zielt darauf ab, bei der Beschreibung eines bestimmten Objekts oder Sachverhalts möglichst wenige Elemente zu verwenden, ohne dabei an Detailtreue zu verlieren. Der Gewinn liegt in der Reduktion von Redundanz (Fehlerpotenzial!), in der besseren Übersichtlichkeit und in der einfacheren Wartbarkeit. Ontologische Ökonomie ist nach Ansicht des Autors ein Schlüsselkriterium bei der Wissensrepräsentation.

13 Rector 1999; Straub 2005a; Straub 2006a.

14 DIMDI 2013a; BFS 2013; DIMD 2013b.

auch durch einen besseren Bau der Klassifikationshierarchien nicht vermeiden. Deshalb eignen sich hierarchische Klassifikationen nicht für die semantische Repräsentation von medizinischen Diagnosen.

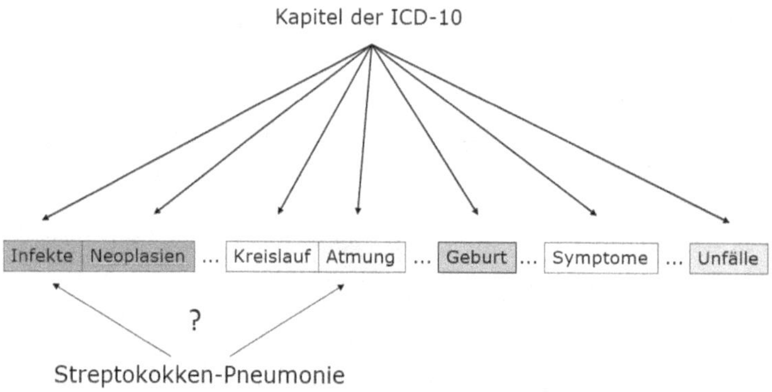

Abb. 3: Arbiträre Zuordnung in einer Hierarchie.

Die multidimensionale Architektur

Die Probleme des hierarchischen Klassifikationsbaumes können in einem ersten Schritt mit einer multidimensionalen Architektur gelöst werden. Dabei wird eine konkrete Diagnose als eine Kombination von je einem Wert (Begriff) aus verschiedenen Bäumen geschrieben. Jeder Baum entspricht einer eigenen Dimension, d.h. einem eigenen Freiheitsgrad.[15] Der gesamte Raum für die Darstellung der Diagnosen entspricht somit bei n Bäumen einem n-dimensionalen Koordinatensystem.

Bei dieser Art von Koordinatensystem ist zu beachten, dass es sich nicht um stetige Achsen handelt, sondern dass die Werte auf den Achsen Begriffe sind, die diskreten Werten entsprechen. Die unterschiedlichen Hierarchieebenen des Baumes entsprechen unterschiedlichen Zusammenfassungen von Begriffen. Jeder Oberbegriff im Baum entspricht auf der Koordinatenachse einer grobgranulären Zusammenfassung seiner feingranuläreren Unterbegriffe.[16]

Diese mehrdimensionale Darstellung löst nicht nur das oben erwähnte Zuordnungsproblem (siehe Abbildung 4), sondern ist auch ökonomisch, in dem Sinn, dass mit wenigen atomaren Begriffen – z.B. m+n+o in einem dreidimen-

15 Straub 2009; Straub 2006a.
16 Straub 2009; Straub 2006b.

sionalen System – sehr viele kombinierte Begriffe (m*n*o) spezifiziert werden können. Je mehr Dimensionen, umso grösser ist der Gewinn an Ausdrucksstärke. Insbesondere löst die mehrdimensionale Architektur das Problem der kombinatorischen Explosion, da die Koordinatendarstellung mit zusammengesetzten Begriffen arbeitet und somit die Kombinationen auf natürliche Weise integriert werden.

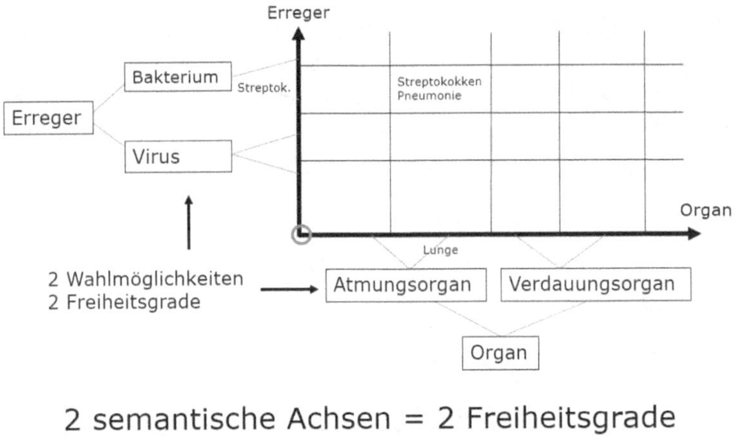

Abb. 4: Ein zweidimensionales System (zwei Bäume = 2 Freiheitsgrade).

Nicht zuletzt gewinnt die multidimensionale Architektur an Übersichtlichkeit. Durch die Einführung unterschiedlicher Achsen können unterschiedliche semantische Qualitäten separat dargestellt werden. Auch die Algorithmen können gezielt auf die einzelnen Freiheitsgrade oder Dimensionen zugreifen.

Die multifokal-multidimensionale Architektur

Allerdings ist auch die multidimensionale Architektur nicht optimal für die gestellte Aufgabe: In der Praxis zeigt sich nämlich, dass zwei, drei oder auch dreissig Dimensionen nicht genügen.[17] Ein automatisiertes Kodiersystem für medizinische Diagnosen benötigt mehrere tausend Freiheitsgrade. Diese lassen sich in einer einfachen mehrdimensionalen Architektur, bei dem sich alle Achsen in einem Punkt schneiden, nicht mehr übersichtlich darstellen. Bei vielen Achsen ist auch nicht jede Kombination sinnvoll und je mehr Dimensionen verwendet

17 Straub 2002; Straub 2003.

werden, umso mehr sinnlose Kombinationen entstehen. Diese „Leerstellen“ müssen verwaltet werden, wodurch das ganze System wieder unökonomisch und schwierig zu warten wird.

Die Lösung besteht nun darin, nicht mehr alle Dimensionen als unabhängig zu betrachten, wie normalerweise in der multidimensionalen Architektur (siehe Abbildung 4), sondern sie untereinander zu *hierarchisieren* (siehe Abbildung 5). Das bedeutet, dass gewisse Dimensionen/Freiheitsgrade/Achsen sich anderen unterordnen; die gewöhnliche multidimensionale Architektur wird dadurch *multifokal.*[18] Ein Fokus ist ein Wert auf einer Achse, von dem weitere Achsen ausgehen. Die abgehenden Achsen sind nur dann sichtbar, wenn der Wert, von dem sie ausgehen, erreicht wird. Es handelt sich somit um gekapselte Achsen oder Dimensionen.

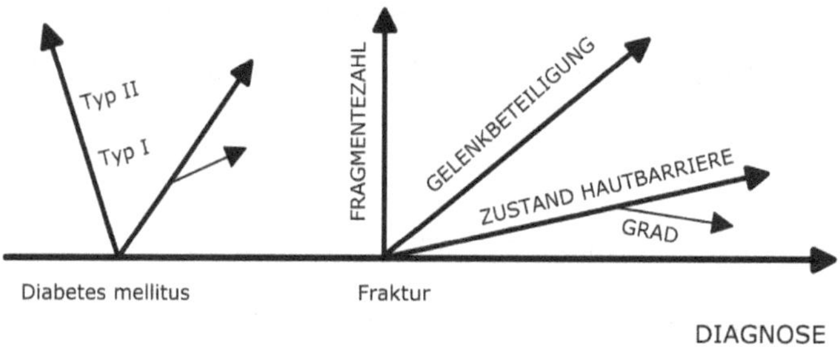

Abb. 5: Drei beim Fokus „Fraktur“ gekapselte Dimensionen (Freiheitsgrade, Achsen). Auf alle Achsen kann ein zusätzlicher, achseneigener Hierarchiebaum gezeichnet werden, wie auf den beiden Achsen von Abbildung 4 dargestellt. Es gibt somit Hierarchien der Werte (innerhalb einer Achse) und die Hierarchie der Achsen.

In Abbildung 5 ist ersichtlich, wie die drei Freiheitsgrade *Fragmentzahl, Gelenkbeteiligung* und *Zustand Hautbarriere* beim Begriff *Fraktur* gekapselt sind. Bei der alternativen Diagnose *Diabetes mellitus* spielen diese Dimensionen keine Rolle und sie sind deshalb auch nicht sichtbar.

Der semantische Raum und die Relationen

Das System aus den multifokal miteinander verbundenen Achsen (siehe Abbildungen 4 und 5) stellt das „Gelände“ dar, in dem sich die semantischen Reprä-

18 Straub 2009; Straub 2002.

sentationen und Folgerungen bewegen. Die atomaren Begriffe[19] sind die Werte auf den Koordinatenachsen in diesem komplexen semantischen Raum, während die zusammengesetzten (kompositen) Begriffe Ausschnitte aus diesem Raum bilden, die analog zu Koordinatenpunkten aus mehreren atomaren Werten bestehen. Im Prinzip handelt es sich beim semantischen Raum um ein grosses, speziell geformtes semantisches Netz, wobei die atomaren Begriffe die Knoten und die Relationen zwischen den Atomen die Kanten bilden.

Die kompositen Begriffe, aber auch alle Aussagen im System, inkl. der Inferenzregeln, werden als komposite Ausschnitte aus dem Raum dargestellt und folgen strikt der Architektur des semantischen Raums. Insbesondere folgen die *Relationen* stets der Architektur des Raumes, was ihnen eine spezielle Eigenschaft verleiht: Alle Relationen lassen sich nämlich in zwei Gruppen einteilen, je nachdem, wie sie sich im Raum orientieren:

a) hierarchische Relationen → innerhalb einer Dimension
b) attributive Relationen → zwei Dimensionen verbindend

Eine attributive Relation geht immer von einem Fokus aus und verbindet den Begriff, der die Rolle des Fokus spielt, mit den Begriffen auf den Dimensionen, die vom Fokus ausgehen. So liegen z.B. in Abbildung 5 die Attribute (attributiven Begriffe) des Fokus (Begriffs) Fraktur auf den drei von ihm ausgehenden Achsen. Die Relationen, die den Begriff Fraktur mit den attributiven Begriffen auf den Achsen verbinden, sind attributive Relationen und verbinden stets auch die beiden beteiligten Achsen, bzw. Dimensionen. Diesen attributiven Relationen stehen nun die hierarchischen gegenüber, die stets innerhalb der gleichen Dimension (Achse) verlaufen. Ein Beispiel dafür wäre in Abbildung 5 die Relation der Begriffe „Fraktur“ und „Diagnose“ oder „Fraktur“ und „Verletzung“. Alle drei befinden sich in der gleichen Dimension (Achse). Der allgemeinste Begriff dieser Dimension kann als der Name der Achse verstanden werden, im Beispiel der Begriff „Diagnose“. Mit hierarchischen Relationen verbundene Begriffe bilden Ketten, die als Ausschnitte aus dem hierarchischen Baum dieser Dimension gesehen werden können („Fraktur“ → „Verletzung“ → „Diagnose“). Der höchste Begriff im hierarchischen Baum („Diagnose“) ist wieder der Name der Achse.

Die beiden Basis-Relationen des semantischen Raumes sind ausreichend für alle Aussagen. Dies gilt insbesondere auch für alle spezifischen attributiven Relationen, die immer auf eine Kombination der beiden Grundrelationen *hat_Attribut* und *ist_ein* zurückgeführt werden können.[20] So wird z.B. die spezifische attribu-

19 Straub 2009; Mac Isaac 2008; Straub 2005b.
20 Straub 2005b.

tive Relation *„A hat_Lokalisation B“* gesehen als Kombination von *„A hat_Attribut Lokalisation“* und *„B ist_eine Lokalisation“*. Weitere Rückführung gibt es für die *part_of*-Relationen. Dies führt dazu, dass alle Relationen als Eigenschaften des semantischen Raumes gesehen werden können. Für die Arbeit mit den Wissensbasen ergibt sich dadurch eine Reduktion des formalen Apparates ohne Einschränkung der Ausdruckskraft.

Darstellung kompositer Begriffe (Begriffsmoleküle)

Die Reduktion auf zwei Relatoren macht es möglich, komposite Begriffe auf eine leicht lesbare und platzsparende Art darzustellen.

Was ist überhaupt der Nutzen kompositer Begriffe? Man muss sich im Klaren darüber sein, dass zwischen Wörtern und Begriffen ein fundamentaler Unterschied besteht.[21] Während *Wörter* hör- bzw. lesbar sind, also Elemente der äusseren Realität, sind die *Begriffe* die Bedeutungen der Wörter, wie sie als Vorstellungen in unseren Köpfen entstehen. Sie sind die eigentlichen Grundelemente der Semantik.[22] Wenn jemand ein Wort hört, kennt er seine Bedeutung erst, wenn er es in seinem Kopf in einen grösseren Zusammenhang einordnen kann. Wörter aus einem Fachgebiet, das er nicht versteht, kann er nicht einordnen, weshalb sie für ihn „kein Begriff“ sind. Die Wörter nachplappern könnte er aber trotzdem. Nun kann jedermann leicht einsehen, dass die Wörter der Sprache gewissen Einschränkungen unterliegen, die für die Begriffe in unseren Köpfen nicht gelten. So folgt in der gesprochenen und geschriebenen Sprache ein Wort auf ein anderes. Dieser lineare Fluss ist eine Einschränkung, die für Begriffe nicht gilt. In unseren Köpfen können wir mit Begriffen Strukturen bilden, bei denen mehrere Begriffe in komplexen Relationen zusammengebunden sind, die weit über den linearen Wörterstring hinausgehen. Bei der Repräsentation von Semantik ist es nun erstrebenswert, gerade diese komplexen Anordnungen darzustellen – ohne Rücksicht darauf, ob die Sprache dafür mit ihrer linearen Anordnung ein Vorbild liefert. Das Vorbild ist vielmehr in unserem Kopf.

Ein Wort wie *Fraktur* bedeutet im medizinischen Kontext eine *Diagnose* an einem *Organ*, das ein *Knochen* ist. Alle vier kursiv geschriebenen Ausdrücke sind Begriffe, d. h. Vorstellungen, die in bestimmten Relationen zueinander stehen und vom Wort Fraktur evoziert werden. Der Komplex aus den vier atomaren Begriffen inklusive der Relationen zwischen ihnen ist der *komposite* Begriff.[23] Das

21 Straub 2009; Straub 2005a; Ogden/Richards 1923; Sowa 1984.
22 Ogden/Richards 1923; Straub 2009.
23 Straub 2009; Straub 2005b.

von uns entwickelte Kodiersystem arbeitet grundsätzlich mit solchen kompositen Begriffskomplexen. Sowohl die Beschreibung von Objekten oder Zuständen wie auch die Regeln, die zur Umformung, Interpretation und Kodierung der Zustände verwendet werden, sind in Form dieser kompositen Komplexe geschrieben, die wir Begriffsmoleküle nennen, um auszudrücken, dass es sich um Verbindungen von atomaren Begriffen handelt.

Die Verwendung kompositer Begriffe hat den Vorteil, dass *implizite Information obligat und explizit* dargestellt wird. So wird bei der kompositen Repräsentation des Inputworts *Fraktur* stets die Information *Knochen* mitgeführt und bei der Interpretation und bei der Kodierung können diese Informationen einfach und schnell abgegriffen werden. Ein weiterer Vorteil liegt darin, dass die Begriffsmoleküle entlang der Strukturen des semantischen Raumes aufgebaut sind, was Lesbarkeit und Übersicht verbessert. Die Strukturen des Raums sind im konkreten Begriffsmolekül für den Bearbeiter stets sichtbar. Sie können in den Interpretationsregeln direkt abgefragt werden.

Die Darstellung am Bildschirm achtet auf Ökonomie.[24] Möglichst viel Information soll übersichtlich und auf einer möglichst kleinen Fläche dargestellt werden. Auf diese Weise kann der Bearbeiter schnell auch einen komplexen Sachverhalt erfassen. Zu diesem Zweck werden die beiden Relationen implizit durch die „Geographie" des Bildschirms dargestellt: wenn zwei atomare Begriffe horizontal nebeneinander stehen, ist der Begriff links der Oberbegriff und der Begriff rechts der Unterbegriff (hierarchische Relation). Wenn sie untereinander stehen, ist der untere Begriff ein Attribut des oberen (attributive Relation).

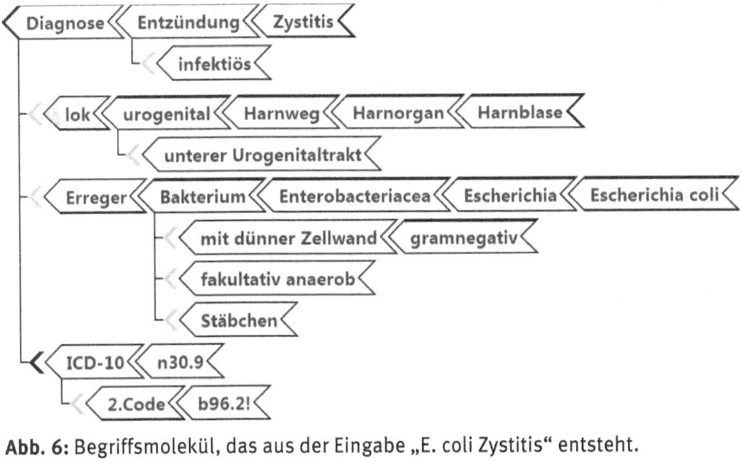

Abb. 6: Begriffsmolekül, das aus der Eingabe „E. coli Zystitis" entsteht.

24 Straub 2005b.

Wie Begriffsmoleküle aussehen, zeigt Abbildung 6: Dieses Molekül besteht aus 22 Polygonen, welche die atomaren Begriffe (Atome) darstellen. Das Polygon links oben stellt in jedem Molekül die Wurzel dar, welche den semantischen Typ des Gesamtmoleküls kennzeichnet. In diesem Fall handelt es sich um eine Diagnose. Immer wenn Atome auf der gleichen Zeile stehen, befinden sie sich in der gleichen semantischen Dimension und die Atome bilden eine hierarchische Kette. Von links nach rechts werden die Begriffe immer spezifischer. So findet sich in Abbildung 6 auf der obersten Zeile eine *Zystitis*, die eine *Entzündung*, die eine *Diagnose* ist. Immer wenn von einem Atom Linien nach unten ziehen, funktioniert das Atom als ein Fokus. Die so angehängten Begriffe befinden sich in Dimensionen (Achsen des semantischen Raumes), die im Fokus gekapselt sind. Die erste attributive Achse vom Atom *Diagnose* in Abbildung 6 ist seine *Lokalisation*. Dieser Begriff wird wieder nach rechts spezifiziert, bis zur *Harnblase*. Alle Begriffe auf der Zeile sind *Lokalisationen*. Die hierarchische Kette von *Erreger* (ebenfalls ein Attribut von *Diagnose*) besteht aus fünf Atomen, bis zur Spezifikation *E. coli*. Auch Atome innerhalb der Kette können Achsen (Freiheitsgrade) als Fokus kapseln, so sind beim Atom *Bakterium* drei Freiheitsgrade sichtbar. Zuunterst finden sich die beiden ICD-10-Codes, welche der Diagnose zugewiesen werden. Die Verarbeitungskette des automatischen Kodierprogramms bildet dieses Molekül schrittweise aus der Eingabe „E. coli Zystitis". Die meisten atomaren Begriffe wurden nicht als Wörter im Input genannt, sondern regelbasiert erschlossen. Die implizierte Information wird im kompositen Begriffsmolekül umfassend und strukturiert mitgeführt und steht für weitere Schlüsse einfach abrufbereit. Die Vorteile der Moleküldarstellung von Abbildung 6 liegen nicht zuletzt in der einfachen Lesbarkeit sowohl für den Menschen wie für die Maschine. Der Mensch sieht die semantische Information detailliert und wohlstrukturiert in einer kompakten Darstellung. Die Algorithmen der Programme können das Molekül sehr schnell lesen, da es – obwohl es eine komplexe, mehrdimensionale Semantik repräsentiert – stets in Form eines Baumes aufgebaut ist, der von der Wurzel links oben über alle Zeilen schnell und sicher nach unten durchlaufen wird.

Inferenzmechanismus

Klassische und nicht-klassische Logik

Klassische Logik ist *monoton*: Generierte Aussagen (Inferenzen) dürfen ihren Wahrheitswert nicht ändern, wenn neues Wissen hinzukommt. Das setzt voraus, dass entweder keine neue Information hinzukommen darf oder dass das bestehende Wissen so sicher organisiert ist, dass neue Erkenntnisse bestehendes Wissen nicht in Frage stellen können. Keine dieser Bedingungen trifft auf das Wissen in der Medizin zu.

Eine noch grundlegendere Forderung ist die nach *Konsistenz* (Widerspruchsfreiheit): Die gleiche Aussage kann nicht das eine Mal wahr und das nächste Mal falsch sein. Nur so kann die Gesamtheit eines Aussagesystems widerspruchsfrei gehalten werden. Konsistenz ist speziell dann von Interesse, wenn Beweise geführt werden. Wenn aus Fakten mit bekanntem Wahrheitsgehalt auf Fakten mit bislang unbekanntem Wahrheitsgehalt geschlossen werden soll, möchte man sich auf die Konsistenz des logischen Systems verlassen können.

Doch die Sache ist nicht so einfach. Denn nicht nur die logische Konsistenz des Aussagesystems spielt eine Rolle, sondern auch die „semantische" Konsistenz. Bedeuten die Aussagen, so wie sie formuliert sind, immer dasselbe? Wenn eine Aussage in einer bestimmten Sprache formuliert ist, ist dann die Bedeutung dieser Formulierung immer die gleiche? Oder auf die Elemente der Aussage zurückgeführt: ist die Bedeutung der einzelnen Terme in den Aussagen immer die gleiche.[25] Diese Fragen mit Ja zu beantworten, setzt voraus, dass die Terme der Sprache perfekt und eindeutig definiert sind und die Definitionen von jedem Sprecher eingehalten werden. In der Mathematik wird grösstes Augenmerk auf diese Forderungen gerichtet und deshalb ist die klassische Logik auch für mathematische Fragestellungen und Beweise bestens geeignet. Die uns gestellte Aufgabe bewegt sich hingegen auf einem völlig anderen Boden. Die medizinische Sprache, obwohl viel genauer als die Umgangssprache, ist nicht eindeutig definiert. Während Mathematiker ihre Objekte (Mengen, Zahlen, Operatoren) mit Definitionen einführen, welche genau vorschreiben, wie sich die Objekte zu verhalten haben, beschäftigt sich die Medizin mit Objekten, welche sie in der Natur vorfindet und deren Verhalten sie erst ergründen muss. Schlimmer noch: eine abschliessende Beschreibung der Natur ist wohl prinzipiell nicht möglich oder dann in so weiter Ferne, dass eine abschliessende Definition der beschreibenden Terme in der Gegenwart nicht möglich ist. Konsequenterweise werden Beweise für Aussagen in der Medizin auch nicht innerhalb des von der Theorie konstruierten Raumes der Ausdrücke und Aussagen geführt, sondern mit Beobachtungen und Experimenten in der Realität.

Was sind nun die Ansprüche an das Kodiersystem? Es muss keine Beweise liefern, sondern die korrekten Codes finden, und zwar von sehr variablen Ausgangstexten. Die Sichtweisen hinter diesen Ausgangstexten sind verschieden und die Ärzte sind weit davon entfernt, ihre Ausdrücke auf eine konsistente

---

25 Quine 2003.

Weise zu benützen.[26] Gesucht ist deshalb nicht ein Aussagensystem, das beweisbar, sondern eines, das beherrschbar ist. Das System muss dynamisch sein, auf verschiedene Sichtweisen eingehen und sie trotz möglicherweise gegenseitiger Unvereinbarkeit aufnehmen. Wichtiger als die Konsistenz ist die praktische Kontrollierbarkeit der Interpretationen und maschinell gezogenen Inferenzen. Dazu braucht es ein System, das vor allem transparent und leicht wartbar ist. Nach unserer Erfahrung ist ein solches System essentiell nichtmonoton. Das wird allerdings noch nicht überall so gesehen. Im Bereich der Ontologien in der Medizin ist OWL ein oft eingesetzter Standard.[27] Die mit OWL zusammen eingesetzten Inferenzsysteme verwenden meist FOL (First order logic) oder DL (Description logic, ein Subset von FOL).[28] Beide Logiken sind monoton und deshalb für unsere Aufgabe nicht zielführend. Wir verwenden bewusst ein Defaultsystem, d.h. ein nichtmonotones System.[29]

Statik und Dynamik, Regelmatch

In Abbildung 6 ist ein semantischer Zustand gezeichnet. Es handelt sich um einen Status, wie er als Endpunkt einer Kette von Interpretationsschritten aus der Eingabe „E. coli Zystitis“ entsteht. Er zeigt die atomaren Begriffe der Diagnose in ihren gegenseitigen Relationen, wie sie der semantische Raum vorsieht. Die einzelnen Schritte vom Inputstatus bis zum Endzustand werden über Regeln vermittelt, die jeweils eine kleine Aufgabe der Informationsverarbeitung übernehmen. Jeder Zustand entspricht einer Konstellation (Statik) im semantischen Raum, während die Übergänge von Regeln gesteuert werden, welche die Kräfte der Umformung (Dynamik) spezifizieren.[30] Abbildung 7 zeigt die letzte der Regeln, die für das Zustandekommen des Endzustandes von Abbildung 6 verantwortlich sind.

Alle Regeln sind im Prinzip gleich wie die Zustände formuliert, nämlich als baumstrukturierte Komposite von Begriffsatomen innerhalb des semantischen Raums. Sie haben einen IF-Teil, der für den Match mit dem Vorzustand verantwortlich ist, und einen THEN-Teil, der festlegt, welche Veränderung durch die Regel bewirkt werden soll.[31] In Abbildung 7 ist die verlangte Wirkung die Hinzu-

26 Rector 1999.
27 Rector 2008; OWL 2013.
28 Baader 2005; Baader 2002.
29 Straub 2010.
30 Straub 2009.
31 Straub 2005b.

fügung des Atoms B96.2! an der indizierten Stelle, was durch die Unterstreichung im Atom angezeigt ist. Mittels THEN- und IF-Teil führen alle Regeln eine Veränderung durch. Sie kennen ein Vorher und ein Nachher und sind Teil der Dynamik, im Gegensatz zur Statik der Zustände. Das IF-THEN unseres Systems unterscheidet sich in dieser Hinsicht vom IF-THEN in mathematischer Logik, welches simultan ist. Die Folgerung (THEN) in einem mathematischen System kennt keinen zeitlichen Abstand von der Prämisse (IF). Klassische mathematische Logiken, insbesondere FOL und DL, können Vorher und Nachher nicht unterscheiden, sie sind monoton. Programmiersprachen hingegen unterscheiden in der Wirkung ihrer IF-THENs ein Vorher von einem Nachher, beide Zustände sind nicht gleichzeitig, sondern stellen unterschiedliche, zur Laufzeit hintereinander beobachtbare Zustände dar.[32] Das Gleiche gilt für unser nichtmonotones Inferenzsystem.

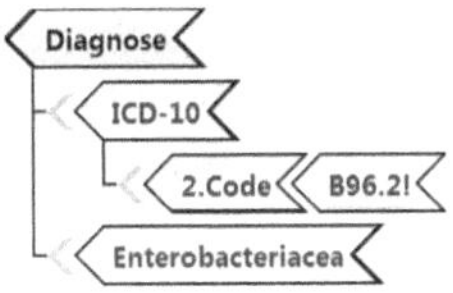

Abb. 7: Regel, welche den Code *B96.2!* für die E. coli Zystitis (siehe Abb. 6) hinzufügt.

Wirkungen (THENs) sind entweder das Hinzufügen oder das Wegnehmen von Atomen aus dem Status. Die Bedingungen (IFs) für das Anwenden der Regel steuern den Match der Regel mit dem Status. So müssen z.B. alle Atome der Regel im Status in der gegebenen Anordnung, d.h. unter Beachtung des semantischen Raumes, vorhanden sein. Es ist auch möglich, mit einer Regel zu verlangen, dass ein bestimmtes Atom an der angezeigten Stelle nicht vorhanden sein darf. Sogenannte Pronomen (Platzhalter) in der Regel matchen nicht mit Begriffen, sondern mit bestimmten Orten im semantischen Netz, unabhängig davon, welcher Begriff dort zu finden ist. So können ganze Dimensionen oder Freiheitsgrade im Status durch die Regel abgefragt werden. Solche Matches sind „abstrakt", d.h. im Sinn einer verallgemeinerten Bedingung wirksam. Da die Stelle im semantischen Raum, an der die Pronomen sitzen, berücksichtigt wird, können die Abstraktionen semantisch gezielt eingesetzt werden.

Die Inferenz eines Textinputs führt über zehn bis 100 Einzelschritte zur vollständigen Interpretation.[33] Für jeden Einzelschritt muss die passende Regel ausgewählt werden. Der Match-Algorithmus ist entscheidend für das Funktionieren und insbesondere auch die Performance der Inferenz. Da alle Zustände und

32 Die Richtung der Inferenz ist auch nicht umkehrbar, im Gegensatz zur Richtung der Dynamik in der Mechanik der Physik, die umkehrbar ist, und in Analogie zur Richtung der Entropie, die wie die Zeit in der Physik gerichtet verläuft.

33 Straub 2010.

Regeln die einzelnen Atome nach den Vorgaben des semantischen Raumes ausrichten, also stets gleich, und beide die Form eines Baumes aufweisen, kann der Match-Algorithmus für die Praxisanwendung ausreichend schnell ablaufen (5–50 ms pro Diagnosetext).

Inferenzsteuerung

Welche Regel wird zu einem bestimmten Moment angewendet? Diese Frage ist in einem nichtmonotonen System entscheidend. Da der Aussagenkorpus (Regelkorpus) nicht monoton ist (im Sinn der FOL), muss die Reihenfolge der angewendeten Regeln auf jeden Fall kontrolliert werden. Im von uns entwickelten Kodiersystem wird die Regelauswahl über den Match-Algorithmus (siehe oben) sowie über die Auswahl der Teile des Inputs gesteuert, die für die Verarbeitung aktuell sichtbar sind. Dabei entstehen im Verlauf der Inferenz Trigger, welche im Statusmolekül mitgeführt werden und bestimmte Regeln erst anschalten. Auf diese Weise lässt sich der Interpretationsvorgang steuern. Insgesamt kann festgehalten werden, dass es immer genau eine Regel gibt, die in einem bestimmten Moment feuern kann. Der Grund dafür liegt darin, dass die Orientierung aller Zustände und Regeln im multifokal-multidimensionalen semantischen Raum es ermöglicht, in den Regeln ganz gezielt semantische Dimensionen auszuwählen und ihre Inhalte zu spezifizieren. Nur wenn der aktuelle Zustand wirklich der Auswahl entspricht, kann die Regel feuern. Eine zweite Regel, welche die gleichen Bedingungen stellt, und somit die erste konkurrieren würde, würde inhaltlich gar keinen Sinn machen: Da jede Regel eine Veränderung bewirkt (die z.B. verhindert, dass sie wieder angewendet wird), kann diese Veränderung immer auch als Bedingung in die zweite Regel aufgenommen werden. So wird sichergestellt, dass die zweite Regel erst *nach* der ersten Regel angewendet wird. Auf diese Weise kann die Reihenfolge der Regeln gesteuert werden, wobei die Information, welche Regel nach welcher ausgeführt wird, nicht von aussen (prozedural), sondern durch den Inhalt, d.h. durch die Semantik der einzelnen Regeln (deklarativ) bestimmt wird. Da in den Regeln die Information immer entlang den Achsen des semantischen Raumes repräsentiert wird, werden für die Steuerung des Regelablaufs die gleichen semantischen Achsen verwendet wie für die Begriffsrepräsentation. Der Prozessablauf wird so auf die gleiche multifokal-multidimensionale Weise gegliedert wie die Begriffe selber.

Welcher Input wird dem Inferenzalgorithmus zugeführt? Ein schriftlicher Text wird von links nach rechts gelesen. Analog zeigt das Inferenzprogramm dem Matchalgorithmus zuerst das erste Wort, sucht dafür eine Regel, führt sie (falls vorhanden) aus, sucht für das nun entstandene Ergebnis eine weitere Regel usw. bis keine Regel mehr gefunden wird. Erst dann wird das zweite Wort für die Regelsuche hinzugenommen usw., bis der Algorithmus beim letzten Wort angekommen ist. Als letztes wird das Inputende erkannt, was einen Trigger darstellt, der dem Input hinzugefügt wird. Dieser Trigger wiederum ist eine Bedingung für weitere Regeln, die erst ausgeführt werden sollen, wenn der ganze Text der Diagnose erkannt und bereits in einem ersten Durchlauf interpretiert worden ist.

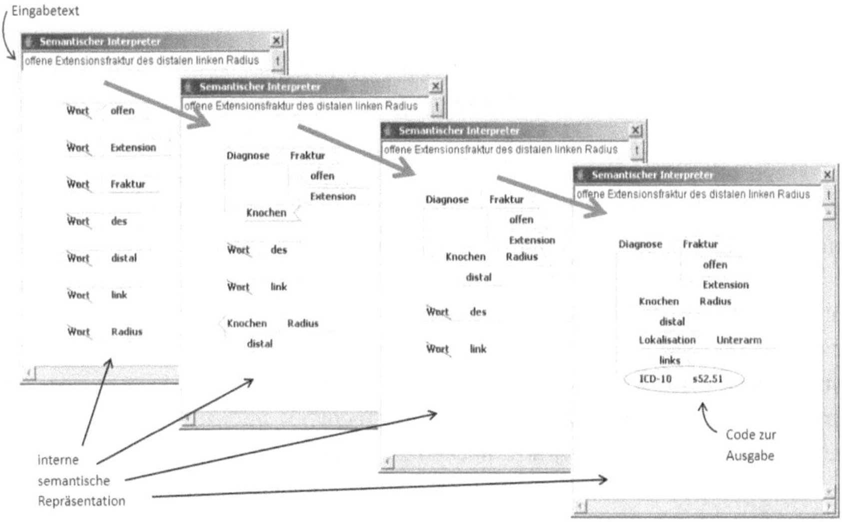

Abb. 8: Schrittweise Interpretation des Eingabetextes. Am Schluss wird der Code (s52.51) ausgegeben.

Abbildung 8 zeigt eine Übersicht über die Interpretation des Eingabetextes „offene Extensionsfraktur des distalen linken Radius“. Die Interpretation erfolgt über ca. 50 Schritte. Abbildung 8 zeigt vier davon als Screenshots aus dem Wissensbasis-Editor (siehe Abbildung 2). Die interne Repräsentation erkennt als erstes jedes Wort als Wort (Screenshot 1). Anschliessend werden nach den oben beschriebenen Kriterien Regeln für die Wörter gesucht und angewendet. Dabei kann nicht jedes Wort für sich allein interpretiert werden. Beim vorliegenden Eingabetext führt erst das dritte Wort (Fraktur) zu einer matchenden Regel, welche *Fraktur* als eine Diagnose erkennt (= semantische Typisierung, siehe Abbildung 9).

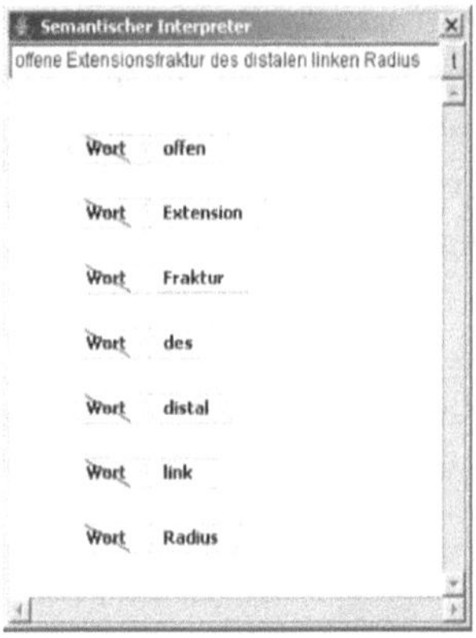

Abb. 9: Zustand in der Verarbeitungskette von Abbildung 8, nach Ausführung der ersten Regel, welche das *Wort* Fraktur als eine *Diagnose* Fraktur erkennt.

Erst jetzt werden auch die Wörter *offen* und *Extension* semantisch erkannt, und zwar als Attribute der *Diagnose* Fraktur (Screenshot 2 von Abbildung 8). Als Nächstes wird der Begriff *Knochen* als Default der Diagnose Fraktur in den entsprechenden Attributslot geschrieben. Sobald die Verarbeitung bei *Radius* ankommt, wird Radius als ein Knochen typisiert und das Wort *distal* als Attribut von Knochen erkannt. Alle diese Schritte führen zum Zustand, wie er im zweiten Screenshot dargestellt ist. Auf dem dritten Screenshot sind die beiden Moleküle mit den Wurzeln *Diagnose* und *Knochen* zu einem einzigen grösseren Molekül verbunden. Auf dem vierten Screenshot sieht man eine weitere Implikation, die aus dem Knochen Radius auf die Lokalisation Unterarm schliesst, sowie die Zuordnung der ICD-10 Codes.

Zusammenfassung und Ausblick

Die automatisierte Kodierung von freitextlichen medizinischen Diagnosen ist in der Praxis möglich. Das von uns entwickelte System funktioniert auf der Basis einer semantischen Repräsentation und ist in 400 Krankenhäusern im Routineeinsatz.

Die Methode basiert auf einer multidimensional-multifokalen Darstellung des semantischen Raumes. Die medizinischen Begriffe werden in diesem Raum komposit aus den Teilbegriffen auf den Achsen zusammengesetzt (Begriffsmoleküle); die Weiterverarbeitung erfolgt stets über die komposite Form.

Ontologien in der Medizin sind detailreich, komplex und nicht einheitlich im Gebrauch. Ein monotones Inferenzsystem (FOL, DL) ist unter diesen Bedingung nicht realistisch. Wir verwenden ein nichtmonotones Schlusssystem mit einer Steuerung der Regelwahl über den Match von Input und Regeln entlang der Achsen des multidimensional-multifokalen semantischen Raums.

Die Systematik der ICD-10 zeigt eine Baumstruktur und ist deshalb prinzipiell nicht in der Lage, die vieldimensionale Information der Diagnosen korrekt abzubilden. Die Information, die mittels ICD-10 vermittelt wird, ist schlecht strukturiert und unvollständig. In den freitextlichen Diagnosen der Ärzte wäre implizit wesentlich mehr Information enthalten, jedoch ist die Strukturierung eines Freitextes naturgemäss schlecht und für eine direkte systematische Weiterverarbeitung nicht verwendbar. Durch die von uns gewählte Wissensdarstellung wird der Freitext semantisch strukturiert. Implizite Information wird explizit repräsentiert und alle atomaren Informationsbestandteile werden verbunden in einem strukturierten Begriffskomplex dargestellt (Begriffsmolekül). Diese semantische Form ist detailreicher und dank ihrer adäquateren Strukturierung für eine systematische Auswertung besser geeignet als die ICD-10. Das System wird allerdings bisher nur für die Abrechnung mittels Fallpauschalen eingesetzt und die detailreiche und gut strukturierte semantische Zwischenform wird nicht gespeichert. Semantische Interoperabilität und klinische Epidemiologie könnten unseres Erachtens wesentlich von einer zukünftigen Speicherung[34] der semantischen Repräsentation der medizinischen Diagnosen profitieren.

Literatur

Baader Franz et al. (Hrsg): The Description Logic Handbook, Theory, Implementation and Applications. Cambridge: Cambridge University Press 2002.

Baader, Franz, Ian Horrocks u. Ulrike Sattler: Description Logics as Ontology Languages for the Semantic Web. In: Mechanizing Mathematical Reasoning: Essays in Honor of Jörg H. Siekmann on the Occasion of His 60th Birthday. D. Hutter and W. Stephan (Hrsg). Berlin: Springer Verlag 2005.

BFS Bundesamt für Statistik: Schweizerische Operationsklassifikation, CHOP 2013, http://www.bfs.admin.ch (2013).

DIMDI Deutsches Institut für Medizinische Dokumentation und Information - ICD-10(WHO): http://www.dimdi.de (2013).

DIMDI Deutsches Institut für Medizinische Dokumentation und Information - OPS, Operationen und Prozeduren Schlüssel. http://www.dimdi.de (2013).

Fischer, Wolfram: Diagnosis Related Groups (DRG's) im Vergleich zu den Patientenklassifikationssystemen von Österreich und Deutschland. Wolfertswil, Schweiz: ZIM 1999.

Mac Isaac, Peter. et al.: Essential SNOMED: Simplifying SNOMED CT and Supporting Integration with Health Information Models. In: Proceedings of the 3rd international conference on Knowledge Representation in Medicine (KR-MED, 2008). S. 51–58.

34 Straub 2011.

Oertle, Marc: Natural Language Processing: Real-time-Struktur aus Freitext im Klinikalltag? In: Swiss Medical Informatics (2007) Band 61. S. 15–17.

Ogden, Charles K. und Ivor A. Richards: The Meaning of Meaning. 8. Aufl. New York: Harcourt, Brace & World, Inc. 1923.

OWL Web Ontology Language. http://www.w3.org (2013).

Quine, Willard V.O., Two Dogmas of Empiricsm, in From a Logical Point of View. Cambridge (USA): Harvard University Press 2003.

Rector, Alan L.: Clinical Terminology: Why Is it so Hard? In: Methods of Information in Medicine (1999) Band 38. S. 239–252.

Rector, Alan L. and Sebastian Brandt, Why do it the hard way? The case for an expressive description logic for SNOMED. In: Journal of the American Medical Informatics Association (2008). Band 15 (6). S. 744–751.

Sowa, John F.: Conceptual Structures: Information Processing in Mind and Machine. In: The Systems Programming Series. Boston: Addison-Wesley Publishing Company, Inc. 1984.

Sowa, John F.: Knowledge Representation, Logical, Philosophical and Computational Foundations. 1. Aufl. Pacific Grove: Brooks/Cole 2000.

Straub, Hans Rudolf u. Rolf Gruetter (Hrsg): Four Different Types of Classification Models. In: Knowledge Media in Healthcare: Opportunities and Challenges. Hershey: IGP, Idea Group Publishing 2002.

Straub, Hans Rudolf, Norbert Frei, u. Hugo Mosimann: Code und Informationsgehalt - ein Vergleich von 8 Klassifikationssystemen am Beispiel der Abdominalhernie. http://meditext.ch/texte/infogehalt.htm (2003).

Straub, Hans Rudolf: Diagnosekodierung als Interpretation sprachlicher Zeichen. (Tagung des Collegium Helveticum). In: Schönbächler Georg (Hrsg): Diagnoseprozesse und Wissens-systeme, Zeitschrift für Semiotik (2005a) Band 26 (34). S 227–243.

Straub, Hans Rudolf et al.: Simplified Representation of Concepts and Relations on Screen. In: Connecting Medical Informatics and Bio-Informatics, Proceedings of MIE2005. Amsterdam: IOS Press (2005b). S. 799–804.

Straub, Hans Rudolf: From Terminologies to Classifications - the Challenge of Information Reduction. In: Proceedings of the European Federation for Medical Informatics, Special Topic Conference (2006a). Timisoara, Romania. http://semfinder.com/methode/publikationen.html.

Straub, Hans Rudolf u. Maurus Duelli: With Semantic Analysis from Noun Phrases to SNOMED CT and Classification Codes. In: Semantic Mining Conference on SNOMED CT (2006b). Copenhagen, Denmark. http://semfinder.com/methode/publikationen.html.

Straub, Hans Rudolf: Das interpretierende System. 3. Aufl., Wolfertswil, Schweiz: ZIM 2009.

Straub, Hans Rudolf u. Michael Lehmann: Dynamische Typisierung und non-monotonic Reasoning: Voraussetzungen für semantische Interoperabilität. 23. Jahrestagung SGMI. Swiss Medical Informatics 2010.

Straub, Hans Rudolf und Michael Lehmann: A semantic clinical data repository – how the work on DRGs can serve clinical medicine, too. In: Swiss Medical Informatics (2011). Band 71. S. 34–36.

SwissDRG: http://www.swissdrg.org (2013).

WHO, International Classification of Disease (ICD-10). http://www.who.int/whois/icd10 (2013).

Othmar Zihlmann

Die Berücksichtigung von Records in der Analyse von Geschäftsprozessen

Einleitung

Geschäftsprozesse erhalten in Unternehmungen einen immer höheren Stellenwert. Bei der Optimierung von Prozessen ist es wichtig, nicht nur die Endprodukte im Auge zu haben, sondern auch die im Prozessverlauf entstehenden Daten oder Records zu erkennen. Da bei vielen Unternehmen in den letzten Jahren in zunehmendem Ausmass IT-Anwendungen eingesetzt worden sind, hat sich dieses Problem verschärft. Daten oder Records sind möglicherweise in Fachapplikationen vorhanden oder als Office-Dokumente auf einem Server abgespeichert. Die vollständige Erkennung solcher Daten oder Records und somit die effiziente, effektive und nachvollziehbare Prozesserkennung kann schwierig sein. Compliance und Rechtssicherheit haben so hohe Stellenwerte erhalten, dass sich heute kein Unternehmen einen nachlässigen Umgang mit Daten oder Records erlauben kann.

Im vorliegenden Aufsatz wird deshalb der Frage nachgegangen, wie ein Unternehmen aufgrund angemessener Analysen von Prozessen relevante Daten oder Records erkennen kann.

Ausgangspunkt sind zwei neuere ISO Normen, welche sich mit Prozessanalysen im Bereich Dokumenten- beziehungsweise Records Management beschäftigen. Diese Normen werden in das Umfeld des Prozessmanagements eingeordnet und mit einigen wichtigen Punkten aus dem Records Managements ergänzt. Abschliessend werden zwei Prozesse aus der Praxis (Rechtsfälle und Kontosaldierungen) näher vorgestellt.

Records oder Schriftgut werden folgendermassen definiert: „als Nachweise und/oder Informationen von Organisationen oder Personen aufgrund ihrer rechtlichen Verpflichtungen oder ihrer Geschäftsvorgänge erstellte, empfangene und/oder aufbewahrte Unterlagen“.[1] Toebak unterscheidet Daten-Records (in betriebsinternen Datenbanken oder Fachapplikationen) und Unterlagen-Records (Office-Dokumente) in Dossiers.[2]

---

1 DIN ISO 15489-1: 2002, S. 8.

2 Toebak, Peter M.; Records Management. Gestaltung und Umsetzung, Baden 2010, S. 591.

Prozesse

Die beiden nachfolgend vorgestellten ISO Standards beschäftigen sich mit der Darstellung und Analyse von Geschäftsprozessen.[3] Die Abbildung von Unternehmensaktivitäten in der Form von Prozessen ist seit den 1980er Jahren zunehmend zu einer Selbstverständlichkeit geworden. Michael Hammer und James Champy definierten 1993 einen Geschäftsprozess als „a collection of activities that takes one or more kinds of input and create output that is of value to the customer".[4]

Prozessmanagement

Im Prozessmanagement besteht kein einheitliches theoretisches Lehrgebäude. Aus der praktischen Erfahrung gewonnene Einsichten haben grossen Einfluss. Entsprechend ist Prozessmanagement vorwiegend auf den operativen Bereich ausgerichtet.

Einzelne theoretische Modelle haben dennoch einen hohen Stellenwert erringen können. Zum einen trifft diese Bemerkung auf das Input-Transformation-Output-Modell (ITO-Modell) zu. Nicht zuletzt wegen der Aufnahme in den ISO Standard 9001 hat das Modell weite Verbreitung gefunden.[5]

Ein weiteres Modell, auf welches häufig zurückgegriffen wird, ist das von Michael E. Porter entwickelte Modell der Wertkette.[6] Darin gliedert Porter die in einem Unternehmen ausgeführten Aktivitäten in neun Grundtypen. Zusammen bilden diese Aktivitäten eine Wertkette, welche schliesslich in ein für die Kunden geschaffenes Produkt mündet. Porter unterscheidet dabei primäre und unterstützende Aktivitäten. Die erstgenannten befassen sich mit der Herstellung, dem Verkauf und dem Vertrieb von Produkten sowie dem Kundendienst. Die unterstützenden Aktivitäten sorgen dafür, dass die primären Aktivitäten möglichst reibungslos abgewickelt werden können.

---

3 „Geschäftsprozess" wird häufig mit „Kernprozess" gleichgesetzt (zum Begriff „Kernprozess" vergleiche Kapitel 3.2). So auch Becker/Kahn in: Becker Jörg; Kugeler, Martin; Rosemann, Michael (Hg.): Prozessmanagement. Ein Leitfaden zur prozessorientierten Organisationsgestaltung, 6. Auflage, Berlin und Heidelberg 2008.S. 6f. Toebak dagegen subsumiert alle im Prozessmanagement verwendeten Hauptkategorien unter die Geschäftsprozesse. Toebak, Peter M.: Records Management. Ein Handbuch, Baden 2007, S. 588. In der vorliegenden Arbeit wird der Begriff ebenfalls für alle Hauptprozesskategorien verwendet.

4 Hammer, Michael; Champy, James: Reengineering the Corporation. A Manifesto for Business Revolution, New York 2006 (um Vorwort erweiterte Ausgabe von 1993), S. 38.

5 Hässig, Kurt: Prozessmanagement. Erfolgreich durch effiziente Strukturen, Zürich 2000, S. 74 f.

6 Jung, Berndt: Prozessmanagement in der Praxis. Vorgehensweisen, Methoden, Erfahrungen, Köln 2002, S. 18 f.

Ein Prozess kann als Summe von sich wiederholenden Tätigkeiten verstanden werden, eingebettet in einen definierten Anfang und in ein definiertes Ende. Als Ergebnis resultiert ein messbarer Output. Schliesslich müssen noch die beteiligten Stellen (Funktionen) genannt werden.[7]

In den meisten Lehrbüchern werden drei Prozesskategorien unterschieden: Kern-, Support- und Lenkungsprozess. Sind die Kernprozesse auf die Kernkompetenzen zurückzuführen, so beziehen sich die Supportprozesse auf die Kernprozesse. Supportprozesse haben keinen direkten Nutzen für die Kunden, sondern sie sorgen dafür, dass die Kernprozesse möglichst reibungslos ablaufen. Die Kernprozesse werden dadurch überschaubarer.[8] Die Lenkungsprozesse schliesslich koordinieren die Prozesse untereinander und sind ebenfalls auf die Kernprozesse ausgerichtet.[9]

Mit dem Prozessmanagement wird versucht, Unternehmen durch die Gestaltung horizontaler Prozesse zu organisieren.[10] Jung nennt vier Hauptaufgaben:
- Prozesse definieren und abgrenzen
- Prozesse analysieren und dokumentieren
- Messsysteme entwickeln
- Prozesse lenken und laufend verbessern.[11]

---

7 Jung, Berndt: Prozessmanagement in der Praxis. Vorgehensweisen, Methoden, Erfahrungen, Köln 2002, S. 15 f.

8 Osterloh, Margit; Frost Jeta: Prozessmanagement als Kernkompetenz. Wie Sie Business Reengineering strategisch nutzen können, 5. überarbeitete Auflage, Wiesbaden 2006, S. 38–40; sie nennen als weitere Vorteile Benchmarking und höhere Kosten und Leistungstransparenz.

9 Hirzel, Matthias; Kühn Frank (Hg.): Prozessmanagement in der Praxis. Wertschöpfungsketten planen, optimieren und erfolgreich steuern, Wiesbaden 2005, S. 76. Die Bezeichnungen für die drei Prozesskategorien variieren in den Lehrbüchern bisweilen. So werden Bezeichnungen wie Schlüssel- oder primärer Prozess, Stützungs- oder sekundärer Prozess beziehungsweise Führungsprozess oder Managementprozess verwendet. Jung, Berndt: Prozessmanagement in der Praxis. Vorgehensweisen, Methoden, Erfahrungen, Köln 2002, 34; Griese Joachim; Sieber, Pascal: Betriebliche Geschäftsprozesse. Grundlagen, Beispiele, Konzepte, 2. Auflage, Bern, Stuttgart und Wien 2001, S. 70. Vier Prozesskategorien kennen auch Biffar und Seidlmeier. Die drei üblicherweise verwendeten Prozesse werden ergänzt mit einem Informationsprozess, welcher allen drei anderen Prozesskategorien als Basis dient, indem durch ihn Informationen unter anderem gespeichert und übermittelt werden. Biffar, Jürgen; Seidlmeier, Heinrich: Introducing to Business Processes, Germering 2010, S. 24 f.

10 Jedes Lehrbuch setzt die Schwerpunkte etwas anders. Was die grossen Linien betrifft, sind allerdings viele Übereinstimmungen zu finden. Die folgenden Ausführungen basieren auf Jung, Berndt: Prozessmanagement in der Praxis. Vorgehensweisen, Methoden, Erfahrungen, Köln 2002; und Becker, Jörg; Kugeler, Martin; Rosemann, Michael (Hg.): Prozessmanagement. Ein Leitfaden zur prozessorientierten Organisationsgestaltung, 6. Auflage, Berlin und Heidelberg 2008.

11 Jung Berndt: Prozessmanagement in der Praxis. Vorgehensweisen, Methoden, Erfahrungen, Köln 2002, S. 16 f.

Auf zwei Punkte soll noch näher eingegangen werden: Art und Detailliertheit der Prozessdarstellung sowie auf die Zuständigkeiten.

Art und Detailliertheit der Prozessdarstellung
Was die Darstellungsweise der Prozesse betrifft, empfehlen die meisten Lehrbücher die Verwendung von Ablauf-Diagrammen, bleiben aber insgesamt meistens vage. Konkreter sind Hirzel/Kühn. Sie schlagen das Wertschöpfungskettendiagramm als Übersichtsdarstellung vor. Für die eigentliche Prozessvisualisierung ziehen sie „ereignisgesteuerte Prozessketten“ (EPK) vor. Sie bezeichnen diese als übersichtlich und leicht verständlich. In der Tat besteht diese Darstellungsweise lediglich aus den drei Elementen „Funktionen“, „Ereignisse“ und „logische Verknüpfungsoperatoren“.[12]

Interessant ist der Ansatz von Rosemann/Schwegmann/Delfmann, wonach die unterschiedlichen Perspektiven zu berücksichtigen sind. Sie gehen bei ihren Überlegungen davon aus, dass die Qualität einer Prozessdarstellung nicht durch objektiv messbare Produktcharakteristika determiniert sei. Stattdessen müssten die verschiedenen Prozessnutzer und deren Prozessanforderungen identifiziert werden. Anstatt je nach Perspektive unterschiedliche und teilweise redundante Modellierungen vorzunehmen, sei eine „multiperspektivische Modellierung“ vorzuziehen. Je nach Perspektive könnten in der Darstellung dann bestimmte Prozessteile ein- oder ausgeblendet werden.[13]

Zuständigkeiten
Im kontinuierlichen Prozessmanagement müssen die Verantwortlichkeiten klar definiert werden. Griese/Sieber beispielsweise unterscheiden die beiden Rollen „Case Worker/Team“ und „Process Owner“. Der „Case Worker“ ist der Ausführende eines Prozesses, der auch über Entscheidungsbefugnisse verfügt. Der „Process Owner“, von Griese/Sieber als Prozessverantwortlicher oder Prozesseigentümer übersetzt, greift bei Entscheidungsproblemen vermittelnd ein,

12 Hirzel, Matthias; Kühn Frank (Hg.): Prozessmanagement in der Praxis. Wertschöpfungsketten planen, optimieren und erfolgreich steuern, Wiesbaden 2005 S. 141–149. Vgl dazu auch Rosemann, Michael; Schwegmann, Ansgar; Delfmann, Patrick: Vorbereitung der Prozessmodellierung, in: Becker, Jörg; Kugeler, Martin; Rosemann, Michael (Hg.): Prozessmanagement. Ein Leitfaden zur prozessorientierten Organisationsgestaltung, 6. Auflage, Berlin und Heidelberg 2008 S. 65 ff.

13 Rosemann, Michael; Schwegmann, Ansgar; Delfmann, Patrick: Vorbereitung der Prozessmodellierung, in: Becker Jörg; Kugeler, Martin; Rosemann, Michael (Hg.): Prozessmanagement. Ein Leitfaden zur prozessorientierten Organisationsgestaltung, 6. Auflage, Berlin und Heidelberg 2008.S. 46 f. und S.50 ff.

schafft günstige Rahmenbedingungen und ist für den Erfolg verantwortlich.[14] Die Aufgaben eines Prozessverantwortlichen und eines Prozesseigners können unterschiedlich gesehen werden. Die Definition der Prozessziele, deren Abstimmung mit den Unternehmenszielen und die Verantwortung für die Zielerreichung obliegen dem Prozesseigentümer. Als Mitglied der Unternehmensführung ist er den Prozessverantwortlichen übergeordnet. Er delegiert die Verantwortung für Teilprozesse an diese weiter. Deren Tätigkeit liegt im Wesentlichen in der Koordination, Kommunikation und Steuerung. Sie sind verantwortlich für die Zielerreichung der ihnen zugeordneten Teilprozesse. Für die unternehmensweite Koordination der Prozesse ist ein Prozessmanager zuständig.[15]

ISO-Normen

International Standard ISO 10244:2010 Document management – Business process baselining and analysis

Wenn ein Unternehmen Geschäftsprozesse hinsichtlich des Einsatzes von technologischen Hilfsmitteln überprüfen will, stellt sich die Frage, in welchem Detaillierungsgrad Informationen gesammelt werden müssen, um einen sinnvollen Entscheid fällen zu können.

Im Standard wird die praktische Vorgehensweise bei der Vorbereitung und Durchführung der Erstellung und Analyse von Geschäftsprozessen in mehreren Schritten allgemein erläutert. Die Anfertigung der Prozessschemen wird anhand von drei konkreten Beispielen vorgestellt.

Die mehrstufige Vorgehensweise beginnt mit der Vorbereitung des Sammelns von Informationen. In einem ersten Schritt werden die Ziele und Aufgaben eines Unternehmens identifiziert. Anschliessend wird bestimmt, welche Mitarbeitenden am Prozess beteiligt werden. Die Bestimmung eines Prozess-Analysten ist besonders wichtig, da er verantwortlich dafür ist, dass genügend detaillierte Informationen erreicht werden. Dazu muss er bestehende Aufzeichnungen wie Geschäftsprozesse oder Manuals konsultieren. Bei der eigentlichen Darstellung

14 Griese Joachim; Sieber, Pascal: Betriebliche Geschäftsprozesse. Grundlagen, Beispiele, Konzepte, 2. Auflage, Bern, Stuttgart und Wien 2001, S. 86–92.

15 Neumann, Stefan, Probst Christian, Wernsmann, Clemens; Kontinuierliches Prozessmanagement, in: Becker, Jörg; Kugeler, Martin; Rosemann, Michael (Hg.): Prozessmanagement. Ein Leitfaden zur prozessorientierten Organisationsgestaltung, 6. Auflage, Berlin und Heidelberg 2008, S. 319–323.

der Prozesse müssen schematische Darstellungen auf zwei unterschiedlichen Ebenen gewählt werden. Die „high-level“ Sichtweise erlaubt die Definition der Hauptaktivitäten und die Erkennung aller wichtigen Prozesse. Die Darstellung auf einer detaillierteren Ebene erlaubt einem Analysten, die bestehenden Prozesse zu prüfen und Veränderungen technologischer oder nicht technologischer Art vorzuschlagen. Dazu muss unter anderem erkennbar sein, wie Informationen entstehen, erhalten, verarbeitet, gekennzeichnet und aufbewahrt werden. Ebenso müssen Volumen und Häufigkeit von Informationen bei den einzelnen relevanten Prozessschritten bekannt sein. Interviews mit Mitarbeitenden sind unerlässlich um festzustellen, wie Prozesse wirklich ablaufen, dies besonders auch in Hinblick auf die Vorgehensweise bei von üblichen Abläufen abweichenden Situationen (Ausnahmeregelungen). Sind die Prozesse zur Zufriedenheit aller Beteiligten dokumentiert, kann in einem nächsten Schritt geprüft werden, wo nicht technologische Veränderungen sinnvoll sind. Ist das Unternehmen mit solchen Vorschlägen einverstanden, können neue Prozessschemata erstellt werden. Für die Erkennung von technologischen Veränderungen ist zu berücksichtigen, welche Technologien in Frage kommen, wie diese Technologien die Prozesse verändern oder welche Alternativen bestehen. Als letzter Schritt wird anhand von Prozessschemen aufgezeigt, wie der Einsatz von technologischen Hilfsmitteln die Prozesse beeinflusst.

Einordnung in das Prozessmanagement

Wie im Prozessmanagement üblich, betrachtet der Standard die Prozesse in einem übergeordneten Zusammenhang. Ausgehend von Unternehmenszielen werden deduktiv die wichtigsten Aktivitäten und Prozesse erfasst. Auf der „high level“-Sichtweise werden die Kernprozesse dargestellt („major activities and processes“[16]). Daneben gilt das Augenmerk dem Informationsfluss zwischen diesen Prozessen. Bleibt das Prozessmanagement hinsichtlich der Detailliertheit der Prozessdarstellung gelegentlich unbestimmt, sind im ISO Standard 10244 immerhin einige nützliche Präzisierungen bezüglich der Erfassung von Informationen aufgeführt.[17] Für die schematische Darstellung auf den beiden unterschiedlichen Ebenen werden Ablaufdiagramme empfohlen. Die Vorgaben bleiben hier hinter den Möglichkeiten, welche das Prozessmanagement zum Beispiel mit der ereignisgesteuerten Prozesskette (EPK) anbietet, zurück. Hinsichtlich der Berück-

16 ISO 10244:2010, S. 3.
17 ISO 10244:2010, S. 6.

sichtigung und der Involvierung der Mitarbeitenden stimmt der Standard mit den im Prozessmanagement üblichen Vorgaben überein.

Allerdings ist zu bedenken, dass Prozessmanagement als eigenständige Fachrichtung eine umfassende Sichtweise beinhaltet. Ausgehend von der Ausrichtung eines Unternehmens geht es darum, die Kernprozesse zu erkennen. Diese wie auch die anderen Prozesskategorien werden möglichst optimal modelliert. Die Aufbauorganisation wird anschliessend auf diese Prozesse hin ausgerichtet. Alles in allem wird im Prozessmanagement ein sehr grosser Aufwand betrieben. Mit einer langfristigen Ausrichtung, welche in ein kontinuierliches Prozessmanagement mündet, sollte sich dieser Aufwand lohnen. Die ISO Norm 10244 hingegen ist als Entscheidungsgrundlage für den Einsatz von technischen Hilfsmitteln wie Dokumentenmanagementsystemen gedacht. Sie wird also unter Umständen bloss für ein einmaliges Projekt genutzt. Dennoch wird ein ähnlich breiter Ansatzpunkt wie im Prozessmanagement gewählt.

Die konkrete Anwendung der ISO Norm führt zu folgendem Dilemma: Sind in einem Unternehmen die wichtigsten Punkte des Prozessmanagements bekannt, bringt der Standard kaum neue Erkenntnisse. Die Vorgehensweisen beim Erstellen von Prozessabläufen dürften bekannt sein. Ist hingegen in einem Unternehmen das Prozessmanagement noch nicht bekannt, genügen die Vorgaben des ISO-Standards 10244 nicht.

ISO Technical Report ISO/TR 26122:2008 Information and documentation – Work process analysis for records

Unternehmen wollen Ziele erreichen. Zu diesem Zweck werden Geschäftsprozesse erstellt und ausgeführt. Die Realisierung der Geschäftsprozesse führt zur Bildung von Records, welche wiederum aufzeigen, was ein Unternehmen macht (Ziele, Entscheide, Tätigkeiten). Um die Records zu verstehen, müssen die Geschäftsprozesse verstanden werden. Dieses Verständnis kann helfen, die Records, die im Verlauf der Prozesse entstehen, zu erkennen und im Verlauf der Zeit zum Nutzen des Unternehmens zu bewirtschaften. Der ISO/TR 26122 will dies mit der Hilfe von Prozessanalysen ermöglichen.

Dieser Report stellt im Wesentlichen zwei Verfahren für die Analyse von Prozessen vor: die funktionale und die sequentielle Prozessanalyse. Die Verfahrensbeschreibungen bleiben dabei mehrheitlich auf einer abstrakten Ebene. Obwohl sich der Report als „practical application" des ISO Standards 15489 zum Records

Management versteht,[18] bestehen die Ausführungen meistens aus allgemein gehaltenen Aufzählungen und Musterfragen.

Prozessanalysen bilden allgemein die Grundlage für die Erkennung von Prozessen, die der Schaffung, Erfassung und Kontrolle von Records dienen. Eine grosse Bedeutung kommt dabei der Berücksichtigung des Entstehungszusammenhangs zu. Insbesondere die regulatorischen Vorgaben (Gesetze, obligatorische Standards (z.B. Standesregeln), best practice oder unternehmensinterne Vorschriften) müssen erkannt und dokumentiert werden. Die Funktionsanalyse einerseits ist eine Top-Down-Analyse, welche mit der Erkennung der Ziele und Strategie eines Unternehmens beginnt und über die entsprechenden Funktionen und Prozesse bis auf die Ebene der Transaktionen vorstösst. Die sequentielle Analyse andererseits untersucht Prozesse auf der Ebene der Transaktionen. Diese werden in ihrer zeitlichen Abfolge dargestellt. Es geht also darum zu erfassen, was genau in einem Prozess abläuft. Mitberücksichtigt werden die Verknüpfungen zu anderen Prozessen sowie von der Norm abweichende Abläufe von Prozessen. Ziel der Analyse ist es, jeden einzelnen Schritt eines Prozesses nachvollziehen zu können.

Einordnung in das Prozessmanagement

Der Standard 26122 stimmt in einigen Punkten mit der Vorgehensweise im Prozessmanagement überein. So wird eine Kontextanalyse vorgenommen. In der funktionalen Analyse wird top-down ausgehend von den Unternehmenszielen vorgegangen. In der sequentiellen Analyse werden die Prozesse detailliert dargestellt. Der Standard 26122 enthält auch einen Hinweis auf die Prozessrollen[19] und weist auf Verantwortlichkeiten hin. Die unter Punkt zwei („Normative references“) aufgeführten ISO Standards 15489-1 und 15489-2 zum Records Management enthalten darüber hinausführend weitere Angaben zum Umgang mit Records.[20]

Was hingegen in der ISO Norm 26122 fehlt, sind Angaben zur Darstellungsweise der Prozesse. Insbesondere die Tatsache, dass die an den Prozessen Beteiligten die Analysen überprüfen und bestätigen müssen, sollte Grund genug für eine angemessene Darstellungsweise der Prozesse sein.

Der im vorangehenden Kapitel erhobene Vorwurf, dass der betriebene Aufwand für eine Prozessanalyse mit Blick auf ein einmaliges Projekt gross ist, gilt in abgeschwächter Form auch hier. Weil der korrekte Umgang mit Records

18 ISO/TR 26122:2008, S. 1.
19 ISO/TR 26122: 2008, S. 4.
20 ISO/TR 26122:2008, S. 1.

eine permanente Aufgabe ist, dürften die eingesetzten Ressourcen auch bei späteren Analysen noch von Nutzen sein.

Records und Dokumente

Records im Prozessmanagement

Bisher ist nicht erläutert worden, welchen Stellenwert Records oder sonstige Unterlagen innerhalb des Prozessmanagements einnehmen. Weil Prozessmanagement stark auf die operativen Tätigkeiten ausgerichtet ist, spielen die Records keine zentrale Rolle. Der Umgang mit den Records muss in der verbreiteten Sichtweise mit drei Prozesskategorien den Unterstützungsprozessen zugeordnet werden. In den Kernprozessen werden Produkte oder Dienstleistungen hergestellt, welche an Kunden verkauft werden können. Ein korrekter Umgang mit Records ist natürlich auch wichtig, doch wird im Prozessmanagement der Kundennutzen von Unterstützungsprozessen nur indirekt gesehen. Betrachtet man die Beispiele in den Lehrbüchern, wird allerdings auch in den Unterstützungsprozessen nicht konkret auf die Records oder die Archivierung hingewiesen.[21]

Im Kern geht es im Prozessmanagement darum, optimale Prozesse zu generieren. Um das Problem der Schnittstellen möglichst zu vermeiden, werden die Prozesse deshalb horizontal über verschiedene Unternehmensbereiche hinweg geschaffen und nicht mehr nur innerhalb der einzelnen Bereiche optimiert. Wird nun aber den Records dabei zu wenig Aufmerksamkeit geschenkt, reduziert sich der gewonnene Nutzen wieder. Erfolgt die Archivierung beispielsweise retrospektiv oder es entsteht ein grosser Aufwand dabei, wichtige Informationen zusammenzusuchen, kann dies ein Unternehmen viel Zeit und Geld kosten.

Dokumenten-Management

Bereits der Titel des ISO Standards 10244 (Document management – Business process baselining and analysis) weist darauf hin, dass es in diesem Standard um Dokumenten-Management geht. Im Dokumenten-Management stehen einzelne Dokumente im Fokus. Häufig handelt es sich um Office Dokumente oder Digitalisate. Die einzelnen Dokumente sind lediglich über den Dokumententyp

21 Vgl. Abbildung bei Hirzel, Matthias; Kühn Frank (Hg.): Prozessmanagement in der Praxis. Wertschöpfungsketten planen, optimieren und erfolgreich steuern, Wiesbaden 2005, S. 76.

oder die Thematik miteinander verbunden (item-level). Sie befinden sich meist in der dynamischen Phase des grossen Lebenszyklus, das bedeutet, sie sind noch in Bearbeitung und werden verändert.[22]

Das Dokumenten-Management richtet sich stark nach dem Informationswert der einzelnen Dokumente aus (vgl. Beitrag von Peter Toebak in diesem Band).

Im ISO Standard 10244 wird zwar bei der Prozessanalyse von den Unternehmenszielen ausgegangen und es werden auch die Informationsflüsse zwischen den einzelnen Prozessen berücksichtigt, jedoch wird dem Kontext, in dem die Dokumente und Records entstanden sind, zu wenig Beachtung geschenkt.

Records Management

Im Mittelpunkt stehen folgende Überlegungen: Records Management (deutsch mit Schriftgutverwaltung übersetzt) wird in die Geschäftsprozesse und die Systemumgebung integriert. Zentral ist die Ausrichtung auf Prozesse und Dossiers. Die Erfassung von Records in Records Systems „dient zur

- Herstellung einer Beziehung zwischen dem Schriftgut, dem Verfasser und dem Geschäftskontext, aus dem es hervorging;
- Einordnung des Schriftguts und seiner Bezüge innerhalb eines Schriftgutverwaltungssystems und
- Verknüpfung mit anderen Unterlagen“.[23]

Anders als beim Dokumenten-Management, wo der Informationswert im Vordergrund steht, wird im Records Management explizit auch der Evidenzwert berücksichtigt. Weiterer wichtiger Bestandteil ist die Beachtung des Lebenszyklus der Records.[24]

Ausdrücklich Bezug auf Records nimmt die ISO Norm ISO/TR 26122 bereits im Titel und unter den im Kapitel „Normative references“ aufgeführten ISO Normen 15489 zum Records Management.[25] In der Einleitung wird die enge Beziehung, die zwischen Prozessen und Records besteht, betont.[26] Der erwähnte enge Bezug zwischen Records und Prozessen wird allerdings im weiteren Verlauf nicht weiter

22 Vergleiche dazu Toebak, Peter M.: Records Management. Ein Handbuch, Baden 2007, S. 72–74.

23 DIN ISO 15489-1: 2002, S. 19.

24 Informationen zur Entstehung und zum Inhalt der Norm, vergleiche Wettengel, Michael: Internationale Normierung in der Schriftgutverwaltung: Zur Veröffentlichung der DIN ISO 15489-1; in Arbido 11–12 2002, S. 19–21.

25 ISO/TR 26122:2008, S. 1.

26 ISO/TR 26122:2008, S. v.

erläutert. Die Norm bewegt sich vornehmlich auf dem Terrain des Prozessmanagements.

Die Verbindung von Prozess und Dossier

Aus heutiger Sicht kann ein Dossier Papierdokumente und digitale Daten wie Bilder oder Töne enthalten, welche an unterschiedlichen Orten aufbewahrt werden.[27] Schneider spricht sich dafür aus, in einem Dossier „zusammengehörende Dateien" zu bündeln. Die Dossiers ordnet er einem übergeordneten Ordnungssystem zu.[28] Die in einem Dossier zusammengefassten Dokumente haben ihren Ursprung in einer Prozessabwicklung. So wie ein Dossier Dokumente enthält, besteht ein Prozess aus einzelnen Prozessschritten oder Transactions[29]. Auf einer höheren Ebene wiederum können die Prozesse in Kategorien und die Dossiers in Dossier-Serien zusammengefasst werden. Im Records Management werden Prozesse und Dossiers so gestaltet, dass auf den drei genannten Ebenen Übereinstimmung besteht. Auf der Makro-Ebene entspricht die Prozesskategorie der Dossier-Serie oder der Records-Serie („above item level"). Auf der Mesoebene entspricht der Prozess einem Dossier („above item level"). Auf der untersten Ebene (Mikroebene) entspricht ein Prozessschritt einem Unterlagen- oder Datenrecord („item level").[30] Dies hat Einfluss auf die Prozessdarstellung. Aus der Sicht des Records Managements geht es nicht primär darum, Prozessabläufe möglichst detailliert darzustellen, sondern das Ziel ist die Erfassung aller Prozessschritte, welche einen Bezug zu Records haben.[31] Diese Vorgehensweise kann nicht eindeutig der funktionalen oder sequentiellen Analyse im Technical Report ISO/TR 26122 zugeordnet werden. Insgesamt entspricht die Vorgehensweise im Records Management eher der funktionalen Analyse, welche ausdrücklich hinunter bis auf die Stufe, wo Records generiert werden, führen kann.[32] Die Anwendung der sequentiellen Analyse muss gezielt auf die Records ausgerichtet werden, sonst kann sie zu detailliert ausfallen. Selbstverständlich ist auch eine Kombination der beiden Analysen möglich.

---

27 Carol Couture in Gagnon-Arguin, Louise; Mas, Sabine: Typologie des Dossiers des Organisations. Analyse intégrée dans un contexte analogique et numérique, Québec 2011, S. 3.

28 Schneider, Peter: Records Management als Basisdienstleistung für die Gesamtverwaltung, in Arbido, 2010 (2), S. 61.

29 ISO/TR 26122:2008, S. 4.

30 Toebak, Peter M.: Records Management. Gestaltung und Umsetzung, Baden 2010, S. 108 f.

31 Toebak, Peter M.: Records Management. Ein Handbuch, Baden 2007, S. 232.

32 ISO/TR 26122:2008, S. 8.

Im Idealfall wird parallel zum Beginn eines Prozesses ein Dossier eröffnet. Im Fall einer sauberen Dossierführung werden die einzelnen Prozessschritte im Dossier durch Records abgebildet. Die Beendigung des Prozesses führt auch zur Schliessung des Dossiers. Der Vollständigkeit halber muss darauf hingewiesen werden, dass das Records Management mit der Bildung von Dossiers noch nicht am Ziel angekommen ist. So müssen die Dossiers noch in das Ordnungssystem eingefügt werden. Dieses besteht aus Dossierverzeichnis und Klassifikation. Verbunden werden die beiden Ebenen durch die Prozesskategorie, welche die Makroebene des Records Managements betrifft und gleichzeitig auch auf der tiefsten Klassifikationsebene angesiedelt ist.[33]

Obwohl hier die verschiedenen Ebenen von Prozessen und Dossiers in Übereinstimmung gebracht werden, darf nicht übersehen werden, dass die Prozesse der Ausgangspunkt sind. Sie beeinflussen die Dossierbildung.

Um die Geschäftskomplexität zu reduzieren, unterteilt Toebak die Prozesse in sechs Prozesstypen. Zwei Typen betreffen konkrete Geschäftsprozesse (administrativ und operativ), drei Typen betreffen übergeordnete Prozesse (dispositiv, organisatorisch und evaluativ). Der sechste Typ (informativ) kann beiden Bereichen zugeordnet werden. Führungsprozesse sind in der Regel dispositiv, organisatorisch oder evaluativ, Stützprozesse sind dem Typen administrativ oder informativ zuzurechnen, Kernprozesse sind operativ.[34] Auch Dossiers können in verschiedene Typen gegliedert werden.[35]

Zwei Prozesse aus der Praxis

Berner Kantonalbank AG

Die heutige Berner Kantonalbank AG (BEKB) ist 1991 aus dem Zusammenschluss der beiden bernischen Staatsbanken „Kantonalbank von Bern" und „Hypothekarkasse des Kantons Bern" entstanden. Als erste Kantonalbank überhaupt wurde die Kantonalbank von Bern im Jahr 1834 gegründet. Per Anfang 1998 wurde die

33 Toebak, Peter M.: Records Management. Gestaltung und Umsetzung, Baden 2010, S. 156 f. Dieses Buch ist als Zehn-Schritte-Plan zum Records Management konzipiert. Auf die weiteren Schritte wird hier nicht eingegangen. Eine Übersicht über die zehn Schritte findet sich auf S. 45.

34 Toebak, Peter M.: Records Management. Gestaltung und Umsetzung, Baden 2010, S. 136–144.

35 Beispielsweise in Geschäfts-, Projekt-, Themen- und Fallaktendossiers sowie Fallakten-, Schriftstück- und Betreffserien. Nach Peter Toebak: Records Management. Ein Handbuch, Baden 2007, S. 204

Berner Kantonalbank in die Rechtsform einer privaten Aktiengesellschaft nach Artikel 620 Obligationenrecht umgewandelt. Die BEKB ist eine Universalbank.[36]

Prozess „Rechtsfall"

Unter dem Begriff „Rechtsfall" wird bei der BEKB der Vorgang der Auskunftspflicht gegenüber den Behörden in einem Strafverfahren verstanden. Normalerweise darf eine Bank keine Kundendaten an Dritte weitergeben. In einem Strafverfahren allerdings kann die Bank jedoch zur Auskunft und Herausgabe von Bankdaten aufgrund der schweizerischen Strafprozessordnung verpflichtet werden.[37] Auskunft kann nur die Staatsanwaltschaft selber einholen. Betraut die Staatsanwaltschaft die Polizei, ergänzende Ermittlungen vorzunehmen, ist eine entsprechende Anweisung der Staatsanwaltschaft nötig. Diese Anweisung enthält konkrete Angaben zu den auszuführenden Abklärungen.

Prozess

Die Abwicklung von Rechtsfällen (in der soeben beschriebenen Bedeutung) ist der Kategorie der Unterstützungsprozesse zuzuordnen. Kernprozesse einer Universalbank sind gegebenerweise die Entgegennahme von Kundengeldern, die Gewährung von Hypotheken oder die Verwaltung von Vermögen. Vom Prozesstyp her gesehen, handelt es sich um einen administrativen Prozess. Ausgelöst wird der Prozess von der Staatsanwaltschaft, welche der BEKB brieflich eine Verfügung zustellt. Beendet wird der Prozess ebenfalls durch die Staatsanwaltschaft. Das Prozessziel ist die fristgerechte Ausführung der in einer Verfügung konkret umschriebenen Abklärungen. Um das Prozessziel zu erreichen, beteiligen sich der Rechtsdienst, bei welchem das nötige juristische Know-how vorhanden ist, sowie eine Serviceabteilung, welche interne Recherchen und die Zusammenstellung der angeforderten Unterlagen vornehmen kann, an den erforderlichen Arbeiten. Als „Process Owner" ist der Leiter des Rechtsdienstes prädestiniert. Er delegiert seine Verantwortung an einen prozessverantwortlichen Juristen oder eine Juristin in seinem Team weiter. Durchgeführt wird der Prozess von einem Sachbearbeiter („Case Worker"). Die Schlusszeichnung bleibt beim Prozessver-

36 Berner Kantonalbank AG, Geschäftsbericht 2011, S. 4 ff. Gemäss Bankengesetz ist eine Kantonalbank aufgrund eines kantonalen gesetzlichen Erlasses errichtet worden. Der Kanton muss mehr als ein Drittel des Kapitals halten und über mehr als einen Drittel der Stimmen halten. Bundesgesetz über die Banken und Sparkasse, Art. 3a.

37 Strafprozessordnung StPO, SR 312. Vergleiche www.admin.ch

antwortlichen. Diese nimmt er mit der Briefunterschrift wahr. Es gibt noch eine zweite federführende Stelle, nämlich die genannte Serviceabteilung.

Ausgelöst wird der Prozess durch das Eintreffen einer Editionsverfügung. In der Regel wird in einem Strafverfahren gegen eine Person (eventuell auch eine Personengruppe) ermittelt. Der zuständige Sachbearbeiter führt konkrete Sperrungsaufforderungen sofort aus. Der zuständige Kundenbetreuer wird über das eingeleitete Strafverfahren orientiert. Zur weiteren Behandlung leitet der Sachbearbeiter eine Kopie der Verfügung an eine Serviceabteilung weiter. Der zuständige Sachbearbeiter dieser Abteilung nimmt je nach Editionsverfügung weitere Abklärungen vor. Er klärt beispielsweise ab, ob die Person, gegen welche ermittelt wird, an weiteren Vermögenswerten wirtschaftlich berechtigt ist. Schliesslich stellt er die angeforderten Unterlagen (zum Beispiel Kontoauszüge) zusammen und leitet diese gleichzeitig mit dem Ergebnis seiner Abklärungen an den Rechtsdienst weiter. Zusammen mit einem vom Prozessverantwortlichen unterzeichneten Brief leitet der Sachbearbeiter beim Rechtsdienst diese Unterlagen an die Staatsanwaltschaft weiter. Eventuell verlangt die Staatsanwaltschaft aufgrund der erhaltenen Unterlagen zusätzliche Informationen. Ist dies nicht der Fall, wird der Prozess nach Eintreffen einer entsprechenden Mitteilung der Staatsanwaltschaft abgeschlossen.

Records

Im vorliegenden Prozess fallen bei den einzelnen Prozessschritten unterschiedliche Records an:

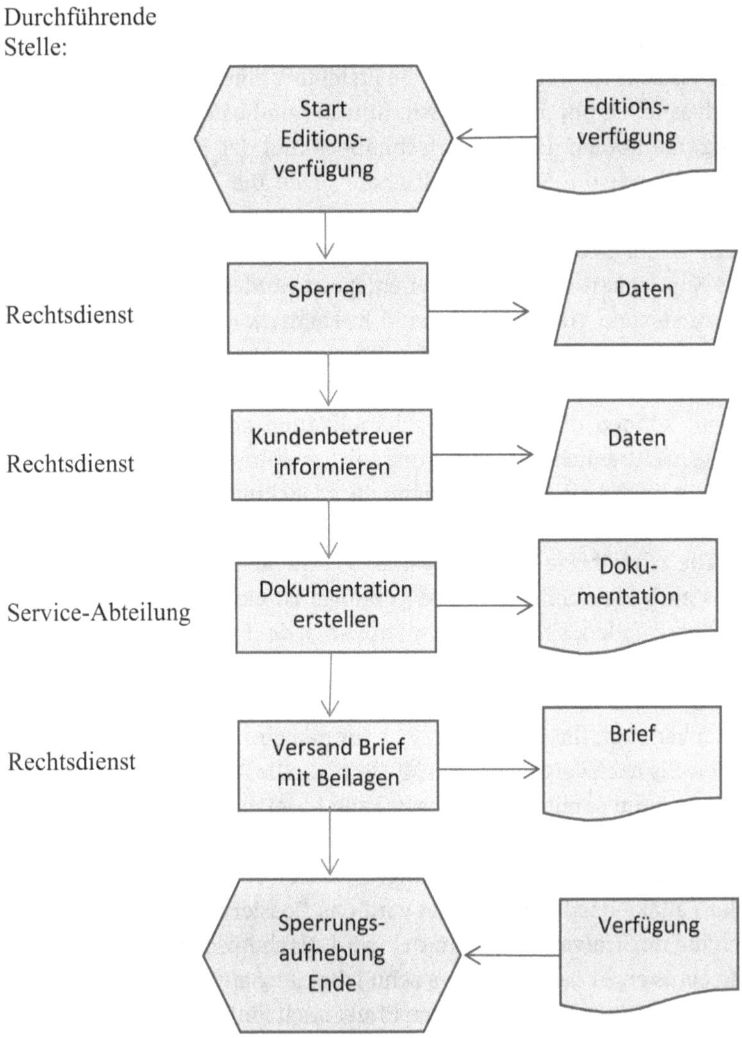

Abb. 1: Prozess „Rechtsfall" mit Records.

Records fallen bei den zwei durchführenden Stellen, dem Rechtsdienst und der Serviceabteilung, an und sind in Fachanwendungen vorhanden. Die rechtliche Relevanz von Auskünften an eine Staatsanwaltschaft in einem Strafverfahren darf nicht unterschätzt werden. Sollte zu einem späteren Zeitpunkt der Vorwurf aufkommen, die BEKB habe falsche oder unvollständige Auskünfte geliefert, muss nachvollziehbar sein, was für eine Anfrage die Bank erhalten hat, welche Abklärungen sie intern vorgenommen und schliesslich der Staatsanwaltschaft zugestellt hat. Die im Verlauf des Prozesses erhaltenen und entstandenen Records müssen deshalb zusammen archiviert werden. Es handelt sich im vorliegenden Fall um eine klassische Ausgangslage für die Erstellung eines Dossiers.

In der traditionellen physischen Dossierführung sind beispielsweise die Editionsverfügung, die Kopien des Antwortschreibens und der Beilagen, die Sperrungsaufhebung durch die Staatsanwaltschaft sowie die Unterlagen, welche die Serviceabteilung an den Rechtsdienst gesendet hat, im Dossier abgelegt. Möglicherweise ist im Dossier auch ein Vermerk erstellt worden, wann Konten und allenfalls Kundenkarten gesperrt oder entsperrt worden sind. Die detaillierten Angaben zu solchen Transaktionen sind in Fachanwendungen vorhanden, finden aber nicht den Weg in ein physisches Dossier. In der Regel stellt dies kein Problem dar. Sollte der Rechtsdienst einmal auf solche Informationen zurückgreifen müssen, können diese in der Fachapplikation abgefragt werden. Der Aufwand für die nachträgliche Durchführung solcher Abfragen kann beträchtlich sein. Problematisch wird die Situation, wenn die gesuchten Informationen nicht mehr vorhanden sind. Möglicherweise läuft ein Strafverfahren über einen längeren Zeitraum. Die zehnjährige Verjährungsfrist beginnt aber erst nach Abschluss des Verfahrens zu laufen. Sind relevante Vorgänge zu einem frühen Zeitpunkt des Verfahrens vorgefallen, sind die Informationen in der Fachapplikation inzwischen möglicherweise gelöscht worden.

Zwar werden von der Staatsanwaltschaft jeweils unterschiedliche Auskünfte und Unterlagen verlangt, die Vorgehensweise für den zuständigen Sachbearbeiter läuft aber jeweils nach vergleichbaren Mustern ab. Die Abwicklung des vorliegenden Prozesses kann somit als Routinevorgang bezeichnet werden. Es ist ein einmaliger Vorgang mit klar definiertem Anfang und Ende. Für die Bildung eines Geschäftsdossiers ist der Umfang zu gering. Die Rechtsfälle entsprechen dem Dossiertyp der Fallaktenserie. Bezeichnet wird das Dossier mit dem Namen der Person, gegen die im Strafverfahren ermittelt wird. Nach Abschluss des Dossiers müssen die Records eines Rechtsdossiers zehn Jahre lang aufbewahrt werden.

Die Dossiereröffnung erfolgt am besten direkt nach Eintreffen der Verfügung der Staatsanwaltschaft. Die Frage der Rechtsrelevanz stellt sich bei Editionsverfügungen von Staatsanwaltschaften nicht. Für die Nachvollziehbarkeit der internen Nachforschungen sind die dabei intern erstellten Unterlagen (zum Beispiel Aktennotizen der Serviceabteilung zu den Ergebnissen der Nachforschungen) von Geschäftsrelevanz. Bei der Abwicklung von Rechtsfällen ist es wichtig, dass ein Dossier immer auf dem aktuellen Stand ist. Steht nämlich ein Kunde am

Bankschalter und fragt, wieso er am Geldausgabeautomaten keine Bezüge tätigen könne, muss beim Rechtsdienst sofort abgeklärt werden können, wie der Stand in dieser Angelegenheit ist. Es muss sofort ersichtlich sein, ob der Kunde über das Verfahren informiert werden darf, ob eine Frist bekannt ist, bis zu welchem Zeitpunkt der Kunde nicht informiert werden darf oder ob der Kunde direkt an die Staatsanwaltschaft verwiesen werden kann. Jeder Prozessschritt wird sofort im Dossier abgebildet. Wie werden die zu den Sperrungen beziehungsweise Entsperrungen in einer Fachapplikation vorhandenen Daten-Records in das Dossier integriert? Die Lösung kann in der Erstellung von Reports oder Journalen gefunden werden, welche dann in das Dossier übernommen werden können.

Nicht berücksichtigt sind hier wie auch im unter Kapitel 5.3. behandelten Prozess „Kontosaldierung“ die Dossierbildung und Dokumentenerfassung (mit Indexieren, Klassieren, Zuordnen) in einem Electronic-Documentary-Records-Management-System (EDRMS).[38] Wie die Eingliederung der Dossiers in ein Ordnungssystem ist auch die Einbindung in ein EDRMS einer der notwendigen Schritte im Records Management. Er wird in der vorliegenden Arbeit allerdings nicht weiter ausgeführt.

Prozess „Kontosaldierung“

Prozess

Die Saldierung eines Kontos ist zweifellos Bestandteil eines Kernprozesses. Das mag auf den ersten Blick erstaunen, ist doch ein Kernprozess definitionsgemäss wertschöpfend.[39] Das scheint für den Prozess der Kontosaldierung nicht zuzutreffen. Dennoch wäre eine Einstufung als Unterstützungsprozess nicht korrekt. Bietet eine Bank die Dienstleistung „Sparkonto“ an, muss sie auch dafür besorgt sein, eine korrekte Aufhebung eines solchen Kontos vornehmen zu können. Überdies kann eine Saldierung ja auch zur Folge haben, dass eine andere Kontoart eröffnet wird. Der Teilprozess wird dem Prozesstyp „operativ“ zugerechnet.

Bei der BEKB besteht eine „Fachführung Privatkunden“, welche einem Departement der Geschäftsführung angegliedert ist. Durchgeführt wird der Saldierungsprozess von Schalterpersonal oder Sachbearbeitern auf den verschiedenen Niederlassungen. Geregelt wird der Teilprozess wie der ganze Prozess

---

38 Vergleiche dazu Toebak, Peter M.: Records Management. Gestaltung und Umsetzung, Baden 2010, S. 124 f.

39 Griese, Joachim; Sieber, Pascal: Betriebliche Geschäftsprozesse. Grundlagen, Beispiele, Konzepte, 2. überarbeitete Auflage, Bern, Stuttgart und Wien 2001, S. 74.

hinsichtlich der Eröffnung und Führung von Konten aber vom zentralen Bereich „Fachführung Privatkunden".

Die rechtlichen Grundlagen für die Saldierung von Konten sind vielfältig. Wichtig sind obligationenrechtliche Bestimmungen. Die Bank steht mit den Kunden in einem Auftragsverhältnis. Sie haftet für getreue Geschäftsführung und muss dem Kunden gegenüber auch nach der Saldierung Rechenschaft über ihre Tätigkeit ablegen können. Saldierungsunterlagen gehören zu den Geschäftsunterlagen, welche für eine Dauer von zehn Jahren aufbewahrt werden müssen. Bedeutung haben zivilrechtliche Regelungen im Bereich „Erbschaft". Weiter muss das Bundesgesetz über die Bekämpfung der Geldwäscherei und der Terrorismusbekämpfung im Finanzsektor beachtet werden. Es gibt vom Bund Vorschriften zu Ländern und Personen, welche Finanztransaktionen einschränken. Eine grosse Bedeutung haben überdies standesrechtliche Vorschriften. Die wichtigste ist die Vereinbarung über die Standesregeln zur Sorgfaltspflicht der Banken (VSB). Von Bedeutung sind aber auch die Richtlinien der Schweizerischen Bankiervereinigung zu nachrichtenlosen Vermögenswerten.[40] Weiter sind die Allgemeinen Geschäftsbedingungen (AGB) der BEKB zu berücksichtigen. Schliesslich bestehen interne Weisungen (zum Beispiel zur Kraftloserklärung eines Sparheftes), welche Vorschriften zu Kontosaldierungen enthalten.

Ausgelöst wird der Prozess der Kontosaldierung durch einen Kundenauftrag. Dieser Auftrag kann mündlich am Bankschalter oder schriftlich erfolgen, in Ausnahmefällen kann eine Kontosaldierung aber auch von einem Kundenbetreuer ausgelöst werden. Ist beispielsweise bereits vor längerer Zeit ein Konto eröffnet worden, aber noch keine Gutschrift erfolgt und der Kunde hat kein Interesse mehr an diesem Konto, so genügt ein interner Auftrag für die Saldierung. Ein Spezialfall ist die Kündigung einer Kundenbeziehung durch die Bank. In diesem Fall ist die Kündigung zwar die Ursache für die Saldierung. Effektiv ausgelöst wird der Prozess allerdings auch in dieser Situation durch den Kunden. Erst die Mitteilung einer Kontoverbindung durch den Kunden setzt den Prozess in Gang. Beendet wird der Prozess durch die Saldierung des Kontos. Das heisst, das Konto wird auf inaktiv gestellt; ein Vorgang, der irreversibel ist. Die Ziele sind eine effiziente und effektive Vorgehensweise sowie eine vollständige Dokumentation der Saldierung.

Die Prozessrollen können folgendermassen besetzt werden: „Process Owner" des Hauptprozesses, welcher die Kundenbeziehung generell betrifft, ist das Geschäftsleitungsmitglied des zuständigen Departements. Die Verantwortung für den Teilprozess der Kontosaldierung (wie auch für andere Teilprozesse) delegiert er an den Prozessverantwortlichen, den Leiter des Bereichs „Fachführung Privatkunden". Wer federführend beziehungsweise wer „Case Worker" ist, hängt

40 Vergleiche www.admin.ch und www.swissbanking.ch

bei diesem Prozess von der konkreten Situation ab. Spricht ein Kunde am Bankschalter vor, übernimmt die den Kunden betreuende Person die Rolle des „Case Workers". Erfolgt der Saldierungsauftrag hingegen auf schriftlichem Weg, wird er zur Behandlung einem Sachbearbeiter in einem Servicecenter zugeteilt. Die Schlusszeichnung darf der „Case Worker" selber durchführen. Falls bei speziellen Auszahlungen aufgrund interner Vorschriften die Einwilligung einer vorgesetzten Person erforderlich ist, wird das aus praktischen Gründen ein Linienvorgesetzter und nicht der Prozessverantwortliche sein. Je nach Konstellation werden auch der Zahlungsverkehr oder andere Abteilungen an der Durchführung des Prozesses beteiligt sein.

Als erstes wird die Identifikation beziehungsweise die Berechtigung des Kunden überprüft. Sind diese in Ordnung, wird der Saldierungsgrund abgeklärt. Rückt der Kunde nicht von seinem Saldierungswunsch ab, wird geprüft, ob das Konto gesperrt ist. Ist das nicht der Fall, kann als nächstes die Kundenkarte aufgehoben werden. Daran anschliessend wird ein Kontoabschluss durchgeführt. Der Barbetrag wird dem Kunden ausbezahlt. In mehrfacher Ausführung werden Quittung und Schlussabrechnung erstellt. Je ein Exemplar kann der Kunde behalten, die unterschriebenen Exemplare gibt er zurück. Das Konto ist somit saldiert. Zieht es der Kunde vor, das Geld auf ein anderes Konto zu vergüten, wird ein entsprechender Auftrag vorbereitet und vom Kunden unterschrieben. Das Konto wird inaktiv gestellt, der Vergütungsauftrag später von einer Fachabteilung ausgeführt werden.[41]

Die BEKB hat in den letzten Jahren verschiedentlich Geschäftsprozesse dahingehend verändert, dass Aufträge von Kunden, welche direkt vorsprechen, möglichst ohne Inanspruchnahmen von Back Office-Abteilungen durchgeführt werden können. In diesem Sinn kommt auch der Saldierungsprozess ohne viele Schnittstellen aus. Wie bereits erwähnt, gibt es je nach Kontokategorie Abweichungen in den Prozessen. Hat ein Kunde beispielsweise ein Lohnsparkonto zusammen mit einer Kreditkarte, welche im laufenden Monat benutzt worden ist, kann das Konto erst im folgenden Monat aufgehoben werden. Oder wird ein Konto in Sparheftform geführt, muss das Sparheft bei der Saldierung vorliegen.

---

41 Griese/Sieber stellen in ihrem Buch eine Prozessanalyse vor, welche das Institut für Wirtschaftsinformatik der Universität Bern Mitte der 1990er Jahre bei der BEKB durchgeführt haben. Es ging darum festzustellen, ob der Zahlungsverkehr, welcher zu der Zeit jährlich rund 1.5 Millionen Belege verarbeitete, rentabel sei. Das Problem der Bank war die exakte Ermittlung der Kosten, weil einige Beteiligte auch in anderen Prozessen beteiligt waren. Die Prozessanalysten konnten aussagekräftige Kennzahlen erheben und verschiedene Geschäftsvarianten vorschlagen. Mindestens in der knappen Darstellung von Griese/Sieber wird das Thema Records nicht weiter erläutert. Griese, Joachim; Sieber, Pascal: Betriebliche Geschäftsprozesse. Grundlagen, Beispiele, Konzepte, 2. überarbeitete Auflage, Bern, Stuttgart und Wien 2001, S. 51–58.

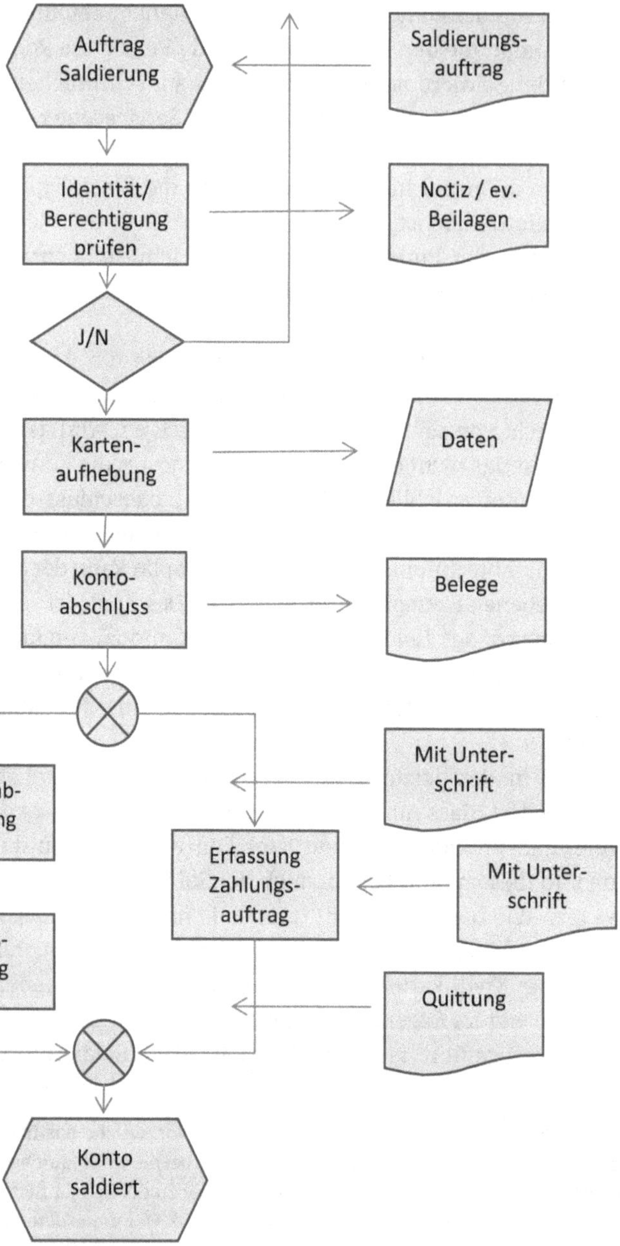

Abb. 2: Prozess „Kontosaldierung" mit Records.

Ist das Sparheft nicht mehr auffindbar, muss es entkräftet werden. Je nach Grösse des Sparheftguthabens kann dies bis zur Auszahlung zu einer einmonatigen Wartefrist führen oder sogar ein gerichtliches Kraftloserklärungsverfahren nach sich ziehen. Bisher ist immer davon ausgegangen worden, dass das zu saldierende Konto einen Habensaldo aufweist. Weist das Konto allerdings einen Sollsaldo auf, verändert dies den Prozess insofern, als aus Sicht der Bank eine Einzahlung anstelle einer Auszahlung erfolgt. Die Bank quittiert in der Folge dem Kunden den Erhalt des einbezahlten Betrages.

Records

Was ist bezüglich der im Saldierungsprozess entstehenden beziehungsweise erhaltenen Unterlagen zu beachten? Wie bereits unter den rechtlichen Bestimmungen erwähnt wurde, muss eine Bank ihren Kunden gegenüber auch nach der Saldierung Rechenschaft über die Geschäftsführung ablegen können. Das bedeutet, wenn ein Kunde beispielsweise kurz vor Ablauf der zehnjährigen Verjährungsfrist einen alten Kontoauszug zu einem inzwischen saldierten Konto präsentiert, muss die Bank dem Kunden die Saldierung plausibel darlegen können. Das Vorzeigen der vom Kunden unterschriebenen Schlussabrechnung sollte genügen, um allfällige Zweifel des Kunden über die Rechtmässigkeit der Saldierung zu zerstreuen. Die Vorlegung einer unterschriebenen Schlussabrechnung genügt allerdings nicht, wenn beispielsweise Erben Informationen über die Kontobeziehungen eines Erblassers verlangen. Hat ein Bevollmächtigter noch zu Lebzeiten des Kontoinhabers ein Konto saldiert, muss zusätzlich die Vollmacht zugunsten des Bevollmächtigten vorgelegt werden können. Das bedeutet, die korrekte Dokumentation einer Saldierung genügt unter Umständen nicht. Die Bezugnahme auf andere Records muss möglich sein. Bei der BEKB werden gegenwärtig sämtliche bei einer Saldierung anfallenden Unterlagen eingescannt und auf „item level" abgelegt. Eine andere Ablageart ist in Planung.

Im Records Management gibt es eine Gleichsetzung von Prozess und Dossier. Wie sieht dies im vorliegenden Prozess aus? Wie erwähnt handelt es sich bei der Kontosaldierung um einen Teilprozess. Würde nur für die Saldierungsunterlagen ein Dossier erstellt, würde darin der Bezug zu anderen Unterlagen fehlen. Um eine sinnvolle Dossierführung vornehmen zu können, muss der Kernprozess als Ganzes bekannt sein. Der Kernprozess wird sinnvollerweise nicht darin bestehen, für Kunden Sparkonten zu führen, sondern den Kunden die Möglichkeit zu bieten, Zahlungen vornehmen zu können, zu sparen und so weiter. Der Kernprozess richtet sich also nicht nach einem einzelnen Konto aus, sondern nach einer Kundenbeziehung insgesamt. So wie der Saldierungsprozess ein Teilprozess ist, ist auch die Führung eines Kontos nur ein Teilprozess. Auslöser für den Beginn des Kernprozesses ist in den meisten Fällen der Wunsch eines Kunden, ein Konto zu eröffnen. Bevor das Konto eröffnet werden kann, sind allerdings andere Prozessschritte notwendig. So muss die Identität eines Kunden festgestellt werden, er kann anderen Personen Vollmachten über seine Konten geben und er muss vertragliche Grundlagen unterschreiben. Damit sind nur die wichtigsten Schritte genannt. Ob er nachher ein Konto oder mehrere Konten eröffnet, ist aus der Sicht des Kernprozesses nicht von erstrangiger Bedeutung. Ebenso wenig spielt eine Kontosaldierung eine Rolle.[42] Es sei denn, es würde das letzte verbleibende Konto saldiert; dann wäre der Kernprozess abgeschlossen und das Dossier würde auch geschlossen. Die Struktur des Dossiers, in welche die während einer Saldierung anfallenden Records abgelegt werden, ist komplizierter als die des Dossiers eines Rechtsfalls. Die Unterteilung in Subdossiers in nur schon aus dem Grund erforderlich, dass sich die zeitliche Aufbewahrungsfrist der Records unterscheidet. Bei Kontoauszügen oder Saldierungsunterlagen beginnt die zehnjährige Aufbewahrungsfrist nach schweizerischem Obligationenrecht in dem Jahr, welches der Erstellung oder Saldierung folgt, zu laufen. Bei vertraglichen Unterlagen, Vollmachten oder Identifikationsbelegen beginnt die zehnjährige Aufbewahrungsfrist erst im Jahr nach Beendigung der Kundenbeziehung als Ganzes zu laufen. Die Eröffnungsunterlagen bilden ein Subdossier; Korrespondenz, Kontoauszüge und Jahresabschlüsse bilden ein zweites Subdossier (bei diesen Unterlagen ist die Aufbewahrungsdauer identisch). Die Saldierungsunterlagen schliesslich bilden ein drittes Subdossier. Wird das letzte verbleibende Konto saldiert (und in das Subdossier übernommen), ist dies der Auslöser für die Schliessung des Dossiers insgesamt. Es ist deshalb richtig, für die Saldierungsunterlagen ein eigenes Subdossier zu führen.

Auf die problematische Relation zwischen Teilprozess und Dossier soll nochmals am konkreten Beispiel der Kündigung eines Kontos durch die Bank hingewiesen werden. Die Kündigung eines Kontos erfolgt in der Regel auf schriftlichem Weg. Der Kontoinhaber wird aufgefordert, sein Konto bis zu einem bestimmten Zeitpunkt zu saldieren. Der Kunde teilt daraufhin der Bank eine Kontoverbindung mit oder er bezieht das Guthaben am Bankschalter. Werden die Unterlagen, die während des Teilprozesses „Kontosaldierung“ entstehen, getrennt von den anderen Unterlagen der betreffenden Kundenbeziehung abgelegt, gehen wichtige Informationen verloren. Kontrolliert die interne Revisionsstelle die Saldierungsunterlagen, kann sie überprüfen, ob die Unterschrift auf der Schlussabrechnung mit dem der Bank vorliegenden Unterschriftsmuster übereinstimmt. Das mag für

42 Da es bei Kernprozessen um die Schaffung von Mehrwert geht, ist das Paket der Dienstleistungen, welche ein Kunde bezieht, für die Bank von Interesse. Die Anzahl der Konten hat dabei nicht den höchsten Stellenwert.

die Kontrolle der internen Revision genügen. Wird in einem anderen Zusammenhang zu einem späteren Zeitpunkt auf die Saldierungsbelege zurückgegriffen (zum Beispiel in einem Strafverfahren), könnte die Tatsache, dass das Guthaben gekündigt worden ist, wichtig sein. Deckt das Dossier den ganzen Prozessverlauf ab, können solche Informationen ohne grossen Aufwand gefunden werden.

Obwohl ein solches Dossier über einen sehr langen Zeitraum bestehen und eine grosse Menge an Records enthalten kann, handelt es sich dabei doch insgesamt um Routinevorgänge. Auch diese Dossiers sind den Fallaktenserien zuzuordnen. Benannt werden die Dossiers nach den Kundennamen. Es handelt sich um ein eigentliches Kundendossiers. Während ein Rechtsfalldossier häufig vom Start bis zum Ende von demselben „Case Worker" betreut wird, wird dies beim Kundendossier, welches in der Regel über Jahrzehnte geführt wird, kaum der Fall sein. Bei Kernprozessen ist eine Aufteilung in Teilprozesse nichts Aussergewöhnliches. Für einen einzelnen Teilprozess müssen die Zuständigkeiten eindeutig geregelt sein. Zu beachten ist, dass Subdossiers bis zum Abschluss des Dossiers alle offen bleiben.[43] Es stellt sich die Frage, wie mit Kraftloserklärungsunterlagen, welche bei der Saldierung eines verlorenen Sparheftes entstanden sind, umgegangen wird. Ein Sparheft ist ein Wertpapier. Kann eine Bank beim späteren Vorweisen des Heftes nicht belegen, dass sie das Guthaben bereits einmal ausbezahlt hat, muss ein zweites Mal ausbezahlt werden. Um dieses Risiko zu vermeiden, werden Kraftloserklärungsunterlagen unbefristet aufbewahrt. Würden diese Unterlagen in einem Kundendossier abgelegt, müssten das Dossier und alle Subdossiers über einen unbegrenzten Zeitraum hin aufbewahrt werden. Hier ist eine gesonderte Ablage dieser Kraftloserklärungsunterlagen ratsam (zum Beispiel in einer Schriftstückserie). Dies würde es erlauben, die in einem Dossier enthaltenen Records nach Ablauf der Aufbewahrungsfristen zu vernichten. Bei einer allfälligen späteren Vorweisung des entkräfteten Sparheftes könnte auf die Unterlagen in der Schriftstückserie zurückgegriffen werden.

Fazit

Prozessmanagement gibt Anleitungen zur prozessorientierten Organisation eines Unternehmens. Im Zentrum des Interessens stehen die Kernprozesse. Mit diesen Prozessen schafft ein Unternehmen Mehrwert. Die Kernprozesse werden aus der Unternehmensstrategie hergeleitet und betreffen die Bereiche, in denen ein Unternehmen besser als andere arbeitet oder beabsichtigt, besser zu arbeiten. Die

---

43 Toebak, Peter M.: Records Management. Gestaltung und Umsetzung, Baden 2010, S. 150.

Organisation des Unternehmens wird auf die Kernprozesse ausgerichtet, welche ihrerseits wieder mit den langfristigen Zielen des Unternehmens in Übereinstimmung gebracht werden. Wurde Prozessmanagement anfänglich als einmaliges Reorganisationsprojekt gesehen, hat sich inzwischen die Einsicht durchgesetzt, dass es sich dabei um einen kontinuierlichen Vorgang handelt. Records nehmen in der Welt des Prozessmanagements keine bedeutende Position ein. Die Kernprozesse, auf die alles ausgerichtet ist, kümmern sich nicht um Records. Diese können der Kategorie der Unterstützungs- oder Sekundärprozesse zugeordnet werden, welche den möglichst reibungslosen Ablauf der Kernprozesse sicherstellen sollen.

Es ist deshalb zu begrüssen, dass zwei neuere ISO Normen Vorgaben zum Umgang mit Dokumenten beziehungsweise Records anbieten.

Der ISO Standard ISO 10244 (Document management. Business process baselining and analysis) nimmt die Verbreitung von Prozessdarstellungen als Ausgangslage. Mit Angaben zum Detailierungsgrad, in welchem Prozesse erfasst werden sollten, will der Standard Unterstützung beim Entscheid bieten, welche technologischen Hilfsmittel im Dokumentenmanagement eingesetzt werden sollten. Insgesamt bleibt der Standard aber zu sehr den Methoden des Prozessmanagements verhaftet. Die andere ISO Norm ISO/TR 26122 (Information and documentation. Work process analysis for records) nimmt direkt Bezug auf das Records Management. Dieser Technical Report weist auf zwei Arten von Prozessanalysen hin: die funktionale und die sequentielle Analyse. Erstere ist eine Top-Down Analyse ausgehend von der Unternehmensstrategie und kann nötigenfalls bis auf die einzelnen Prozessschritte heruntergebrochen werden. Die sequentielle Analyse bewegt sich auf der Ebene der einzelnen Prozessschritte. Mit den beiden Vorgehensweisen, die auch kombiniert werden können, ist eine korrekte Analyse von Prozessen sicher möglich. Die Frage allerding ist, ob der Detaillierungsgrad allein die nötige Erkenntnis zum richtigen Umgang mit Records liefert. Die stete Erhöhung des Detaillierungsgrades einer Prozessanalyse bringt nicht irgendwann die Records automatisch zum Vorschein. Hier spielt die Perspektive die entscheidende Rolle. Ob ein Prozess im Hinblick auf die Optimierung von Kernprozessen oder die Erkennung von Records analysiert wird, führt zu unterschiedlichen Ergebnissen. Wer Kernprozesse optimieren will, richtet sein Augenmerk auf Inputmengen, Zeiteinsparungen, Automatisierungen und anderes. Wer Records erkennen will, schaut sich die technische Infrastruktur oder die Erstellung von Dokumenten genauer an.

Doch das Aufspüren von Records ist nur ein erster Schritt. Die ISO Norm 26122 nimmt direkt Bezug auf die ISO Norm 15489 (Information and documentation – Records Management). Diese bezieht sich insbesondere auf Prozesse und Dossiers. Diesen Sachverhalt hätten die Verfasser der ISO Norm 26122 berücksichtigen müssen. Denn werden Records im Verlauf einer Prozessanalyse erkannt, müssen diese in eine Struktur oder eine Ordnung eingefügt werden. Das Dossier, welches einen Prozess abdeckt, ist da hilfreich. Für eine richtige Anwendung des Records Managements ist es nämlich gar nicht notwendig, die Beziehungen zwischen sämtlichen Records abzuklären. Es genügt, die während eines Prozess entstandenen und erhaltenen Records richtig zu erfassen und demselben Dossier zuzuordnen. Das Records Management bietet weitere Möglichkeiten (zum Beispiel das Ordnungssystem und technische Lösungen), um Records in den Gesamtzusammenhang einordnen zu können.

Records sind geschäftsrelevant. Sie können zudem rechtsrelevant und von grosser Bedeutung für die „Compliance" eines Unternehmens sein. Deshalb ist es wichtig, dass diese in ihrem Entstehungszusammenhang erfasst werden. So wie Prozessmanagement ein Unternehmen als Ganzes betrachtet, kann auch Records Management nur dann erfolgreich umgesetzt werden, wenn es nicht bloss Stückwerk bleibt.

Literatur

Bantin, Philip C.: Understanding data and information systems for recordkeeping, London 2008.

Becker, Jörg; Kugeler, Martin; Rosemann, Michael (Hg): Prozessmanagement. Ein Leitfaden zur prozessorientierten Organisationsgestaltung, 6., überarbeitete und erweiterte Auflage, Berlin und Heidelberg 2008.

Berner Kantonalbank AG, Geschäftsbericht 2011, S. 4 ff.

Biffar, Jürgen; Seidlmeier Heinrich: Introducing to Business Processes, Germering 2010.

Binner, Hartmut F.: Prozessmanagement von A bis Z. Erläuterungen und Vernetzung zeitgerechter Begriffe, Darmstadt 2010.

Brand, Thorsten u.a.: Steuersicher archivieren. Elektronische Aufbewahrung im Umfeld steuerlicher Anforderungen, Wiesbaden 2011.

Gagnon-Arguin, Louise; Mas, Sabine: Typologie des Dossiers des Organisations. Analyse intégrée dans un contexte analogique et numérique, Québec 2011.

Gagnon-Arguin, Louise; Vien, Hélène: Typologie des Documents des Organisations. De la création à la conservation, Québec 2009 (ursprünglich 1998 erschienen).

Griese, Joachim; Sieber, Pascal: Betriebliche Geschäftsprozesse. Grundlagen, Beispiele, Konzepte, 2. überarbeitete Auflage, Bern, Stuttgart und Wien 2001.

Hagmann, Jürg: Records Management in Verwaltung und Privatwirtschaft. Gemeinsamkeiten und Unterschiede. Eine Einführung, in: Arbido (2010, 2), S. 9–13.

Hammer, Michael; Champy, James: Reengineering the Corporation. A Manifesto for Business Revolution, New York 2006 (um Vorwort erweiterte Ausgabe von 1993).

Hammer, Michael: What is Business Process Management, in: Vom Brocke, Jan; Rosemann Michael (Hg.): Handbook on Business Process Management 1; Introduction, Methods and Information Systems, Berlin und Heidelberg 2010, S. 3–16.

Harmon, Paul: The Scope and Evolution of Business Process Manangement, in: Vom Brocke, Jan; Rosemann Michael (Hg.): Handbook on Business Process Management 1; Introduction, Methods and Information Systems, Berlin und Heidelberg 2010, S. 37–81.
Hässig, Kurt: Prozessmanagement. Erfolgreich durch effiziente Strukturen, Zürich 2000.
Hirzel, Matthias; Kühn, Frank (Hg.): Prozessmanagement in der Praxis. Wertschöpfungsketten planen, optimieren und erfolgreich steuern, Wiesbaden 2005.
ISO DIN 15489-1: Information und Dokumentation – Schriftgutverwaltung – Teil 1: Allgemeines.
ISO/TR DIN-Fachbericht 15489-2: Information und Dokumentation – Schriftgutverwaltung – Teil 2: Richtlinien.
ISO/TR 26122:2008: Information and Documentation. Work process analysis for records.
ISO 10244:2010: Document management. Business process baselining and analysis.
Jung, Berndt: Prozessmanagement in der Praxis. Vorgehensweisen, Methoden, Erfahrungen, Köln 2002.
Menne-Haritz, Angelika: Schlüsselbegriffe der Archivterminologie. Lehrmaterialien für das Fach Archivwissenschaft, Nachdruck der 3. durchgesehenen Auflage, Marburg 2006. (Veröffentlichungen der Archivschule Marburg, Nr. 20).
Osterloh, Margit; Frost, Jetta: Prozessmanagement als Kernkompetenz. Wie Sie Business Reengineering strategisch nutzen können, 5. überarbeitete Auflage, Wiesbaden 2006.
Schellenberg, Theodor R.: Die Bewertung modernen Verwaltungsschriftguts, Marburg 1990 (Veröffentlichungen der Archivschule Marburg, Nr. 17).
Schneider, Peter, Records Management als Basisdienstleistung für die Gesamtverwaltung, in: Arbido (2010, 2), S. 60–62.
Smith, Kelvin: Planing and implementing electronic recordsmanagemnt: a practical guide, London 2007.
Steinbrecher, Wolf; Müll-Schnur, Martina: Prozessorientierte Ablage. Dokumentenmanagement-Projekte zum Erfolg führen. Praktischer Leitfaden für die Gestaltung einer modernen Ablagestruktur. 2. Auflage, Wiesbaden 2010.
Toebak, Peter M.: Records Management. Ein Handbuch, Baden 2007.
Toebak, Peter M.: Records Management. Gestaltung und Umsetzung, Baden 2010.
Toebak Peter M.: Das Dossier, nicht die Klassifikation als Herzstück des Records Managements, in: NFD. Information, Wissenschaft und Praxis, 60 (2009), Nr. 8 (November-Dezember), S. 443–446.
Toebak Peter M.: Dossierbildung und E-Unterschrift, in: Arbido (2010, 2), S. 14–19.
Vom Brocke, Jan; Rosemann, Michael (Hg.): Handbook on Business Process Management 1; Introduction, Methods and Information Systems, Berlin und Heidelberg 2010.
Wettengel, Michael: Internationale Normierung in der Schriftgutverwaltung: Zur Veröffentlichung der DIN ISO 15489-1; in: Arbido 11-12 2002, S. 19–21.

Peter Toebak

Records Management, Ordnungssystem und MoReq2010. Zu viel Barock, zu wenig Austerität?

Einleitung

Records Management beinhaltet die Erfassung, Benutzung, Bewirtschaftung (Aufbewahrungsplanung mitsamt Vernichtung), Sicherung und Verwaltung von Daten und Dokumenten mit Geschäfts- und/oder Rechtsrelevanz auf Stufe des Informationsobjekts („item level") und des Dossiers („above item level"). Es bedingt ein systematisches und systemisches Vorgehen im elektronischen Umfeld sowie einen klaren organisatorischen Rahmen. Standards spielen beim integrierten Dokumenten- und Records Management eine grosse Rolle. Alle haben ihre definitorischen und konzeptuellen Stärken und Schwächen. Anhand von MoReq2010® wird dies im Folgenden exemplarisch dargelegt.[1]

Die konkrete Frage liegt vor: Erleichtert der seit 2011 vorhandene, erneuerte europäische Standard die Gestaltung und Durchführung von Projekten in Unternehmungen, Verwaltungen und anderen Organisationen oder stiftet er teilweise Verwirrung? Um diese Frage aus der richtigen Perspektive heraus beantworten zu können, sind auch einige grundsätzliche Ausführungen notwendig. Das Ordnungssystem als Basisgerüst kommt dabei insbesondere zur Sprache. Für die Interessierten steht am Schluss ein kleines Glossar bereit.

Begrifflichkeiten

Weltweit sind die meisten Daten und Informationen betriebsinterner Natur. Sie entstehen im Geschäfts- und Handlungskontext. Vermutlich geht es um 90% oder sogar 95% aller Daten und Informationen. Der übrige, weitaus geringere Teil ist betriebsexterner Natur (Bibliotheksgut, Dokumentationsgut, Downloads vom Internet). Der Unterschied zwischen beiden Kategorien ist inhärent. Einerseits handelt es sich um prozessgenerierte Daten und Informationen, andererseits um prozessunterstützende. Im ersten Fall überwiegt der Kontext- oder Evidenzwert

1 Siehe auch Toebak (2012). Mit Dank an Daniel Kauz für das Gegenlesen und Kommentieren der Teile über MoReq2010 und an Rion Richards für die Grafiken 2, 4, 7 und 8.

(Prozess- und Strukturwissen) über den Pertinenz- oder Inhaltswert (Wissen über Themen, Personen, Ereignisse, Objekte, Produkte, Ortschaften), im zweiten Fall fehlt der Kontext-/Evidenzwert gänzlich.

Der inhärente Unterschied springt auch beim Unterschied zwischen semantischer Ontologie und archivischem Zusammenhang ins Auge, obwohl beide Male von Beziehungen die Rede ist.[2] Semantische Zusammenhänge reichen dem Datenbenutzer, damit noch nicht dem Datenproduzenten. Für diesen ist der prozessuale, organisatorische Kontext ausschlaggebend. Die Differenz hat für die juristische Beweiskraft der Daten und Dokumente grosses Gewicht. Denn im ersten Fall handelt es sich um Datenkollokation im Nachhinein, aufgrund mehrdimensionaler Kriterien und ohne Gewähr für Vollständigkeit. Im zweiten Fall erfolgt die Datenakkumulation eindimensional, in Echtzeit, beim Entstehen der Daten, und mit Gewähr für Vollständigkeit. Es geht somit um zwei unterschiedliche Sichten und Zeitperspektiven, die einander ergänzen.

Der Unterschied zwischen betriebsinternen und betriebsexternen Daten und Informationen ist nicht immer auf Anhieb evident. Qualitätsmanagement unterscheidet zum Beispiel zwischen Vorgabeinformationen (Daten oder Dokumente, die vorab beschreiben, wie Tätigkeiten durchzuführen sind), Aufzeichnungen und Begleitpapieren (Daten oder Dokumente, die belegen, wie und von wem die Arbeit umgesetzt wird) sowie Mess- und Analysedaten (Daten oder Dokumente, welche die erfolgten Tätigkeiten nachher auswerten).[3] Alle Kategorien sind betriebsinterner Natur. Sie decken die prospektive, synchrone und retrospektive Zeitdimension des Geschäftshandelns ab. Die erste Kategorie geht dennoch funktional in die gleiche Richtung, wie es die betriebsexternen Daten und Informationen im noch weiteren Sinne zu tun vermögen.

Nicht alle betriebsinternen Daten und Informationen sind Records. Nur bei Geschäfts- und/oder Rechtsrelevanz sind es Daten-Records (strukturiert, in Datenbanken und Fachanwendungen) oder Unterlagen-Records (unstrukturiert, Dokumente auf File-Server). Vermutlich haben nicht mehr als 15% bis 20% aller betriebsinternen Daten und Informationen Records-Status. Records Management lohnt sich schon darum, weil es während des Funktionierens im Arbeitsalltag Spreu und Weizen zugunsten der Compliance, Effizienz und Effektivität wirkungsvoll trennt. Welche Technik auch immer angewendet wird, dieselben Methoden, Chancen und Herausforderungen zur Datenerfassung, -bewirtschaftung, -sicherung, -benutzung und -verwaltung kommen zur Geltung.

2 Siehe z.B. bei Menne-Haritz (2012).
3 Toebak (2010), S. 56–57.

Fehleinschätzung und Standardisierungsbedarf

Records Management wird oft falsch betrachtet, nicht zuletzt von Informations- und Dokumentationsfachleuten sowie Wissensmanagern. Dies hat mit dem erwähnten inhärenten Unterschied zu tun. Während sie auf Aktualität setzen, betonen Records Manager die Bewahr- und Beweisfunktion der Daten und Informationen. Der Unterschied zwischen Datenkonsum und Datenproduktion bleibt bei der ersten Expertengruppe leicht ausser Betracht. Fast einseitig überwiegt die Benutzerperspektive. Für betriebsexterne Daten und Informationen ohne Kontext- oder Evidenzwert ist dies in Ordnung, für prozessgenerierte, betriebsinterne nicht (insbesondere für die Aufzeichnungen).

Aufgabenstellung und Prozess-/Strukturkontext bei der Datenproduktion sind nicht einfach mit Problemstellung, Suchverhalten und Gebrauchskontext beim Datenkonsum gleichzusetzen. Im ersten Fall ist von einem abschliess- und fixierbaren Primärkontext die Rede. Geschäftsprozesse müssen kurz-, mittel- und langfristig authentisch, verlässlich sowie vollständig dokumentiert werden. Im zweiten Fall handelt es sich um einen nicht abschliessbaren Sekundär- und Sozialkontext, welcher wie „additive Anreicherung" der einmal empfangenen bzw. kreierten Daten und Informationen fungieren kann. Der Datenkonsum ist interessant, denn er dokumentiert die „soziale Nutzung" und die weitere Kommunikation,[4] wesentlich ist er aus Sicht der Datenproduktion und des Records Management nicht.

Die Methoden der Information und Dokumentation sowie des Wissensmanagements genügen nicht, wenn es um die betriebsinternen Daten und Informationen geht.[5] Ihre Exponenten bewerten offene Fragestellungen allzu stark und möchten die betriebsinternen Daten und Informationen wie betriebsexterne Informationen handhaben. Das Gewicht und die Qualität der Datenstrukturierung kommen schnell zu kurz. Doch ist gerade diese entscheidend. Dossierbildung ist z.B. nicht gleich „foldering". Sie setzt zwei Basisbedingungen voraus: das Federführungsprinzip ist in der Organisation bekannt (Prozessrollen, Masterdossier) und die Zuordnung der Dokumente und Datenobjekte erfolgt organisch anhand der zugrundeliegenden Prozesse (Zweckgebundenheit, Finalität).

Solche Grundvoraussetzungen dürfen nicht vergessen gehen. Records Management, inklusive Lebenszyklus-Management, unterstützt die Effizienz und Effektivität von Hauptakteuren der Informationsgesellschaft, d.h. von Unternehmen, Verwaltungen und anderen Organisationen. Es bringt Übersicht und Stabilität im Dickicht des Informations-Overkill. Immer kompliziertere Suchfilter bzw.

4 Kaden (2011).
5 So Elsweiler (2012).

dedizierte „search applications" können die strukturellen Mängel eines hinterlegten Informationsverwaltungssystems nicht beheben. Ohne prozessorientierte Ordnungssystematik verlieren die betriebsinternen Daten und Informationen an Beweis- und Aussagekraft. Vorhandene Mängel lassen sich im Arbeitsalltag vielleicht noch kaschieren, sie manifestieren sich mittel- und längerfristig unausweichlich.

Unter diesen Umständen ist es erfreulich, dass sich mittlerweile viele Normen und Standards mit Dokumenten- und Records Management befassen. Bringen wenigstens sie den so ersehnten Durchblick? So simpel ist die Sache nicht. Kampffmeyer und Wasniewski stellten 2011 den damals neuen MoReq-Standard vor.[6] Mehrmals wiesen sie darauf hin, dass MoReq2 (2008) und bisher auch MoReq2010 (im Juni 2011 offiziell publiziert) nicht immer eine gute Presse hatten. Meines Erachtens überzeugte das Datenmodell, welches MoReq2 zugrunde liegt, aus Sicht des Records Management bereits vollauf.[7] Mit dem Datenmodell des neuen Standards lässt sich ebenfalls arbeiten, vorausgesetzt, dass das theoretische, methodische und praktische Wissen über die notwendige Datentektonik oder -struktur im einschlägigen Projekt vorhanden ist.

Denn der Teufel steckt bekanntlich bei Informations- und Informatikprojekten im Detail. Das Risiko von Aberrationen ist folglich gross, sobald Nüchternheit und fachliche, interdisziplinäre Klarheit fehlen. Die Informationsrepräsentation kommt beim Design, der Implementierung und der Operation eines integrierten Dokumenten- und Records-Management-Systems sogar häufig zu kurz. Gut abgestützte und durchdachte Datenmodellierung bleibt schnell auf der Strecke. Die beste Technologie kann solche Unvollkommenheit nicht kompensieren. MoReq2010 setzt technisch ausdrücklich auf SOA und logisch auf das Multi-Entity-Modell von ISO 23081. Das Vielentitätsmodell zum Aufbau des Ordnungssystems kommt in diesem Beitrag noch ausführlich zur Sprache.

Tektonik und Datenmodell nach MoReq2010

Zunächst kommen die Klassen, Aggregationen und Records zur Sprache, wie im europäischen Standard ausgeführt, weil sie das Basisgerüst eines Records-Management-Systems ausmachen. Die Konzeption des Records als Entität im Datenmodell ist gut durchdacht (Abb. 1).[8] Es entspricht der Realität der Com-

6 Kampffmeyer und Wasniewski (2011).
7 Toebak (2010), S. 189–193.
8 MoReq2010, S. 82–89.

pound-Dokumente (mehrere physische Dateien bilden ein einziges logisches Dokument, z.B. eine E-Mail im MSG-Format mit einem Header, einem Text, einer E-Unterschrift und einem Logo im GIF-Format) und der Container-Dokumente (mehrere Dateien wie eine E-Mail mit Anhängen sind verknüpft, obwohl es sich um logisch eigenständige Entitäten, Dokumente handelt).

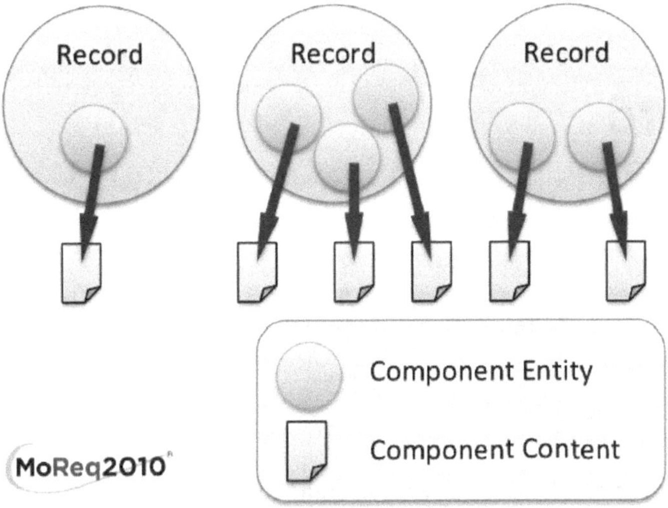

Abb. 1: Datenmodell von MoReq2010 auf der Stufe eines Records.
Quelle: MoReq2010.[9]

Records können nach MoReq2010 aus einer physischen Komponente oder aus mehreren bestehen (1:n). Jedes Record muss logisch auf allen Stufen „discrete" (abgegrenzt), „complete" (umfassend, selbstbeschreibend), „immutable" (unveränderlich), „destructible" (integral kassierbar) sein. Eine Komponente gehört immer nur zu einem Record (1:1), sie enthält physisch („separate copy") oder aber virtuell („by the use of pointers") eine einzige Ressource (1:1). Die Ressourcen („content") sind die primären Informationsobjekte (Dateien, Datenobjekte, Inhalte), die Records und Komponenten schliessen die Metadaten, Logfiles und Zugangskontrollen mit ein; die Records auf übergeordneter, die Komponenten auf untergeordneter Stufe.

Die Komponenten haben eine „event history", also separate Metadaten, und stehen unter dem Zugangsregime des Records. Das Record verfügt über eine übergeordnete „event history", welche ebenfalls die Logdaten der zugehörigen

9 MoReq2010, S. 83. Siehe auch bei Kampffmeyer und Wasniewski (2011), S. 293.

Komponenten aufnimmt. Der Standard fordert, dass vom Record auf die Komponenten navigiert werden kann, wobei die Metadaten aller Stufen sichtbar bleiben. Nach meiner Terminologie fungiert ein Record auf „item level" (stellt logisch ein Einzelobjekt dar, selbst wenn es zusammengesetzt ist; Abb. 2), es gehört stets zu einem Dossier. Das Dossier befindet sich auf „above item level", womit klar wird, wie komplex die innere Syntax und die äussere Syntax eines Records im elektronischen Umfeld sind.

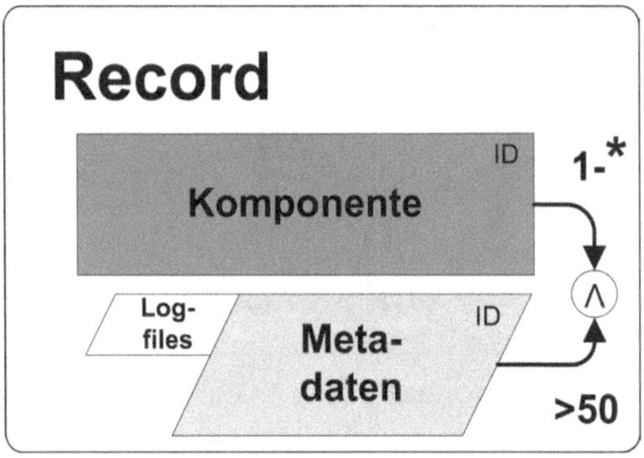

Abb. 2: Datenmodell eines Records auf „item level". Quelle: Toebak.[10]

Das Datenmodell von MoReq2010 ist zwar komplex auf Records-Stufe (Abb. 1), es befriedigt jedoch mehrheitlich. Nur die mögliche Gleichsetzung von Komponente und Ressource mittels Verknüpfung („by the use of pointers") kann mittel- und längerfristig risikobehaftet sein. Sie setzt auf jeden Fall voraus, dass nicht willkürlich Systemgrenzen oder aber zusammenhängende Records-Bestände oder Records-Serien überschritten werden. Das gegenüber den Vorläuferversionen MoReq1 (2002) und MoReq2 (2008) weiterführende Datenmodell von MoReq2010 auf der Ebene von Klassifikation und Aggregation ist ebenfalls zufriedenstellend, vorausgesetzt, es wird im konkreten Fall strikt unterschieden zwischen abstraktem, vorausschauendem, hierarchisch-systematischem („classification") und konkretem, synchronem und hierarchisch-sequenziellem Niveau („aggregations") (Abb. 3).

Manche definitorischen Textstellen überzeugen gerade mit Blick auf diese Unterscheidung jedoch nicht: „As a result [because the aggregation must fit under a single class in the hierarchical classification scheme], there is inevitably a tension created between practical and operational efficiency and records management needs. Either the classification scheme is hybridised, for example

10 Toebak (2010), S. 188.

by introducing omnibus classifications such as 'casework', 'clients', 'projects', 'staff' and 'events'; or naturally occurring aggregations are split up (...)"[11]. Vorab wurde in gleichem Zusammenhang geschrieben: „Such an arrangement [every record always inherits its class in the classification scheme via its aggregation], while desirable for its simplicity if it can be achieved, is also inflexible and does not always lend itself to real world usage. The restrictions this approach imposes has led in many cases to organisational and subject based elements being mixed into a functional business classification scheme to create a localised hybrid".[12] Und: "Unlike classification, aggregation may be based on any organisational requirement or criteria, not business context alone".[13]

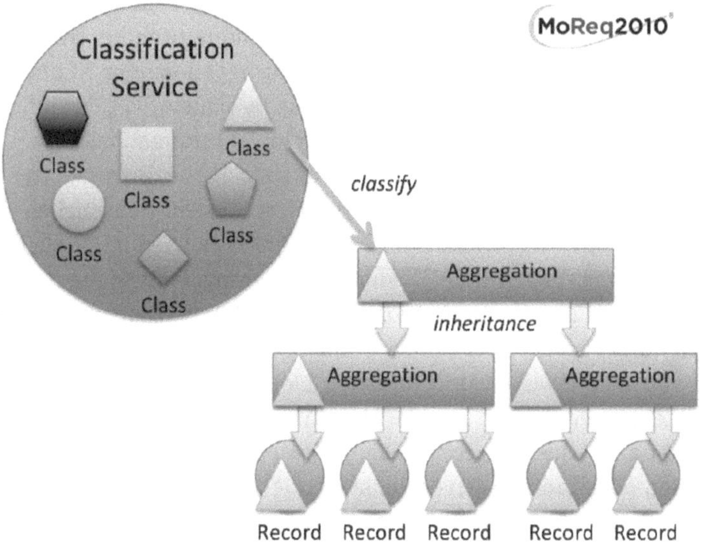

Abb. 3: Datenmodell von MoReq2010 auf der Stufe von Klassifikation und Aggregation. Quelle: MoReq2010.[14]

Vier wesentliche Sachen sind diesbezüglich problematisch und kritisch zu hinterfragen:

1. Zwischen Records Management („every record always inherits its class in the classification scheme via its aggregation") und Prozessmanagement („practical and operational efficiency") muss, ja darf gar kein Widerspruch beste-

11 MoReq2010, S. 26.
12 MoReq2010, S. 25.
13 MoReq2010, S. 25.
14 MoReq2010, S. 70. Siehe auch bei Kampffmeyer und Wasniewski (2011), S. 292.

hen. Ist dies der Fall, ist die Repräsentation der Geschäftsrealität zwingend fehlerhaft („does not always lend itself to real world usage", „mixed into a functional business classification scheme to create a localised hybrid"). Das Basisprinzip, dass die Organisationseinheit, der Prozess und das Dossier deckungsgleich sind, muss unter allen Umständen gewahrt bleiben.

2. Verwaltungen, Unternehmungen und andere Organisationen kennzeichnen sich dadurch, dass sie qua Mandat und Funktionalität (Aufgaben, Aktivitäten, Subaktivitäten), qua Prozessen und Prozessschritten, also auf allen Ebenen der geschäftlichen Tätigkeit, zweckgebunden handeln und entscheiden („Betriebsbrille"). Auch Wissensorganisationen machen von dieser Regel keine Ausnahme. Gerade aufgrund einer solchen im geschäftlichen Agieren grundlegenden Eindimensionalität ist ein inflexibles bzw. stabiles Datengerüst in Form einer leitenden Systematik möglich und notwendig. Hier steht der Kontextwert der Records voll im Zentrum („aggregation must fit under a single class", „desirable for its simplicity if it can be achieved", „also inflexible", „restrictions this approach imposes"), nicht der Informationswert.
3. Potenzielle andere Bedürfnisse können formal einfach über Dokumenttypen oder auch über besondere Datensichten definiert werden. Denn neben der primären, statischen oder physischen Dossierbildung existiert mit Vorteil die sekundäre, dynamische, virtuelle Dokumentgliederung. Beim einen handelt es sich um Records Management, Prozessdokumentation, Datenproduktion in Echtzeit (organisch), beim anderen um Suchergebnisse, Datensichten aufgrund von Inhaltswissen und formalen Merkmalen, um Datenkonsum im Nachhinein („aggregation may be based on any organisational requirement or criteria, not business context alone"). Mehrfachablage erübrigt sich, so betrachtet, oder kann bestens gelenkt werden. Dafür besteht Flexibilität und Mehrdimensionalität auf Abruf, über Thesauri, zusätzliche Taxonomien, Wissenskarten usw.
4. Die „störenden" Beispiele („‚casework', ‚clients', ‚projects', ‚staff' and ‚events'") erregen bei richtiger Datenmodellierung gar keine Spannung. Sie befinden sich nämlich nicht auf Klassifikationsebene („introducing omnibus classifications"), sondern auf Prozess- und Dossierebene („aggregations"). Zwischen beiden Ebenen muss strikt getrennt werden.

Basiswissen zum Ordnungssystem

Die definitorischen Schwächen in MoReq2010 können beträchtliche Konsequenzen nach sich ziehen. Das logische Fundament jedes Dokumenten- und Records-

Management-Systems muss genauso stimmen wie das technische und organisatorische. Gelingt es, die Aufbau- und Ablauforganisation in die Dossierbildung zu integrieren, ist das grösste Hindernis bei der Datenerfassung im Arbeitsalltag überwunden. Mit konsequentem Datendesign (Systematik) und verzahnter Produktiv- und Verwaltungs-Software (Systemik) ist es problemlos möglich, die primäre Geschäftsrealität eindimensional, d.h. prozessbezogen, zu repräsentieren und unterstützen. Es ist ausgeschlossen, dass Sachbearbeitende und Teamarbeiter ohne Leitmotiv, ohne Klarheit über Kompetenz, Rolle und Vorgehen arbeiten; diese sind immer in einer Form vorhanden und müssen demgemäss, sofern möglich 1:1, im Ordnungssystem abgebildet werden.

Wie kann dabei am besten vorgegangen werden? Das Vielentitätsmodell gilt als Richtschnur. Der innere und äussere Kreis einer Unternehmung, Verwaltung und anderen Organisation ist vielumfassend (Abb. 4). Zum inneren Kreis gehören zunächst die drei Betriebsflüsse: Produkte, Finanzen und Informationen. Die Records sind der wichtigste Teil der betriebsinternen Informationen. Unter Umständen betreffen sie sogar die Produkte oder Dienste selbst, womit das Unternehmen sein Geld verdient bzw. die Verwaltung ihre Aufgaben erledigt. Versicherungspolicen und Baubewilligungen sind einige Beispiele, auch wenn es in beiden Fällen faktisch um die erzielte Dienstleistung (Versicherung von Personen oder Objekten) oder die Bürgerbetreuung und die Aufsichtserfüllung (im Rahmen der Bauaufsicht oder aber der Raumplanung) geht.

Weitere Entitäten des Innerkreises umfassen die Aufbauorganisation (Strukturen, Rollen; Strukturwissen) und die Ablauforganisation (Funktionen, Aktivitäten, Prozesse; Prozesswissen). Die Ressourcen beziehen sich auf die Infrastruktur und die Technik. Für das Dokumenten- und Records Management sind insbesondere die Archivräume, die Rollgestelle, die Schubladenschränke, die Office-Systeme, ERP-Systeme, die Fachanwendungen (Business Information Systeme), die Datenbanksysteme, die Ablagen- und Medienhierarchie, die Sicherungsvorkehrungen usw. relevant. Die Mitarbeitenden brauchen als Human Resources Soft Skills bzw. bedienen sich systematisch und systemisch an Hard Skills. Je mehr durch gutes Design auf Hard Skills gesetzt werden kann, umso weniger sind weiche, menschliche Faktoren wie Wissen, Routine, Motivation, Disziplin und Organisation im Arbeitsalltag (Operation) zu beanspruchen.

Die nummerierten Entitäten (Abb. 4) sind ausschlaggebend. Logisch-organisatorisch sind es die Entitäten 2, 3 und 4, technisch ist es die Entität 5. Entität 1 bildet den äusseren Kreis der recordserzeugenden Organisation. Sie betrifft das gesellschaftliche, betriebliche Umfeld. Sie charakterisiert sich durch politische, juristische, wirtschaftliche, soziale sowie natürliche Aspekte. Über eine variierte Palette normativer Vorgaben kommt sie zum Ausdruck. Gesetze, Verordnungen, Weisungen, Standards, Best Practices, Fachempfehlungen und Gesellschaftserwartungen spielen alle ihre Rolle. Letztlich geht es für das integrierte Dokumenten- und Records Management um Regeln bezüglich Existenz, Form, Aufbewahrungsdauer, Beweiskraft von Daten und Dokumenten mit Geschäfts- und Rechtsrelevanz. Der Unterschied zwischen Dynamik (Produktion, Bearbeitung, Erfassung der Daten) und Statik (Haltung, Bewirtschaftung und Kontrolle der Daten) fällt ebenfalls ins Gewicht.

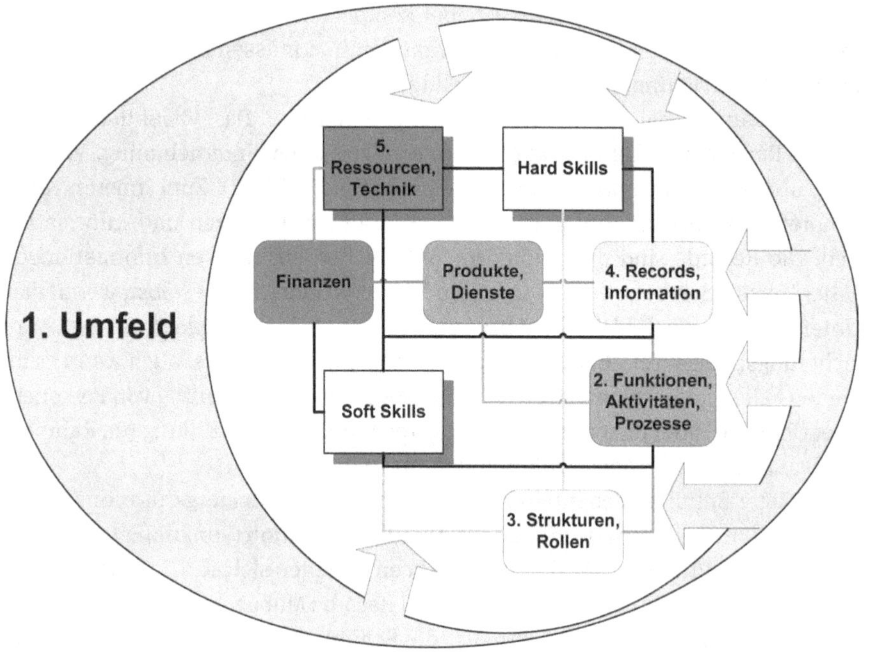

Abb. 4: Vielentitätsmodell. Quelle: Toebak, teilweise nach ISO 23081.

Records Management (und Archivierung) kann durch saubere Informationsrepräsentation Kosten sparen und Qualität erhöhen. Sowohl auf „item level“ als auch auf „above item level“ hat es starke Trümpfe in der Hand. Verwandte alte und neue Konzepte wie „locus credibilis“, „ius archivum“ und „trusted repository“ nehmen hierauf ausdrücklich Bezug. Es fällt in diesem Zusammenhang übrigens auf, dass Gesetzgeber, Juristen, Richter, Datenproduzenten, Datenbenutzer gedanklich noch immer zu sehr auf „item level“ verharren. Sie sehen das Potenzial der Dossierbildung, Organik (organisches Entstehen und Verarbeiten) und Tektonik der betrieblichen Informationsbestände bisher zu wenig. Gerade im elektronischen Umfeld liegt die Beweis- und Aussagekraft insbesondere auf übergeordnetem Niveau. Entität 1 ist umfassend und vielfältig. Wie alle anderen

Entitäten auch, manifestiert sie sich in einem EDRMS über Metadatierung, Regeldefinition, Trigger-Einstellung, Datenvererbung usw.

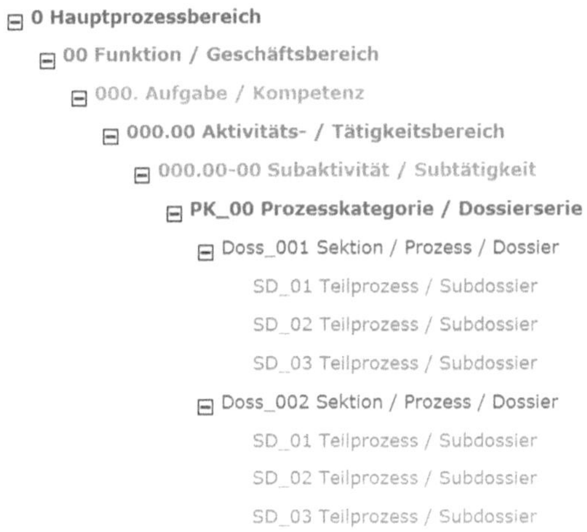

Abb. 5: Mustertektonik mit federführender Sektion, Prozess und Dossier gemeinsam auf „above item level". Quelle: Sispace AG.[15]

Der Dossierplan (Prozesskarte) lässt sich wie ein Baukasten interaktiv mit der Belegschaft erstellen. Unterstützende Tools sind dabei sinnvoll, falls flexibel und umfassend genug eingerichtet. Die Datenmodellierung kann sehr detailliert (Mikroebene, mit Angabe aller Prozessschritte, Prozessrollen usw.), eher pragmatisch (Mesoebene, mit Angaben der Prozesskategorien und Records-Serien; formal gleiche Prozesse und Dossiers) oder sogar grobmaschig (Makroebene, mit Ausarbeitung ganzer Aktivitätsbereiche wie strukturstabiler Logikmodule) erfolgen. Auch eine Kombination ist möglich, abhängig von den Vorarbeiten, der Grösse der Organisation bzw. der verfügbaren Ressourcen.[16]

Das Ordnungssystem des integrierten Dokumenten- und Records Management ist völlig anders orientiert als die Basissystematik des Bibliotheks- und Dokumentationswesens. Auch die Gemeinsamkeit mit einer Wissenskarte für das Wissensmanagement ist nur oberflächlich. Es ist nicht mehrdimensional, sondern eindimensional ausgerichtet. Die Eindimensionalität bezieht sich auf die organisatorische und funktionale Herkunft (Provenienz) der Daten- und Unterlagen-Records, die Prozessgebundenheit sowie die Dossierbildung. Nicht die Sacherschliessung oder die Formalerschliessung steht im Vordergrund, sondern die Erfassung des zu explizierenden Prozesszwecks (Evidenz-, Kontextwert).

---

15 Mit Dank an hosanginformatik und Sispace AG für die Verfügbarstellung der Abbildung aus dem BICARO-Tool zur Erarbeitung von Ordnungssystemen.

16 Für ein konkretes Beispiel auf Mesoebene, siehe den Beitrag von Othmar Zihlmann.

- 0 Bibliothek u. Archiv
  - 00 Management-Bereich
  - 01 Support-Bereich
    - 010. Finanzwesen
    - 011. Human Resources
    - 012. Infrastruktur u. Technik
    - 013. Marketing u. Öffentlichkeitsarbeit
  - 02 Core-Bereich Archivierung
    - 020. Registratur u. Aufbewahrungsplanung
      - 020.0 Registratur
        - 020.00 Planung, Organisation u. Evaluation
        - 020.01 Pflege von Basisdokumentation
        - 020.02 Umsetzung - Grundlagen u. Projekte
        - 020.03 Umsetzung - Erfassung u. Sicherung
          - PK_01 Sammelprozess, Zwischenablage
          - PK_02 Scannen, Registrieren u. Indexieren
          - PK_03 Datenaufbereitung, Konversion
          - PK_04 ...
      - 020.1 Aufbewahrungsplanung
    - 021. Aufsicht u. Beratung
    - 022. Erwerbung, Akzession
    - 023. Bewertung, Erschliessung, Katalogisierung
    - 024. Benutzung, Vermittlung u. Bereitstellung
    - 025. Bestandserhaltung u. Notfallbewältigung
  - 03 Core-Bereich Information u. Dokumentation
  - 04 Network-Bereich, Zusammenarbeit

Abb. 6: Mögliche Konkretisierung der Mustertektonik in Abb. 5 für eine Kombination von Bibliothek und Archiv (Ausschnitt). Quelle: Toebak.

Das Ordnungssystem muss Anforderungen wie Aufbewahrungsplanung und Zugriffskontrolle lenken. Records Management dokumentiert ganze Prozesse, keine einzelnen Prozessschritte. Es bewegt sich auf „above item level". Für das „item level" bedient es sich von DMS, BIS und ERP-Systemen. Records Management braucht Daten- und Dokumentenmanagement für die Historisierung, die Versionenverwaltung und das Ein- und Ausschecken der einzelnen Informationsobjekte. Ein adäquates ERMS erweitert die Systemlandschaft mit spezifischen Basisfunktionalitäten (Klassifikation, Dossierbildung, Zugriffskontrolle, Aufbewahrungsplanung) sowie verfügt über eine eigene Kernentität in der Datentektonik (Dossier).

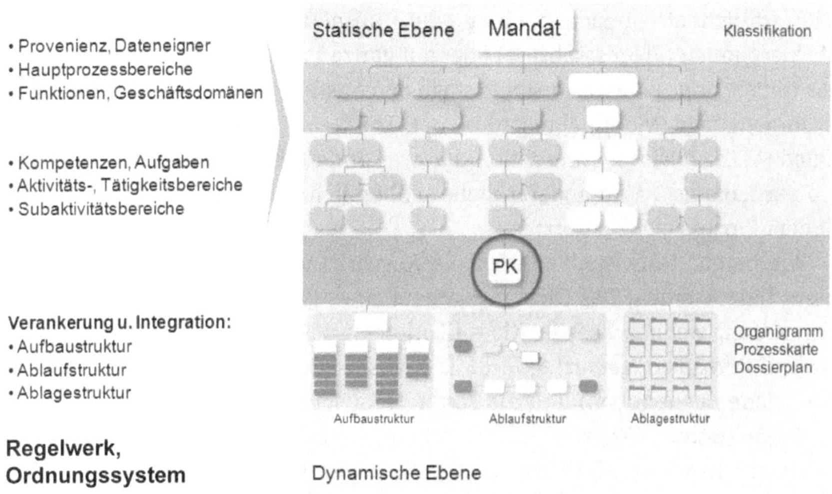

Abb. 7: Die drei Entitäten Aufbau-, Ablauf- und Ablagestruktur auf einen Nenner gebracht. Quelle: Toebak.[17]

Umsetzung bei MoReq2010

Die Klassifikation von MoReq2010 – wie sie der angelsächsischen Archiv- und Organisationstradition entstammt – geht nur bedingt in die richtige Richtung. Nachdem die erforderliche Einrichtung des Ordnungssystems dargelegt worden ist, folgt jetzt diese Schwachstelle näher. Die im Standard angedeuteten Funktionen, Aktivitäten und Transaktionen lassen zu viel Spielraum. Eine "business function", so heisst es, ist eine "area of business activity pursued by an organisation, usually related to the purpose or mission of the organisation and the execution of its business strategy and policies".[18] Diese Definition ist tragfähig, solange darunter alle Management-, Support-, Kern- und Netzwerkprozesse als Hauptprozessbereiche subsumierbar sind.

Zugleich ist aber weniger klar, ob die Aktivitäten Aufgaben beinhalten oder Prozesse. Das eine Mal heisst es: Eine "business activity" ist eine "activity carried out by a business so as to constitute or fulfill an overarching business function,

17 Siehe auch Toebak (2012), S. 156.
18 MoReq2010, S. 207.

this can include any of the areas of activity that an organisation might engage in, or be required to undertake by external regulatory or other controls".[19] Das andere Mal: Eine "activity" ist ein "organised process designed to achieve an outcome".[20] Weiter ist nicht auszumachen, ob nun die Transaktionen sich, wie es sein sollte, auf Operationen (Prozessschritte) oder auf ganze Prozesse beziehen. Eine „business transaction" ist eine „discrete stage or ‚constituent step' in a business activity for which an evidential record is kept. The record might include information related to: the business transaction that was undertaken; when it occurred; and who participated".[21] An anderer Stelle schliesslich wird die Transaktion wieder mit dem Prozess gleichgesetzt.[22]

Wie bereits festgestellt, dürfen die Auswirkungen solcher Unschärfe nicht unterschätzt werden. Das Ordnungssystem eines EDRMS funktioniert nur dann einwandfrei, wenn zwischen Klassifikation und Prozesskarte/Dossierplan ein klarer Unterschied gemacht wird. Die abstrakte, vorausschauende, formalsprachliche Ebene (oben) und die konkrete, synchrone, eher natürlichsprachliche Ebene (unten) dürfen nicht willkürlich vermischt werden (Abb. 5, 6, 7). Die Funktionen bzw. Geschäftsbereiche, die Aufgaben/Kompetenzen sowie die Aktivitäten/Tätigkeiten gehören der Klassifikationsebene an. Sie sind die Domäne der Spezialisten (Records Manager, Archivare, Informatiker, Juristen usw.), also der Datenorganisatoren. Die Prozesskategorien/Records-Serien, die Prozesse/Dossiers sowie die (eventuellen) Subdossiers/Bände rangieren auf der Ebene des Dossierplans (Prozesskarte). Sie sind die Domäne der Sachbearbeiter oder Teamarbeiter (Prozessarbeiter), also der Datenproduzenten.

MoReq2010 setzt dies nicht konsequent durch. Die Prozesse befinden sich hier auf Klassifikations- und die Dossiers auf Aggregationsebene. Kein Wunder also, wenn in einem solchen Fall sich "inevitably a tension created between practical and operational efficiency and records management needs"[23] einstellt. Die Kategorien (Stufen, Klassen) der Klassifikation müssen sich eindeutig und einwandfrei mit den Aggregationen (Prozesskategorien/Records-Serien) verknüpfen, was auch 1:1 möglich ist. Scharnier zwischen der abstrakten und konkreten Ebene ist die Prozesskategorie bzw. Records-Serie, also die höchste Aggregationsebene. Alle Regeldefinitionen, Trigger-Einstellungen und die zu vererbenden Metadaten müssen hiervon abhängen. Das ganze Datengerüst wird so übersichtlich und einfach handhabbar. Das Datenmodell von MoReq2 bot dazu bereits sämtliche Möglichkeiten.

19 MoReq2010, S. 207.
20 MoReq2010, S. 202.
21 MoReq2010, S. 207.
22 MoReq2010, S. 77.
23 MoReq2010, S. 26.

Der neue europäische Standard hält weiter fest: „Aggregations of records are accumulations of related record entities that, when combined, may exist at a level above that of a single record".[24] Mit dieser Aussage lässt sich arbeiten. Dann aber heisst es: „Aggregations of records may reflect relationships such as shared characteristics or attributes, or the existence of sequential relationships between related records".[25] Im ersten Fall geht es um virtuelle, sekundäre „Dossierbildung" (d.h. situative Dokumentgliederung aufgrund von Kriterien) oder um dynamische „Schriftstückserien" nach Dokumenttyp (Vertrag, Protokoll, Quittung usw.), im zweiten Fall jedoch um statische, primäre Dossierbildung (d.h. fixierte, nachvollziehbare Prozessdokumentation).

Wieder findet methodisch eine ungute Vermischung statt. Deutlich wird, dass MoReq2010 das Konzept der Prozess- und Dossiertypen zur Abfederung der Geschäftskomplexität und zur Vereinheitlichung von Prozess und Dossier nicht kennt. Auf die einfache Steuerung der manuellen sowie automatisierten Erfassung von Records in Echtzeit wirkt sich dies ebenfalls unvorteilhaft aus. Denn, technisch betrachtet, braucht es drei Dossierarten und, logisch gesehen, sechs bis acht Dossiertypen. Jeder Datenorganisator muss sich bereits beim Design und nicht erst bei der Operation im Arbeitsalltag sehr gewissenschaft mit diesen auseinandersetzen.[26]

Weitere logische Verwirrung

Der europäische Standard unterscheidet nicht grundsätzlich zwischen ECM (Wissensarbeiter-, Benutzersicht, Aktualität und Dokumentebene) und Records Management (Sachbearbeiter-, Prozessarbeitersicht, Fixation und Prozess-/Dossierebene). Dies ist ein Grundfehler, welcher im Rahmen konkreter Projekte die öfters schon vorhandenen Missverständnisse zusätzlich erhöht. Dem Dokumentenmanagement mit seiner flachen Datenstruktur und der Software-Industrie wird eine Konzession gemacht. Kampffmeyer und Wasniewski schrieben dazu: „Die neue Version der Spezifikation orientiert sich stärker an den heute verfügbaren Technologien des elektronischen Dokumentenmanagements und hat sich deutlich von den eher papierorientierten Vorläuferstandards entfernt".[27] Zwar bleibt die Konzession nominal und fällt bei genauerem Hinsehen nicht ins Gewicht. Die Datentektonik erhält bei MoReq2010 (Abb. 3) im Grunde sogar noch

24 MoReq2010, S. 203.
25 MoReq2010, S. 203.
26 Siehe Toebak (2007), S. 191–196, 203–209; Toebak (2010), S. 135–150.
27 Kampffmeyer und Wasniewski (2011), S. 289.

stärkeres Gewicht als dies bereits bei MoReq2 (2008) der Fall war, mitsamt Logfiling und Historisierung auf allen Stufen.

MoReq2010 stiftet dennoch gerade in der Essenz weitere definitorische Verwirrung. Die Verfasser des Standards postulieren: „records are also placed within aggregations. Unlike classes, aggregations may be created for many different purposes. For example, an aggregation may represent a traditional 'file' or folder of records. Or it might represent an 'online library' of records made available for viewing at a particular website. Records can be arranged in aggregations for operational convenience, to allow them to be managed as a single entity, or to allow them to share the same set of access controls".[28] In diesem Zusammenhang kann auch der Satz der Autoren Kampffmeyer und Wasniewski gelesen werden: „Der Ansatz mit Aggregationen zu arbeiten, ist im traditionellen Records Management nicht vorhanden. Hier werden hierarchische Einheiten verwendet, z.B. in MoReq2 Folder, File, Volume etc."[29]

MoReq2010 geht, wie die angelsächsischen Standards schon immer, nur noch von „aggregations" und nicht länger explizit von „series", „files", „subfiles" und „volumes" aus. Wieder sind eine Konzession und vor allem auch terminologische Konfusion zu erkennen. Solange die Aggregationen (wie vorgesehen) wie Entitäten im Datenmodell eröffnet und geschlossen werden können, sie Daten vererben und „event data" (Logfiles, Historisierung) festhalten, lassen sich Logik und Technik miteinander in Einklang bringen. Dossiers, Subdossiers usw. bleiben notwendig, auch wenn sie im neuen MoReq-Standard nicht mehr explizit adressiert sind, wie es im Datenmodell von MoReq1 (2002) rudimentär und bei MoReq2 (2008) ganz bewusst und überzeugend der Fall war.

Die Gefahr von Verwässerung und weiterer Ungewissheit scheint vorprogrammiert in den zahlreichen Projekten, worin das interdisziplinäre Fachwissen fehlt. Records Management darf nicht zu „aufgemotztem" Dokumentenmanagement verkommen, es erweitert den EDMS mit einer Kernentität im Datenmodell und mit Basisfunktionalitäten für die Rechtssicherheit und Datenkontrolle, macht dieses zu einem EDRMS. Das physische, statische Dossier gilt als Herzstück der synchronen Prozessarbeit. Die Dossierbildung, den Prozessen folgend, bildet die Grundlage. Virtuelle, dynamische Dokumentgliederung über Suchergebnisse und Daten-Views hat aus Sicht des Records Management nur sekundäres Gewicht. Sie findet retrospektiv, nach der Prozessarbeit statt, nicht für die Prozessdokumentation, sondern für den Datenkonsum.

---

28 MoReq2010, S. 70.
29 Kampffmeyer und Wasniewski (2011), S. 292.

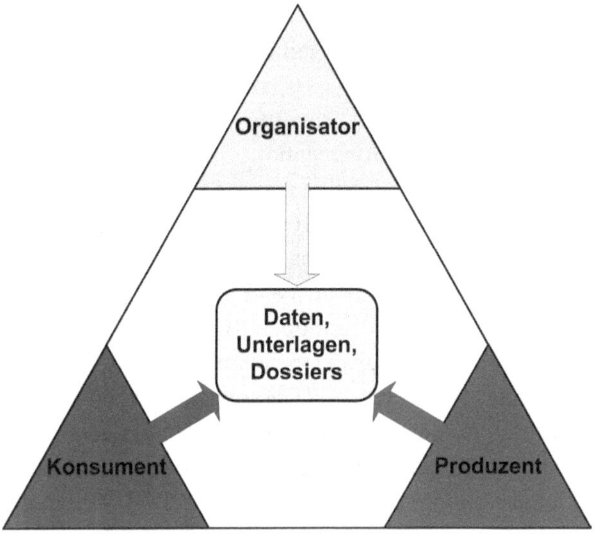

Abb. 8: Pyramiden-Modell der Stakeholders. Quelle: Toebak, nach Stock und Stock.[30]

MoReq2010 unterscheidet nicht prinzipiell zwischen Evidenz- oder Kontextwert und Informationswert. Er übersieht den Unterschied zwischen „aktivem" Sachbearbeiter, Team-, Prozessarbeiter, Datenproduzent einerseits und „passivem" Benutzer, Wissensarbeiter oder Datenkonsument andererseits. Stringente methodische Prinzipien werden nicht durchgehalten. Wo liegt das Problem? Über das Pyramiden-Modell der Informationsrepräsentation bzw. Wissensorganisation wird umgehend klar, dass MoReq2010 sich nicht auf das Records Management beschränkt und keine sauberen Akzente setzt. Ersteres ist unproblematisch, letzteres hingegen keineswegs. Im Pyramiden-Modell sind drei Akteure präsent (Abb. 8): rechts der Autor, links der Nutzer und in der Mitte der Indexer. Alle spielen ihre eigene Rolle.[31] In der Informationslehre sind sie allgemein als „creators of knowledge", „information users" und „information intermediaries" bekannt. Für das Records Management haben die Bezeichnungen Produzent („producers"), Konsument („consumers") und Organisator („organizers") den Vorzug.[32] Das wechselseitige Verhältnis kommt dann am klarsten nach vorne.

In dem Masse wie gemeinhin die Rolle der Benutzer betont wird, geht schnell vergessen, dass beim Records Management der Akzent auf der Datenproduktion

30 Stock und Stock (2008), S. 41.
31 Wie Fussnote 30.
32 Siehe Toebak (2010), S. 8–10.

liegt. Es sind die Datenproduzenten und nicht die Benutzer, die mit aller Finalität und Eindimensionalität seitens der zuständigen Organisationseinheit die Federführung (Sektion), die Prozessführung (Prozess) und die Dossierführung (Dossier) innehaben. Gerade in dieser Hinsicht vereinfacht MoReq2010 nicht, sondern vernebelt und kompliziert unnötig. Aggregationen benutzergenerierter Datenauflistungen (sogar mit Logfiles, Audit Trailing usw.) machen vielleicht für das Informations- und Wissensmanagement Sinn (Dokumentation und Anreicherung der "sozialen Nutzung"), jedoch nicht für das Records Management. Die technische und ergonomische Einrichtung soll im geschäftlichen Bereich nie komplexer als nötig gestaltet werden: Retrieval-Optionen, Hitlisten und zusätzliche Datensichten sind diesbezüglich bereits zufriedenstellend.

Es ist an der Zeit, dass die separaten Archiv- und Organisationstraditionen in ein echtes und fruchtbares Verhältnis zueinander treten. Solange dies ausbleibt, bietet der neue Standard gegenüber seinem Vorläufer MoReq2 keinen Mehrwert. Anders gesagt: MoReq2010 lehnt sich mehr an die angelsächsische Tradition an (Aggregationen), leider auch dort, wo die deutsche (und niederländische) Tradition für das elektronische Umfeld stärker und eindeutiger ist (Dossiers, Subdossiers, Volumina). Die offensichtlichen Stärken der letzten Archivtradition kommen in der internationalen Standardisierung generell zu kurz. Sie ist vielleicht konservativ (z.B. nur langsame Inkorporierung konsequenter Prozessorientierung in das Ordnungssystem), dennoch ist sie im Ansatz der angelsächsischen Archivtradition in einem Kernpunkt überlegen (keine generische Aggregierung im Nachhinein, sondern saubere Masterdossierbildung mit klaren Angaben über Prozessrollen und Dossiertypen).[33]

Es ist zu empfehlen, dass wichtige Elemente der deutschen Archiv- und Organisationstradition sich in der internationalen Standardisierung und Fachliteratur stärker und dauerhafter durchsetzen. Konzepte beider Traditionen (Aggregationen und Dossiers, Prozesskategorien und Records-Serien) sind übrigens bestens aufeinander abzustimmen. Das Case Management, die DoD-Vorgaben (2007) zu „case files“[34] und das Datenmodell in ISO 16175:2011[35] gehen bereits ein Stück weit in diese Richtung. So gesehen muss zwischen MoReq1 (2002), MoReq2 (2008) und MoReq2010 auch gar kein Bruch bestehen, wie dies Kampffmeyer und Wasniewski hervorhoben. Gleichwohl erhöht MoReq2010 die logischen und organisatorischen Hürden für einen Projekterfolg. Der neuere Standard bringt manchmal weder Klarheit noch Erleichterung.

33 Für Kurze Darstellungen, siehe Hagmann (2012) und Popp (2013).
34 DoD 5015.02-STD.
35 ISO 16175-1/3:2010/2011.

Technische Komplexität bei MoReq2010

MoReq2010 stützt auf dem Multi-Entity-Modell von ISO 23081:2004/2007[36], wobei alle Entitäten der Informationsrepräsentation über eine ID, über Metadaten, Logfiles, Historisierung, Beziehungen, Regeln wie Zugriffskontrolle und Aufbewahrungsplanung sowie über Werte verfügen. Viele Entitäten sind im MoReq2010 vorhanden: Benutzer, Gruppen, Rollen, Klassen, Aggregationen, Records, Komponenten von Records, Metadaten, Retention- und Holding-Vorgaben. Dies ist anspruchsvoll, technisch, logisch und organisatorisch, auch wenn der Standard empfiehlt, die einzelnen Elemente „as uniform as possible" zu gestalten.[37] Dazu kommt, dass nicht nur ein einzelnes, sondern auch ein verteiltes System sie erfassen, sichern und verwalten können muss.

Der Standard setzt auf SOA. Eine gemeinsame Diensten-Architektur zur Pflege der Entitäten könnte mehrere BIS mit eigenen Records-Management-Funktionalitäten sowie ein einzelnes EDRMS bedienen.[38] Dieser Ansatz wirkt einerseits verlockend, weil die Interoperabilität vieler verteilter Produktivsysteme sich auf diese Weise frühzeitig optimieren, orchestrieren und stabilisieren lässt. Er wirkt andererseits problematisch, und dies nicht wegen der nur harzig in Gang gekommenen, faktisch wieder etwas vergessen gegangenen SOA-Technik. Die Herausforderung liegt tiefer. MoReq2010 gestattet BIS, ERP-Systemen, mit eigenen Records-Management-Funktionalitäten aufzuwarten. An sich ist dies in Ordnung. Doch ein Risiko bleibt reell. Indem vermieden wird, dass Dateninseln sich bis weit nach dem Prozess- und Dossierende fortsetzen, braucht es unter allen Umständen ein zentrales EDRMS bzw. ein Archivsystem (mit Basisfunktionalitäten auch für das Dokumenten- und Records Management) mit Schnittstellen zu den Produktivsystemen, ob es nun aus einem Stück besteht oder modular zusammengesetzt ist.

---

36 ISO 23081-1/2:2004/2007.

37 MoReq2010, S. 23.

38 MoReq2010, S. 16–17 (drei Varianten).

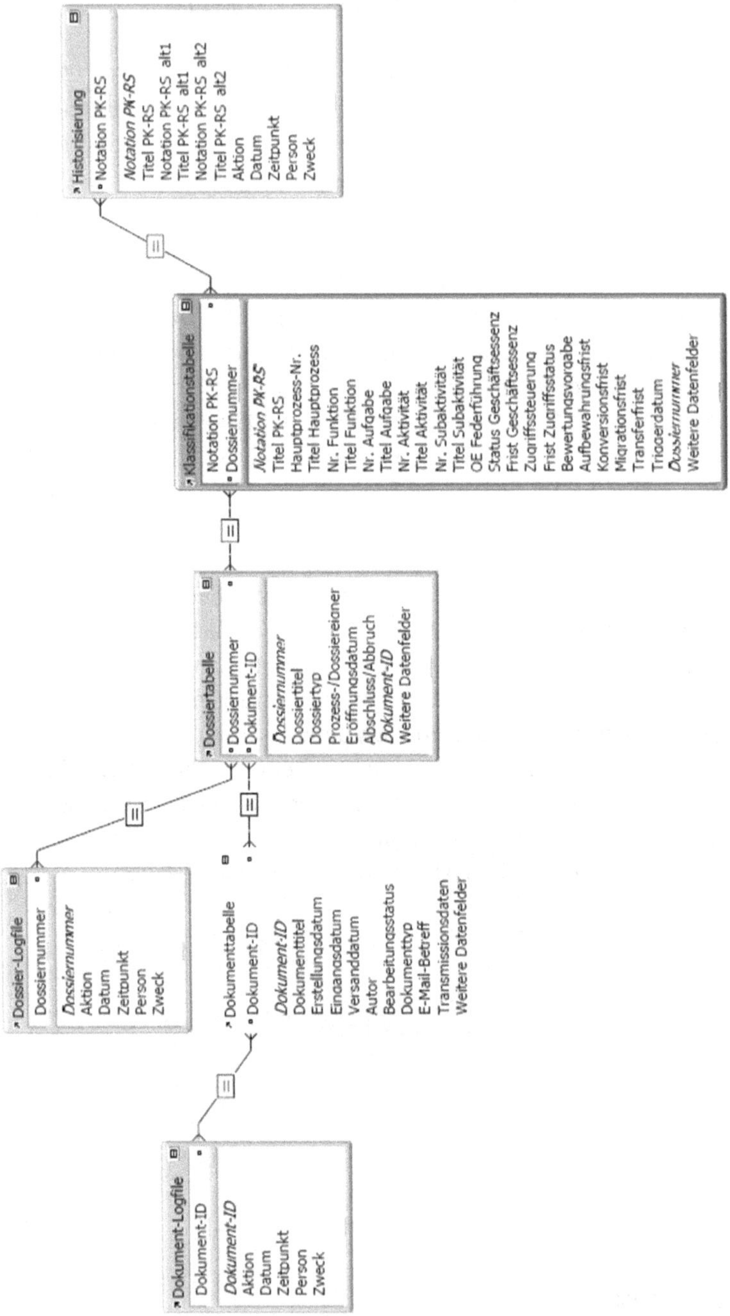

Abb. 9: Entity-Relationship-Modell in Basisform (Dossier als Entität). Quelle: Toebak.

Records Management muss kurz-, mittel- und langfristig zur Vereinfachung und zu höherer Datenstabilität führen, es darf keinesfalls künstlich die "high tech"-Umgebung der Produktivsysteme verlängern und verstärken. Ein "low tech"-Vorgehen muss unbedingt vorgezogen werden. Gerade hier liegt einer der wesentlichsten Vorteile des Records Management und der Archivierung für alle Unternehmungen, Verwaltungen und andere Organisationen, welche Daten und Dokumente produzieren und unter der Informationsexplosion leiden. Spreu und Weizen sind frühzeitig und endgültig zu trennen. Die zentrale, bündelnde Rolle spielt hierbei das Dossier als Datengefäss und Kernentität (Abb. 9), wie es das immer getan hat. Es hat eigene Metadaten, ein eigenes Logfile, eine eigene Struktur, kennt eigene Regeln und ist das Objekt eigener Aktionen. Wie die Records auf „item level" sind die Dossiers auf „above item level" stabil zu gestalten und nach Prozessablauf fixiert abzulegen, zu verwalten und zu bewirtschaften.

Das statische Dossier greift als Datenakkumulation konzeptionell über das blosse Applikationsdenken hinaus, entlastet die dynamischen Fach- und Bürosysteme, neutralisiert technische Abhängigkeiten, vereinfacht die logische Vielfalt, sichert und schützt alle aufgenommenen Daten und Unterlagen mit Records-Status. Dabei wird eine virtuelle, sekundäre Dokumentgliederung bzw. Datenkollokation „on the fly" zugunsten der Benutzung, der Zusammenarbeit und des Informations- und Wissensmanagements nicht eingeschränkt. Der kleine Lebenszyklus der Daten und Dokumente (Dynamik, Phase der Produktion) sowie der grosse (Statik, Phase der Verwaltung) lassen sich beide einrichten. Allzu ausgeklügelte Datengeflechte anstelle sauberer Dossierbildung führen zu wiederholtem Synchronisationsaufwand. Sie müssen mittel- und langfristig vermieden werden. Eine kontinuierlich zu überprüfende Datenkonsistenz zwischen mehreren technischen Systemen, sowohl vor als auch nach dem Datenexport, darf keineswegs unterschätzt werden.[39]

Wie die Datenverdichtung und die spätere Datenmigration logisch und organisatorisch über die Bestimmung des Records-Status der Datenobjekte und Dokumente in Laufzeit und über die Dossierbildung in der Alltagspraxis vorgespurt werden können, muss die periodische Ausserbetriebnahme (Dekommissionierung) veralteter Software-Systeme ebenfalls reibungslos möglich sein. Technische Systeme sind dauernd in Entwicklung, die geschäfts- und rechtsrelevante Datenbasis braucht hingegen Stabilität und Kontinuität. Abgesehen von der Kostenfrage lauert gerade hier eines der grössten Risiken einer zu wenig durchdachten Beschaffung und Einrichtung von Fachapplikationen und Case-Management-Systemen für die Dokumentenverwaltung ohne EDRMS.

---

39 Siehe z.B. MoReq2010, S. 156–173.

Abschluss

Aus infrastruktureller, technischer Sicht ist MoReq2010 höchst interessant. Komplexe systemische und dateitechnische Verhältnisse werden geklärt und in das Regelwerk eingebunden. Insbesondere gilt dies für die Compound- und Container-Dokumente. Logisch und organisatorisch ist im erneuerten Standard jedoch einiges weniger klar, als in MoReq1 (2002) und vor allem in MoReq2 (2008) der Fall war. Dies ist problematisch, insofern in der Praxis an allen Ecken und Enden noch Informationsspezialisten fehlen, die für das integrierte, interdisziplinäre Dokumenten- und Records Management die lenkende, gestaltende Rolle übernehmen könnten. Was es aus Sicht des Records Management braucht, dafür bot MoReq2 schon sämtliche Möglichkeiten.

MoReq2010 wertet die Datenaggregation zur Datenentität auf. Somit bleibt für das Dossier Platz und existiert zwischen den MoReq-Versionen kein Bruch. Bei den Aggregationen wird dennoch nicht methodisch zwischen Datenakkumulation (Dossierbildung, Sediment) und Datenkollokation (Dokumentgliederung, Kollektion) getrennt. Dies verwirrt. Beim einen handelt es sich um Records Management, Prozessdokumentation und Datenproduktion (synchron, organisch, unmittelbar), beim anderen um Suchergebnisse, Daten-Views, Datenkonsum (retrospektiv, semantisch, mittelbar). Der Unterschied hat für den Beweiswert und die Aussagekraft der Daten und Dokumente im Geschäftszusammenhang grosse Bedeutung. Die Klassen der Klassifikation sollten ebenfalls keine einfachen Taxonomien formaler, äusserlicher Dokumentmerkmale beinhalten (EDMS), für die Aggregationen (Prozesskategorien, Dossierserien) müssen sie den strukturstabilen, übergeordneten Geschäftskontext abbilden.

Das Scharnier zwischen der abstrakten und konkreten Ebene des Ordnungssystems ist die Prozesskategorie/Dossierserie. Alle Regeln und die zu vererbenden Metadaten hängen von dieser ab. Die Datenmodellierungsunschärfe geht noch weiter. MoReq2010 propagiert nach wie vor ein separates Dasein von Sektion, Prozess und Dossier. Organisationsführung, Prozessmanagement und Records Management werden nicht auf einen Nenner gebracht. Zur einfachen manuellen und/oder automatisierten Erfassung der Daten- und Unterlagen-Records ist die Kongruenz von Sektion, Prozess und Dossier primordial. Ein Hauptfehler liegt schliesslich bei der verschwommenen Differenz zwischen ECM und EDRMS. Mit einer ECM- und MOSS-artigen Lösung allein werden Unternehmungen, Verwaltungen und andere Organisationen nie über ihren öfters toten Punkt bezüglich des Records Management hinauswachsen.

Es besteht immer wieder die Gefahr eines orientierungslosen Vorgehens nur mit „trial and error", einer Unterschätzung der qualitativen und quantitativen Herausforderungen, einer Vermischung von Neben- und Hauptsachen, einer

Vernachlässigung vom bereits Erdachten, Entwickelten und Erreichten. Fehler sind unvermeidlich, wenn aufgrund der Fehleinschätzung betriebsintern versus betriebsextern nicht oder höchstens halbwegs zwischen Records Management und Informationsmanagement, Produktion und Konsum von Daten, Statik und Dynamik unterschieden wird.[40] Nach vierzig Jahren Informatik sollte es möglich sein, zu Ende zu denken, zu fokussieren und sich vom Druck und Hochglanz der Technik zu emanzipieren. Dokumentenmanagement verharrt auf „item level". Dies reicht dem Records Management nicht. Die Dossierstufe ist organisatorisch, logisch und technisch erforderlich, effektiv und effizient. Immer kompliziertere Suchfilter und Datenverknüpfungsgeflechte schwächen die Beweiskraft, Übersicht und Handhabbarkeit des den Produktivsystemen zu hinterlegenden Informationsverwaltungssystems. Das „above item level" muss zwangsläufig im Datenmodell des EDRMS gegenwärtig sein, nicht in den Funktionalitäten.

Noch immer sind Fehlschläge im betriebsinternen Informations- und Informatikbereich gang und gäbe. Dies ist ärgerlich und wäre vermeidbar. Sie dürfen nicht den fachlichen Ecksteinen der Records-Management-Disziplin, sondern müssen ausnahmslos deren unausgegorenen technischen, methodischen und organisatorischen Implementierung zugeschrieben werden. Speziell die Dossierbildung deutscher (und niederländischer) Prägung bringt den Verwaltungen, Unternehmungen und anderen Organisationen als Hauptakteuren in der Informationsgesellschaft die so ersehnte Sicherheit, Stabilität und Kontinuität ihrer Daten und Informationen. Die angelsächsische Tradition könnte hier einiges dazulernen. Gesetzgebung und Standardisierung bleiben wichtig, auch wenn sie nicht perfekt sind und der Entwicklungsverlauf nie linear sein wird. Kommerz, Missverständnis und Oberflächlichkeit lenken zu oft vom Wesentlichen ab. Der Grundsatz lautet umso mehr im elektronischen Umfeld: Weniger Barock und mehr Austerität führen kurz-, mittel- und langfristig zum Erfolg.

Terminologie und Abkürzungen

Aggregation: Gruppierung formal oder prozessual homogener Informationsobjekte, z.B. eine Prozesskategorie/Dossierserie, ein Dossier, eine Serie gleicher Dokumenttypen.

BIS: Business Information System, eine Fachanwendung für ein (zusammengesetztes) Fachverfahren oder eine Spezialapplikation für E-Collaboration, wobei Daten eingegeben, verarbeitet und ausgegeben sowie Dokumente erfasst und erzeugt werden (Protokollverwaltung, Baugesuchsverfahren, Workgrouping, usw.).

---

40 Siehe z.B. bei Kampffmeyer und Wasniewski (2012).

Daten-Records: Aufzeichnungen strukturierter Art mit Geschäfts- und/oder Rechtsrelevanz, z.B. in Datenbanken, Fachanwendungen, ERP-Systemen.

DMS: Dokumentenmanagementsystem, siehe EDMS.

ECM: Enterprise Content Management, faktisch ein DMS mit betriebsinternen und allenfalls auch betriebsexternen Informationen unstrukturierter Art (Dokumente, Bilder).

EDMS: Electronic (Enterprise) Document Management System, ein Software-Tool insbesondere für das Versionenmanagement, Aus- und Einchecken, Suchen und Bearbeiten von Dokumenten.

EDRMS: Electronic Documentary Records Management System, Kombination von einem EDMS und einem ERMS, welche sich auf „item level" (Dokument) und „above item level" (Dossier) der Daten-, Informationsobjekte bewegt.

ERMS: Electronic Records Management System, ein Software-Tool zur Dossierbildung, Klassierung, Lebenszyklus-Verwaltung, Zugriffskontrolle von Unterlagen-Records.

ERP: Enterprise Resource Planning, Fachanwendung oder Kombination von Fachanwendungen für Geschäftsprozesse, Geschäftshandlungen im betriebswirtschaftlichen Bereich (Buchhaltung, Personalbetreuung, Auftragsbearbeitung, Magazinverwaltung).

Federführung: Prozessrolle, wobei der Inhaber den Geschäftsprozess durchführt, die Geschäftshandlung erledigt bzw. die Geschäftsbeziehung pflegt, und dabei das Masterdossier bildet. Federführer, Prozessarbeiter und Dossiereigner sind identisch.

Grosser Lebenszyklus: Lebensdauer eines Records nach Abschluss/Abbruch des Prozesses und Dossiers. Die Statik bzw. die Phase der gesetzlichen, regulatorischen Aufbewahrungsfrist steht im Vordergrund.

Informations- oder Referenzwert: betrifft das „Was" der Aufgabenerledigung und Betriebsführung. Es handelt sich mehr oder weniger spezifisch um die behandelten Personen, Ereignisse, Objekte, Themen usw. (Inhaltswissen, Ergebniswissen bzw. Content im engen Sinne).

Klasse: Repräsentation einer Geschäftsfunktion/eines Geschäftsbereichs, auf tieferer Stufe einer Aufgabe bzw. eines Aktivitätsbereichs; im Sinne des Dokumentenmanagements geht es auch um die Serie, Kollokation (Aggregation) formal gleicher Dokumenttypen.

Kleiner Lebenszyklus: Lebensdauer eines Records von der Erstellung bis zum Prozess- und Dossierabschluss/-abbruch. Die Dynamik bzw. die Phase der Bearbeitung steht im Zentrum.

Kontext- oder Evidenzwert: macht eine Aussage über das „Wie", „Wer", „Wo", „Wann" und „Warum" einer Aufgabenerledigung, über die Aufbau- und Ablauforganisation (Struktur- und Prozesswissen) und das weitere Umfeld der Daten- und Unterlagen-Records (Gesetzgebung, Gesellschaft, usw.).

Masterdossier: Zusammenhängende Akkumulation geschäfts- und rechtsrelevanter Daten und Dokumente eines Geschäftsprozesses, einer Geschäftshandlung oder einer Geschäftsbeziehung. Der Federführer bildet das Masterdossier. Es hat offiziellen Status für die Gesamtorganisation und muss revisionssicher, rechtssicher, kontrolliert abgelegt werden. Das Masterdossier enthält, neben einer Auswahl von Daten-Records und den Unterlagen-Records, auch die dazugehörenden Bearbeitungs-, Meta- und Logdaten. Es wird strukturstabil im Datenmodell des EDRMS realisiert.

MOSS: MS Office SharePoint Server, BIS bzw. ECM für E-Collaboration und Portaleinrichtung, mit vor allem auch Funktionalitäten für das Dokumentenmanagement.

Sektion: Struktureinheit, weniger stabil als der Prozess/das Dossier. Eine Sektion ist zuständig für mehrere Prozesskategorien/Records-Serien bzw. Dossierserien.

Sekundäres Dossier: Situative Dokumentgliederung bzw. temporäre Datenkollokation aufgrund von Suchkriterien.Es hat dynamischen Charakter, lässt sich im Gegensatz zum primären, organischen Dossier bzw. Masterdossier nach der Prozessarbeit als Hitliste oder vorgefertigte Datensicht am Bildschirm kreieren.

SOA: Service Oriented Architecture, Zusammenstellung relativ eigenständiger Dienste/ Services/Tools, die über XML-Protokolle und XML-Schnittstellen miteinander kommunizieren (Daten entgegennehmen und wieder weiterreichen).

Subdossier: Teildossier, das aufgrund intellektueller Überlegungen eingerichtet wird (Phase, Aspekt). Ein Dossier hat mehrere Subdossiers, die bis Dossierabschluss/-abbruch alle gleichzeitig offen sind.

Unterlagen-Records: Aufzeichnungen unstrukturierter Art wie Dokumente aus Office-Systemen usw., die auf Papier ausgedruckt oder in PDF ausgegeben werden können. Sie befinden sich auf einem File-System oder werden mittels einer Datenbank oder Fachanwendung gelenkt. Im letzten Fall ist der Übergang zu den Daten-Records fliessend.

Volumen, Band: Unterdossier, das aufgrund mechanischer Überlegungen eröffnet und geschlossen wird (Periode, Umfang). Ein Dossier hat mehrere Volumina, nur das jüngste ist bis Dossierabbruch offen.

Literatur

David Elsweiler, "Understanding the complexities of email behavior", Information, Wissenschaft & Praxis (IWP, NfD), 63 (2012), Nr. 5, S. 314–318.

DoD 5015.02-STD (Electronic Records Management Software Applications Design Criteria Standard, 2007, April 25), www.dtic.mil/whs/directives/corres/pdf/501502std.pdf (Link kontrolliert am 18.04.2013).

Jürg Hagmann, "Records Management. Paradigmenwechsel oder neue Orthodoxien?", Archiv und Wirtschaft. Zeitschrift für das Archivwesen der Wirtschaft, 45 (2012), Nr. 4, S. 181–193.

ISO 23081-1/2:2004/2007, International Standard Information and Documentation. Records Management Processes, Metadata for Records: Teil 1, Principles; Teil 2, Conceptual and Implementation Issues (Genf, 2004–2007).

ISO 16175-1/3:2010/2011, International Standard Information and Documentation. Principles and Functional Requirements for Records: Teil 1, Overview and principles; Teil 2, Records in Office Environments; Teil 3, Records in Business Systems (Genf, 2010–2011).

Ben Kaden, „Referenz, Netzwerk und Regelkreis. Herausforderungen digitaler Kommunikationsumgebungen für die Bibliotheks- und Informationswissenschaft. Eine Positionierung im Nachgang zu einem Festvortrag für die Jubiläumsveranstaltung des Arbeitskreises Information Magdeburg im Oktober 2011", Information, Wissenschaft & Praxis (IWP, NfD), 62 (2011), Nr. 8 (November/Dezember), S. 343–350.

Ulrich Kampffmeyer und Agnieszka Wasniewski, „MoReq2010. Der europäische Records-Management-Standard", Nachrichten für Dokumentation (NfD). Zeitschrift für Informationswissenschaft und -praxis, 62 (2011), Nr. 6–7 (September–Oktober), S. 289–294.

Ulrich Kampffmeyer und Agnieszka Wasniewski, Records Management: Prinzipien, Standards und Trends, Project Consult Newsletter, Sonderausgabe Januar 2012, http://de.scribd.

com/doc/80922975/Records-Management-Prinzipien-Standards-Trends (Link kontrolliert am 19.04.2013).
Angelika Menne-Haritz, „Archivgut in digitalen Bibliotheken“, Archivar. Zeitschrift für Archivwesen, 65 (2012), Nr. 3 (Juli), S. 248–257.
MoReq2010®. Modular Requirements for Records Systems, Volume 1, Core Services & Plug-in Modules, Version 1.0 (520 Seiten), Ausgabe der DLM Forum Foundation, 2010–2011, http://moreq2010.eu/pdf/moreq2010_vol1_v1_1_en.pdf (Link kontrolliert am 25.04.2013).
Christoph Popp, „Das ‚Organisationskonzept Elektronische Verwaltungsarbeit‘ als Überarbeitung und Nachfolgerin des DOMEA-Konzepts. Eine erste Einschätzung“, Archivar. Zeitschrift für Archivwesen, 66 (2013), Nr. 1 (Februar), S. 54–57.
Wolfgang G. Stock und Mechtild Stock, Wissensrepräsentation. Informationen auswerten und bereitstellen (München, 2008).
Peter M. Toebak, Records Management. Ein Handbuch (Baden, 2007).
Peter M. Toebak, Records Management. Gestaltung und Umsetzung (Baden, 2010).
Peter Toebak, „MoReq2010®. Modular Requirements for Records Systems, Volume 1: Core Services and Plug-in Modules, Version 1.0, 2010–2011“, Archiv und Wirtschaft. Zeitschrift für das Archivwesen der Wirtschaft, 44 (2012), Nr. 3, S. 153–157.

Autorenverzeichnis

Busse, Johannes, Prof. Dr.
Technische Hochschule Mittelhessen, University of Applied Sciences
johannes.busse@mnd.thm.de
Johannes Busse ist Professor für Hochschuldidaktik in angewandten Hochschulen für MINT-Fächer (d.h. die Fächergruppe Mathematik, Informatik, Naturwissenschaften und Technik). Seine Forschungsschwerpunkte sind: Begriffliche Modellbildung, Knowledge Engineering, Lernen Lehren in der Studien-Eingangsphase.

Diggelmann, Walter, Eng. EurEta, pBac-Eng ODEC, TGZ Zürich
ai-one AG
wd@ai-one.com
Walter Diggelmann ist Gründer und CEO der ai-one Gruppe und kommt uspründlich aus der Fotografie und Bildbearbeitung. Seine fachliche Schwerpunkte und Interessensgebeite liegen im Bereich der biologisch inspirierten Intelligenz nach Manfred Hoffleisch: Semiotische Lösungen für NLP/NLG, Wissensagrigierung und Analyse, generelle Mustererkennung in binären Datenräumen, Entwicklung von neuronalen Bibliotheken für KI-Lösungen mit biologisch inspirierter Intelligenz.

Gunn, William, PhD
Mendeley Ltd.
william.gunn@mendeley.com
William Gunn ist „Head of Academic Outreach" bei Mendeley Ltd. Er promovierte in Biomedizin an der Tulan University. Seine Forschungsschwerpunkte sind: Biologie, insb. Zellbiologie (Adult Stem Cell Research, Bone Biology, Statistical Analysis, Cancer, single molecule analytical techniques).

Keil, Reinhard, Prof. Dr.
Universität Paderborn
reinhard.keil@uni-paderborn.de Reinhard Keil ist Inhaber des Lehrstuhls für Kontextuelle Informatik am Heinz Nixdorf Institut der Universität Paderborn. Die Schwerpunkte seiner Forschungsarbeit sind E-Learning, die Gestaltung digitaler Medien, Softwaretechnik sowie verteilte koaktive Wissensorganisation. Keil ist ausserdem Herausgeber der Zeitschrift „Erwägen Wissen Ethik".

Keller, Stefan Andreas, Dr. phil.
Universität Zürich
stefan.andreas.keller@phil.uzh.ch
Stefan Andreas Keller ist Historiker und Experte für E-Learning, Science 2.0 und Digital Humanities an der Universität Zürich und derzeit E-Learning-Koordinator der Philosophischen Fakultät der Universität Zürich sowie Dozierender an verschiedenen Universitäten. Seine Arbeits- und Forschungsschwerpunkte sind: Mediengeschichte und Medienwandel, Demokratisierung und gesellschaftliche Partizipationserweiterung (Web 2.0), Wissensorganisation und Literaturverwaltung, Digitale Geschichtswissenschaft.

Kopp, Martin, Dipl. Masch. Ing ETH
ai-one AG
mk@ai-one.com
Martin Kopp ist Miteigentümer, Geschäftsführer und COO der ai-one AG mit Sitz in der Schweiz. Bei der Suche nach neuen Lösungsansätzen stiess er auf die Grundsatzideen von Manfred Hoffleisch und ai-one. Seit über acht Jahren entwickelt er verschiedenste Anwendungskonzepte für biologically inspired intelligence Lösungen und führt diese bei Kunden ein.

Markus Krajewski, Prof. Dr. phil., geb. 1972, hat eine Professur für Medienwissenschaft an der Universität Basel inne. Zu den aktuellen Forschungsgebieten zählen Epistemologien des Randständigen, die Wissensgeschichte der Genauigkeit sowie bestimmte Bauformen deutscher Nachkriegsarchitektur. Autor der elektronischen Literaturverwaltungssoftware *synapsen. Ein hypertextueller Zettelkasten*, www.verzetteln.de/synapsen. Für weitere Informationen: www.uni-weimar.de/medien/wissenschaftsgeschichte.

Läge, Damian, Prof. Dr. phil.
Universität Zürich
damian.laege@uzh.ch
Damian Läge ist Titularprofessor für Angewandte Kognitionspsychologie am Psychologischen Institut der Universität Zürich. Seine Forschungsschwerpunkte sind: Kognitionspsychologische Grundlagenforschung (z.B. Motivationsfaktoren beim Entscheiden unter Risiko); mathematische Modellierung mit Nonmetrischer Multidimensionaler Skalierung; Verfahrensentwicklung und Anwendungen in Psychiatrie, E-Learning, Wirtschafts- und Marktpsychologie

Lavoie, Brian
OCLC Research
lavoie@oclc.org
Brian Lavoie ist wissenschaftlicher Mitarbeiter bei OCLC. Seine Forschungsschwerpunkte sind: Analysis of aggregate collections; Economic issues associated with information and the provision of information services, System-wide organization of library resources; Digital preservation.

Malpas, Constance
OCLC Research
malpasc@oclc.org
Constance Malpas ist Program Officer bei OCLC. Ihre Forschungschwerpunkte sind: Scholarly information-seeking behaviors and knowledge formation in digital environment; Economic organization of higher education; Policy and infrastructure requirements for institutional cooperation; Data-mining.

Mayr, Philipp, Dr.
GESIS – Leibniz Institut für Sozialwissenschaften
philipp.mayr@gesis.org
Philipp Mayr ist Teamleiter des Teams Portale und Mehrwertdienste und stellvertr. Abteilungsleiter der GESIS (Leibniz Institut für Sozialwissenschaften). Seine Forschungsschwerpunkte sind: non-textual ranking, bibliometric methods, science models in digital libraries, evaluation of information systems, applied informetrics, information retrieval, intelligent information management, information behavior.

Michel, Oliver, Dr.
Universität Zürich, Psychologisches Institut
o.michel@psychologie.uzh.ch
Oliver Michel ist wissenschaftlicher Mitarbeiter in der Angewandten Kognitionspsychologie an der Universität Zürich. Seine Forschungsschwerpunkte sind: Maschinelles Textverständnis und die Hofmethode.

Sarasin, Philipp, Prof. Dr.
Universität Zürich
psarasin@hist.uzh.ch
Philipp Sarasin ist Professor für Neuere Allgemeine und Schweizer Geschichte am Historischen Seminar der Universität Zürich und leitet die Forschungsstelle für Sozial- und Wirtschaftsgeschichte. Seine Forschungsschwerpunkte sind: Geschichte des Wissens, Theorie der Geschichtswissenschaft, Geschichte des Kalten Krieges, Stadtgeschichte, Körper- und Sexualitätsgeschichte.

Schneider, René, Prof. Dr.
Haute Ecole de Gestion de Genève
rene.schneider@hesge.ch
René Schneider ist Professor im Studiengang Informationswissenschaft an der Haute Ecole de Gestion (HEG) in Genf und Koordinator des bilingualen Studiengangs. Seine Forschungsschwerpunkte sind: Usability- und Usefulness-Evaluationen von digitalen Bibliotheken, Entwicklung innovativer Werkzeuge zur Informationsrecherche mit Einsatz von Semantic Web-Technologien und bibliographischen Ontologien.

Shipengrover, J.D.
OCLC Research

shipengj@oclc.org
J.D. Shipengrover ist Senior Web and User Interface Designer bei OCLC und Bachelor of Arts in Journalismus und Kunstgeschichte sowie Master of Arts in Library and Information Science. Ihre Forschungsschwerpunkte sind: Web Usability, Web User Experience Design sowie Interactive Information Visualization.

Stähli, Lukas, lic. iur.
Universität Zürich
lukas.staehli@rwi.uzh.ch
Lukas Stähli ist seit 2011 Koordinator für E-learning an der Rechtswissenschaftlichen Fakultät der Universität Zürich und dort zuständig für die Planug und Entwicklung von Online-Ressourcen und Lehr-/Lernmaterialien sowie für die Schulung von Mitarbeiten und Studierenden.

Straub, Hans Rudolf
Semfinder AG, Kreuzlingen
straub@semfinder.com
Rudolf Straub ist Arzt und Medizininformatiker. Er ist zugleich Firmengründer, Geschäftsführer und Entwicklungsleiter der Semfinder AG mit Sitz in Kreuzlingen. Seine Forschungs- und Entwicklungsschwerpunkte sind: Automatisierte Diagnosekodierung, NLP, Semantik, Repräsentation komplexer Begriffe, nicht-monotones Schliessen, Fulltext Coding, Semantic Data Repository.

Streule, Roland, Dr. phil.
Universität Zürich
roland.streule@uzh.ch
Roland Streule ist wissenschaftlicher Mitarbeiter in der Arbeitsgruppe Angewandte Kognitionspsychologie und E-Learning-Berater am Psychologischen Institut der Universität Zürich. Seine Forschungsschwerpunkte sind Wissensmodellierung und E-Learning.

Toebak, Peter, Dr.
www.toebak.ch
toebak@toebak.ch
Peter Toebak ist selbständiger Consultant im Bereich Records Management und Archivierung. Er verfügt über Projekt- und Lehrerfahrung in Deutschland, Österreich, den Niederlanden, Belgien und der Schweiz.

van Hoek, Wilko, Dipl. Inform.
GESIS – Leibniz Institut für Sozialwissenschaften
wilko.vanhoek@gesis.org
Wilko van Hoek ist wissenschaftlicher Mitarbeiter der GESIS (Leibniz Institut für Sozialwissenschaften) und dort zuständig für das Social Science Open Access Repository (www.ssoar.info) Seine Forschungsschwerpunkte sind: interactive information retrieval, exploratory search systems, human computer interaction.

Volk, Benno, Dr. phil.
ETH Zürich
benno.volk@ethz.ch
Benno Volk ist Leiter des Bereichs „Curriculumsentwicklung und Faculty Development“ in der Stabstelle für Lehrentwicklung und -technologie (LET) des Rektors der ETH Zürich (www.let.ethz.ch). Er verfügt über langjährige Erfahrungen mit Technologien zur Visualisierungen und Mapping-Techniken im Zusammenhang mit akademischem Wissensmanagement und für forschungsbasierte Lehr- und Lernformen an Hochschulen.

Zihlmann, Othmar, lic. phil. hist.
Berner Kantonalbank AG
othmar.zihlmann@bekb.ch
Othmar Zihlmann ist Firmenarchivar bei der Berner Kantonalbank und arbeitet in den Bereichen Historisches Firmenarchiv und Elektronische Archivierung. Er ist zudem Absolvent des Studiengangs MAS in Archival, Library and Information Sciences der Universitäten Bern und Lausanne.

Register